新文京開發出版股份有限公司

NEW
WCDP

新世紀・新視野・新文京 — 精選教科書・考試用書・專業參考書

New Wun Ching Developmental Publishing Co., Ltd.

New Age · New Choice · The Best Selected Educational Publications — NEW WCDP

第5版

餐旅
會計學實務

HOSPITALITY
MANAGEMENT
Accounting Practice

★★★★★

FIFTH EDITION

林珍如　編著

序言
PREFACE
★★★★★

隨著商業活動的蓬勃發展與演進，會計專業是管理企業不可或缺的知識工具，然而對部分人而言，會計的觀念僅止於簿記工作的進行，功能僅止於應付政府機關的稅務規定而不得不執行；但實際上，會計這門學問在懂得應用的人手裡，卻成為巧妙且高附加價值的知識管理專業，其協助使用者隨時掌控經營本益狀況，並提供管理者制定更佳的決策。

本書是針對大專以上攻讀餐旅館領域學位之學生所設計，剛入門的餐旅館實業工作者亦適用。本書內容以淺顯易懂的會計原理作為貫穿全文的架構，讓未有會計基礎的學子或實業家也能夠迅速了解並吸收本文內容，建立學習會計的興趣及自信心。本書除應用一般實務上商用會計學的慣例外，主要的計算案例皆以餐廳業者及旅館飯店業者的實務狀況為例，期望降低初學者心理障礙，且帶給學習者身歷其境的學習感受。

本書目的並非訓練讀者成為會計領域的專家，而是以實務操作的精神，提供學子與實務界帳務處理及計算分析時的入門指標，若有興趣再深入會計領域研究者，建議可以依照自我的學習規劃及需求，選擇成本會計學、財務會計學，或者中級會計學等學科接續進修，以求得更接近會計學精髓的理解。

此為本書問世之第五版，內容根據國際會計準則理事會 IASB 最新發布的 IFRS 以及國際會計準則委員會 IASC 最新發布的 IAS 進行內容修訂，同時也參考大家提供的寶貴意見與建議，進行全書的勘誤與更新，更擴增內文案例、章末習題，並且新增第 10 章訂價模式，企盼能更符合使用者的期望，達到教導與學習的最佳效益。

林珍如 謹 識

國際財務報表準則

IFRSs(International Financial Reporting Standards)

資料來源：彙整自台灣證券交易所網站 http://www.twse.com.tw/ch/listed/IFRS

　　我國考量國際間之商業交易日趨頻繁，國內企業設置海外子公司之情形亦漸普遍，國內企業之會計資訊與國際規定一致，將可節省企業編製相關報表之成本，有助於企業之國際化，並利於吸引外資投資國內企業，故為提升全球競爭力，應致力於建構與國際接軌的會計準則。

國際發展狀況

一、國際會計準則與美國會計準則

◦ 美國會計準則

- 美國會計準則委員會(FASB)成立於 1973 年，設有 7 名委員，截至目前為止 FASB 已發布 163 號財務會計準則公報(SFAS)。FASB 之前身 APB(1959~1973)共發布 31 號 Opinion，CAP(1934~1959)共發布 51 號 ARB 公報。

- 美國主要係採 rule-based 方式訂定會計準則，對於各項會計處理之適用條件及方法作鉅細靡遺地規範，以利外界遵循。由於過去美國會計準則最具權威性，許多國家會計準則均參酌美國會計準則訂定當地會計準則。

◦ 國際會計準則

- 國際會計準則委員會(IASB)於 2001 年成立於英國倫敦，其委員計有 15 名，分別來自 10 個國家，截至目前為止，IASB 已發布 9 號 IFRSs 公報。IASB 之前身 IASC 發布 41 號 IAS 公報。

- 國際會計準則主要係採 principle-based 方式訂定，不訂定細部之規定，允許使用會計專業判斷。

二、 國際證券管理機構組織(The International Organization of Securities Commissions, IOSCO) 2000 年建議

- IOSCO 於 2000 年建議其會員國允許跨國發行人在申請有價證券發行及上市時得採行國際會計準則編製財務報表。

- 各會員國為增加國際企業間財務報表之比較性，並降低企業於國際資本市場之募資成本，已陸續推動將當地會計準則與國際會計準則接軌。

三、各國會計準則與國際接軌之作法

全世界已有超過 115 個國家強制或允許採用 IFRSs：

國家	作法
歐盟	要求其境內上市公司自 2005 年起應依 IFRSs 編製財務報告。
美國	美國證管會於 2010 年 2 月 24 日發表聲明： 1. 鼓勵美國會計準則與 IFRSs 之 convergence 計畫以減少會計準則差異。 2. 設有工作計畫評估美國企業採用 IFRSs 對美國證券市場之影響。
加拿大	自 2011 年起全面採用 IFRSs。
日本	日本金融廳於 2009 年 12 月公布日本財務報導架構： 符合一定條件之上市公司，可自會計年度開始日於 2009 年 4 月 1 日起，選擇採用 IFRSs 編製合併報表。
中國大陸	大陸財政部已參酌 IFRSs 發布 38 號企業會計準則，並要求上市公司自 2007 年起依此編製財務報表。
韓國	自 2011 年起全面採用 IFRSs。
香港	2005 年起已採用 IFRSs。
新加坡	2005 年起已採用 IFRSs。
澳大利亞	2005 年起已採用 IFRSs。
南非	2005 年起已採用 IFRSs。
紐西蘭	2005 年起已採用 IFRSs。
俄羅斯	2005 年起已採用 IFRSs。

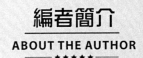

編者簡介
ABOUT THE AUTHOR
★★★★★

林珍如

| 學 歷 | 國立東華大學企業管理系經營管理組博士 |
| | 國立東華大學國際企業研究所碩士 |

現 任 慈濟科技大學行銷與流通管理系專任副教授

經 歷 臺灣觀光學院專任教師

目錄
Contents
★★★★★

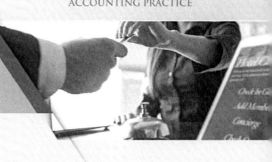

06 CHAPTER 餐旅館業的費用管理　179

07 CHAPTER 餐旅館業的採購管理　233

01
CHAPTER
★ ★ ★ ★ ★

會計學功能
概說

HOSPITALITY
MANAGEMENT
ACCOUNTING
PRACTICE

會計專業為各行各業必備之商業管理工具，其經歷數世紀之研究與演進，透過學者、實業家、會計人員、律法條件與整體商業環境之融合焠鍊（圖1-1），發展出一套實務運作之原理原則，通常被使用者稱之為「慣例」，成為今日商業社會中一項有效且共同的溝通公式。如何將會計原理及慣例合理且靈活的運用於不同的產業型態中，為實業界面臨的一項挑戰，因為伴隨事業環境、經營者的理念、物資設備、競爭優勢，以及主客觀條件的差異，事業主所運用的「會計原則組態」亦有不同。所謂「會計原則組態」意指事業體如何依照自己的產業特質及經營策略尋求出一套合理且合法的會計制度，以追求事業的永續經營。

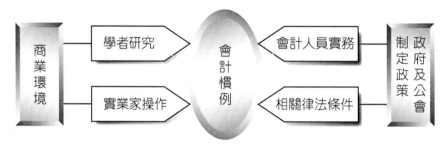

※ 圖 1-1　會計學之慣例形成

　　此一世紀以來，人民所得及生活水平大幅提升，人們對於日常生活飲食及遊憩之需求日趨多元化需求，因而使得餐飲業及旅館業蓬勃發展，因此業者在激烈的競爭環境中，身為投資者、經營者及從業人員等，皆必須學習會計原則以協助事業單位之帳務及財務管理，配合展開成本控制、投資決策評估，以及經營方針擬定等動作，與其他產業型態經營者無異；而餐旅從業者是否了解自我事業之經營特性，將會計原理有效運用於實務運作之中，進而掌控及運用真實且有效之營業即時資訊，本書將逐一呈現各種範例，提供學習者參酌應用。

第一節　學習會計學的重要性

　　談及企業經營及個人財務規劃等商業課程當中，會計學是一門相當有趣且實用的科學，或許有部分學習者及在校學生並不認同，可能起因於對於「會計」與「數字」間的聯想，總是將會計與繁瑣的數學計算等同視之，如此之刻板印象可

能會造成學習者心理障礙，以自己數學程度不佳而拒絕學習。實務上，會計學的進行流程中，重視帳務系統「邏輯推演」的進行與運用，在數學操作面上，僅是加、減、乘、除「四則運算」的基本技巧，因此，一開始入門學習的會計科目、專有名詞、借貸法則、帳務記錄、報表製作等重要工作，需要學習者花費心思投入，後續的學習才能無往不利，事半功倍。

許多餐旅從業人員離開校園進入就業市場後，才發覺學習會計學的重要性，了解到成功的經營管理者必須隨時仰仗會計資訊，再加上面臨餐旅業專業知識的限制，以及資訊電子數位化的時代來臨，總覺得「所知所學用時方恨少」，若未經歷餐飲會計原理的基礎學習，則無法跟得上時代的潮流，操作市面上五花八門的電腦軟體系統（圖1-2），進而掌控及時的營業狀況。

根據美國會計協會(American Accounting Association)所闡釋「會計在商業活動上扮演一系列認定、衡量與溝通經濟資訊的程序，其目的以提供管理者做出最佳決策」，本節為協助學習者建立本科目之求知動機，以下將以事業單位為中心點，考量會計資訊使用者之角色，探討內部及外部資訊需求者的內涵，分述餐旅會計學的重要功能。

餐飲前檯管理系統架構圖

※ 圖 1-2　餐飲資訊系統範例

參考資料來源：cd.openfind.com.tw/cgi-bin/cd/Gcd

一、對事業單位之內部功能

（一）提供經營活動間，認定、衡量與溝通的規則

走入一家餐廳享受美食，或者到各國飯店住房度假，已經成為現代人日常生活的一部分，然而一筆用餐及住房消費的完成，必須透過事業單位門市及內勤人員有系統的合作才能達成。

就業者而言，一項交易的形成及一項費用的支出，皆必須經由會計承辦人員依據公司會計各項準則、單據的齊備與否、收入支出發生之合理性等，對此經濟事項做出分析及處理的判斷，這樣的行為稱之為「認定」。進一步再以所指定的貨幣單位，例如：新台幣、美金、日圓等，根據此一經濟活動的事實加以記錄，稱之為「衡量」。例如飯店是否接受客戶的信用卡簽帳、櫃檯人員是否依照公司規定給予客戶合理的折扣、會員等級及優惠條件差異之認定、公司內部主管階層的交際費用如何認定，交易金額的上下限與主管裁決層級，以及採購資材的承辦人員是否依照規定公開透明進行之等，隸屬於帳務合理性及合法性認定的工作，皆需要會計人員的細心審視與衡量。將帳務資料彙整、分析、編製成各部門、各類型及各時期所需的財務報表後，事業單位本身或外部機構之資訊蒐集者，可以依據會計人員有系統的整理報表得到想要的資訊，此一過程稱之為「溝通」。例如：某年度的資產負債表、當月份飲料部門的損益表、本週中餐廳的現金流量表，以及上半年度存貨成本表等。

（二）有系統的量化財務資訊，協助制定經營決策

透過財務報表編制所呈現的系統資料，可以協助事業單位高層迅速掌握內部經營績效，並且提出有效的應變策略。例如當飯店客房部發生本月份營業額較往年同月份大幅下滑時，董事長可能會依據會計部門所提供的財務報表數據，要求客房部經理提出說明報告，而究其原因，可能受到競爭者的促銷活動影響，或者是整體經濟環境蕭條，消費需求全面性減弱，因此公司內部必須企劃一些提振應變措施，以避免營業窘況持續。

也可能產生另一種突發案例，例如上月份餐廳部門的營業額維持水平，但是淨利卻比平均少了20%，總經理可能會要求餐廳部門主管查明原因，是否採購物價成本提高，或者食材保存及採購來源有問題，或者是其他人為因素所導致，了解問題後才能對症下藥，恢復正常的利潤水準。

由上述案例可知，經營者唯有透過迅速確實的財務報表，才能制定正確的企業政策、控制營運，並考核部門績效，即時了解且應變經營事業所面臨的大部分問題。

二、對事業單位之外部功能

（一）訊息充分揭露，提供投資者與信授單位之決策

1. 會計資訊所揭露的訊息可以包括：
   (1) 企業之資產、負債及業主權益之變動情形：為追求產出或營業最大利潤，企業主所作的經濟資源投入稱為「業主權益」，再加上營運活動中所產生的「資產」及「負債」，可以充分了解企業的資源分配策略及走向。
   (2) 企業之經營績效及未來投資預算：在一本上市公司的年度「公開說明書」當中（表1-1），會計所製作的各式財務報表雖然是制式格式的資料揭露，但經過公司內部的政策說明，以及產業分析師的闡述，閱讀者可以了解到企業所制定的短、中、長期營運方向，以及這個企業未來是否前景一片光明。
   (3) 企業之財務槓桿及償債能力：「資產負債表」當中揭露企業資產與負債的操作政策，了解企業借貸與事業擴充或營運週轉間的資金流向等問題，解析企業的資產及負債間的槓桿是否合理；「損益表」當中揭露企業之收益、費用支出情形、利得與損失情形，整合後成為一段期間的盈餘或虧損資訊，藉以了解企業目前的市場行情是否看漲。
2. 會計資訊的外部使用者可以包括：
   (1) 證券市場或其他資金投資人：藉此資訊衡量一企業體的投資價位、投資金額以及是否作成投資決策並執行之。
   (2) 債權人之授信決策：市場上的資金放款單位，例如：銀行或其他機構放款部門，進行各種授信決定之參酌依據，例如是否應貸放款項、放款期限、利率水平等決策之制定，皆可透過一個公司的財務報表分析的協助而達成，以減低放款借貸之信用風險。
   (3) 企業的上游供應商：在提供原物料給業者前，為降低交易風險，確認未來貨款收受無誤，必須針對交易對象進行財務資訊之徵信。
   (4) 其他資訊使用者：如財務分析師、證券經紀人、學術研究單位、企業員工、以及消費大眾等。

→ 表 1-1　飯店集團公開說明書之報表釋例

希爾頓飯店集團(NYSE:HLT)	XX4/07/16 公告	產業別：旅館&汽車旅館業		
類股別：隨意消費類		產業中的推薦排名：18 家中的第 2 名		
年度資產負債表				
資產 Assets		XX3 年	XX2 年	XX1 年
現金 Cash & Equivalents		82	54	35
可賣出證券 Marketable Securities		0	0	0
應收款項 Receivables		246	294	291
存貨 Inventories		193	139	148
未加工原料 Raw Materials		N/A	N/A	N/A
半成品 Work in Progress		N/A	N/A	N/A
成品 Finished Goods		N/A	N/A	N/A
應收票據 Notes Receivable		32	0	40
其他流動資產 Other Current Assets		467	143	482
流動資產合計 Total Current Assets		1020	630	630
財產、廠房與機械設備 Property, Plant & Equipment		N/A	N/A	N/A
累計折舊 Accumulated Depreciation		N/A	N/A	N/A
財產、廠房與機械設備淨值 Net Property, Plant & Equipment		3641	4089	4033
投資與預付款項 Investments & Advances		558	490	580
其他非流動資產 Other Non-Current Assets		0	325	325
遞延支出 Deferred Charges		0	0	0
無形資產 Intangibles		2210	2672	2731
預付款項與其他資產 Deposits & Other Assets		749	142	120
資產合計 Total Assets		8178	8348	8785
負債與股東權益 Liabilities & Shareholder's Equity				
負債 Liabilities		XX3 年	XX2 年	XX1 年
票據借款 Notes Payable		0	0	0
短期借款 Accounts Payable		553	560	533
流動長期負債部位 Current Portion Long Term Debt		338	11	365
流動資本租賃部位 Current Portion Capital Leases		0	0	0
應付款項 Accrued Expenses		0	0	0
應付所得稅款項 Income Taxes Payable		4	4	4
其他流動負債 Other Current Liabilities		0	0	0
流動負債合計 Total Current Liabilities		895	575	902
財產貸款 Mortgages		0	0	0
遞延稅款 Deferred Charges (Taxes/Income)		775	825	871
可轉換負債 Convertible Debt		0	0	0
長期負債 Long Term Debt		3801	4554	4950
非流動資本租賃 Non-Current Capital Leases		0	0	0
其他長期負債 Other Long-Term Debt		468	341	279
負債合計 Total Liabilities		5939	6295	7002
少數股東權益（負債部分）Minority Interest(Liabilities)		0	0	0
股東權益 Shareholders' Equity				
1. 特別股 Preferred Stock		0	0	0
2. 普通股（面值）Common Stock, Net (Par)		971	962	948
3. 股票溢價 Capital Surplus		970	950	873
4. 保留盈餘 Retained Earnings		456	322	168
5. 庫藏股票 Treasury Stock		157	170	201
6. 其他負債 Other Liabilities		-1	-11	-5
股東權益合計 Total Shareholder's Equity		2239	2053	1783
負債與股東權益合計 Total Liabilities & Shareholder's Equity		8178	8348	8785
				單位：$百萬美元

資料來源：http://www.guote123.com/usmkt/zacks/research.asp?ticker=HLT

　　一般餐旅業內部的成員如董事長、總經理、各部門經理、行政幕僚、部門員工等，皆必須了解公司內部定期需要產出的報表資訊，每個企業可以根據公司內部的實際需求，設計出適合使用的報表、製作頻次以及報表內容。表1-2將舉例餐旅館業可能製作之各種管理報表。

→ 表 1-2　餐旅業管理報表

報表名稱	頻次設計	陳述內容
營業報表	■ 每日－營業日報 ■ 每月－營業月報 ■ 每季－營業季報 ■ 每年－營業年報	■ 載明每日餐廳或旅館之消費人次、消費項目、消費金額統計。 ■ 累積日報表數據，再轉製成月報、季報及年報。
預測報表	■ 每週－下週預測報表 ■ 每月－下月預測報表 ■ 每年－年度預測報表	■ 消費人數或住房人數預約情況。 ■ 未來可能發生的費用及成本預測，以了解資金週轉的情況。 ■ 預測每個月的營運情況。
現金流量表	■ 每日－現金流量日報 ■ 每週－現金流量週報 ■ 每月－現金流量月報	■ 陳述每日餐廳或飯店內現金流入及流出之情況。 ■ 累積日報表數據，再轉製成週報、月報。
部門報表	■ 每月－○○部門月報 ■ 每季－○○部門季報 ■ 每年－○○部門年報	■ 每一營業部門定期製作之例行性報表。例如：餐飲部門損益表、房務部門資產負債表。
分析報表	■ 食材原料分析 ■ 食材價格分析 ■ 市場行情分析 ■ 餐點價格分析 ■ 房價分析 ■ 住房率分析	■ 經營餐旅事業與人的互動頻繁，因此必須了解目前市場行情，以及供應商、競爭者在市場上的動態。 ■ 定期進行相關資訊的蒐集及分析，將有助於經營策略之應變及訂定。
員工管理報表	■ 每日出缺勤 ■ 每月服務人次 ■ 每月產值	■ 了解每位員工在企業內部的貢獻程度及工作態度。 ■ 計算出每位員工所創造的營業額及服務客數。
短中期營運計畫表	■ 月份營運績效水準 ■ 年度營運績效水準 ■ 本月活動企畫書 ■ 年度企畫書 ■ 未來三～五年營運計畫書	■ 根據分析報表的資訊蒐集，公司定期制定各部門的營運績效水準下限，提供高層考核各部門績效之參考。 ■ 制定營運計畫書，作為營業部門之活動辦理準則及行事依歸。

（二）政府機關監督考核之依據

1. 企業公開發行有價證券（例如：發行股票的上市上櫃股份有限公司），必須經由政府「證期會」監督查核企業的財務能力及營運狀況。
2. 財政部國稅局各區之稅捐稽徵機關可透過財務報表查核，了解所屬區域內各營業單位的營業額與盈餘，以作為課徵稅捐的參考依據，實務的操作面上，可能包括實地訪查企業的經營狀況，以避免書面資料之誤判而損及國庫之收入。

問題與討論

1. 在本節所介紹的會計資訊使用者之角色，請以業主的立場思考，內部使用者與外部使用者所得到的資訊是否一樣？請針對不同使用者，說明你所陳述的答案。
2. 在學習餐旅會計的資訊系統前，打好基礎會計學原理上的基礎是否重要？

第二節 企業組態及經營活動

一、依資本型態劃分

依照出資方式可將法定企業組織劃分為「獨資」、「合夥」及「公司」三種組態，餐飲、飯店及民宿創業者必須考量業主的資金規模、風險承擔意願，以及企業經營長短期的需求而創設之。以下將分述其定義，並且比較其個別之優缺點（表1-3）。

1. 獨資企業(sole proprietorships)

由一人出資經營，所有權人獨自承擔營運損益，在法律上，視獨資企業與資本主為一體，且對企業負有無限清償責任，在會計原則上將其分視為兩者。

2. 合夥企業(general partnership)

性質與獨資企業類似，僅是增加合夥人而已。合夥企業係由兩人或以上數目之資本主所組成，共同經營且一同承擔企業風險。在法律上，合夥與獨資企業皆不具有法人身分，出資額可依照契約(partner agreement)不對等分配，盈餘分派亦不需按照出資比例為之；在會計上，合夥人之私有資產與債務，必須與企業明確劃分。

3. 公司(corporation)

依照公司法所規定成立之，必須經由法定程序登記而設立之企業，在法律上具獨立人格，為一權利義務之法律個體(legal entity)，共包括四種型態「無限公司」、「有限公司」、「兩合公司」與「股份有限公司」，其中以股份有限公司具有發行股票之權利及義務。

→ 表 1-3　三種資本型態之優缺點

企業組態	優　　點	缺　　點
獨　　資	1. 手續簡單且容易成立。 2. 業者可完全依照自己的構想經營企業，不需要採用其他資本主的經營建議。 3. 業主獨享所有的營業利潤。	1. 獨資者須承擔債務無限清償責任(unlimited liability)，由業主以所有私人財產支應。 2. 當獨資經營者死亡時企業將依法解散；若欲改由其他人承續經營，必須先出售資產後改組設立之。 3. 獨資者僅仰賴個人有限的資源經營之，企業發展規模受限，故較難永續經營。
合　　夥	1. 資本主不只一人，強化企業成長潛力。 2. 一般金融機構較願意放款給合夥企業，因為企業資源較獨資豐厚。	1. 與獨資者相同，合夥業主須共同承擔債務無限清償責任(unlimited liability)，甚者由業主以所有私人財產支應。 2. 合夥人中若有人過世，縱使其他合夥人願意繼續經營，原來的合夥企業仍需解散，因此仍有持續性不足的問題。 3. 合夥權移轉困難。 4. 合夥人內部容易產生經營理念上的爭議，不易解決，因此是較不受歡迎的企業組態。
公　　司	1. 其最大的優點為有限責任制(limited liability)，亦即投資人的責任以其個人投資的資本額為限。 2. 聘僱專業管理人，且制度較健全，較易永續經營。 3. 規模較大，容易籌措資金。	1. 因公司組織之所有權移轉容易，容易導致公司控制權爭奪戰。 2. 公司內部若無刻意限制，外部投資者可能大肆收購公司的股票。 3. 成立公司的成本比獨資或合夥企業成本高。 4. 公司組織受到較多法規之限制。

二、依經營活動劃分

依照經營活動可將企業劃分為「買賣業」、「製造業」及「服務業」三種，以下將分述其定義，並且比較其個別之差異（表1-4）。

1. **買賣業**：業者採購大批商品出售給客戶以賺取價差之產業。
2. **製造業**：業者先行採購原物料，再進行產品設計、開發、加工、製造、包裝等過程後，產製出可供銷售之製成品或半製品。
3. **服務業**：主要以提供勞務、技術或專業知識以獲取收入之產業。

→ 表 1-4　三種類別經濟活動之比較

產業別／經濟活動	採購原物料	採購商品	製造活動	產品研發	行銷企劃	行業例
買賣業 Merchandise Business	✕	○	✕	較少	○	■ 百貨業 ■ 批發賣場 ■ 零售業 ■ 超商（通路商）
製造業 Manufacturing Business	○	較少	○	○	較少	■ 建材加工廠 ■ 紡織成衣廠 ■ 化工製藥廠 ■ IC製造廠
服務業 Service Business	✕	✕	✕	○	○	■ 飯店民宿業 ■ 觀光旅遊業 ■ 律師代書 ■ 美容塑身業 ■ 金融保險業

問題與討論

不同的產業類型企業，在從事經濟活動時亦有其差異點，試討論各類型的企業應該設立哪些工作部門？並比較三者會計部門的會計作業複雜度分別為何？

第三節　會計學之運用原則

Raymond Cote 出版的《Basic Hotel and Restaurant Accounting》（《基礎飯店及餐廳會計學》）一書當中，其歸納彙整出十一項被廣泛接受的會計原則，以下將列舉各項原則並說明之。

重要的是目前 IAS 所談到的公認會計原則只有<u>繼續經營</u>及<u>應計基礎</u>兩者，其餘例如營利單位應被視為獨立經濟體，以及貨幣衡量單位等多項假設前提並未被特別提出，因為皆已被視為行之有年的共識。

一、衡量單位(unit of measurement)

1.貨幣單位衡量

一般企業的交易是以貨幣作為價值交換的共同單位，因此自然而然在會計帳務的記錄本上，是以貨幣單位來寫下每一筆交易商品的成交價格。

2.統一幣別記錄

在商人無國界的現代生活中，企業經營的過程很容易發生外幣交易的情況，但是在企業帳務的實務操作上，可能必須將各國貨幣轉兌成同一種貨幣才能貫通。例如你的客戶或供應商要求你使用美元、英鎊、日圓、馬克、披索等等各國貨幣交易時，是否應該將各國貨幣以現貨匯率兌換成台幣的方式衡量交易價格呢？或是統一兌換成美金呢？這是一個相當重要的問題。

二、歷史成本原則(historical cost)

1.記錄交易時點之成本價格

當企業交易取得資產或勞務時，將以當時所支付之成本價格作為評價與入帳的基礎，而非以現在的市場價值來衡量及記錄先前所發生的任何一筆交易，此為所謂的歷史成本原則。

2.評價基準

若取得時以現金交易，則以現金價值入帳；若不是，則以交付資產之等值現金評價之。

例如餐廳於採購蔬果食材後，發生颱風過境，之後市面上出現蔬果上揚五倍的景象，而餐廳會計人員在計算蔬果成本時，應該是以颱風前所採購的價格為計算的基準，而非以之後的五倍價格計算之。

三、企業經營的永續性(going-concern)

1. 一般而言,在會計帳務的處理及財務報表的製作觀念上,皆應該以企業持續經營的基礎下編列之。
2. 唯有在企業永續經營的假設前提下,才能於企業過去、現在及未來預估的財務報表上,知往鑑來。

　　例如飯店經營創設階段,企業勢必購置土地、建築物及其他硬體設備,在永續經營的基礎下,會計人員必須按照當時的購置成本價值列入資產,並且依照所得稅法之年限提列折舊。

四、保守估計原則(conservatism)

1. 保守面對不確定性

　　會計人員在估算不可確定的未來事項時,應該秉持保守的態度為之。原則上,面對可能的損失時,必須客觀且清楚地估算其最大可能;對於尚未實現的利益則適度表達,而非過度強化之。

2. 講求務實原則

　　例如在列舉資產價值或預估收益時,應該聽取專家的建議,接受真正的市場價值,而非浮誇表面價值而失去帳上數字的意義。

五、具體客觀原則(objectivity)

1. 依據事實記錄及報告

　　會計人員處理帳務及公開報告時,皆應該盡可能以具體的證據佐證每一項數據,切忌個人的主觀偏見及誤導。

2. 客觀估計

　　當缺乏一項交易的證據時,客觀性的價值估計將成為重要的思考。例如以同時間之市場價格訪查的方式進行估算,或以過去的經驗判斷方式認定價值,或其他具有客觀性及公信力的方式佐證。

六、時段性及週期性(time period)

1.存續時段

原則上，在一個會計年度裡，企業必須有不同時段性的財務報表產出，才能符合各種狀況下的需求。例如年度結束時必須製作年度會計報表，平日必須有日報表，每週有週報表，四季有四份季報表，半年有兩份半年報表等等，也就是說，不同時段的報表因應不同時期的需求。例如資訊電子產業的分析經常使用第一季、第二季、第三季及第四季的方式呈現一年內，企業的營業成長或衰退走勢。

2.週期性記錄報導

每個企業對於財務報表的需求不同，但皆須周而復始，週期性地產出報表來。例如：每年的一月底前必須製作前一年的會計年報、每月的十日前必須製作出前一個月的月報表等等。

七、已實現性(realization)

是指商品或勞務已經交換現金，或者取得未來對現金的請求權時稱之。也就是在買賣交易的行為確實完成後，同時實現了銷貨及收益。例如一般民眾在網路上預約旅遊景點的民宿後，通常必須先以劃撥訂金方式完成預約訂房的確認動作，對於民宿業者而言，訂金的收入僅為「預收客房出租訂金」而已，交易尚未完成，在客戶如期前來住房後，這項交易才算已實現，而業者可以向客戶收取尾款。

八、配合原則(matching)

1.收益與成本配合原則

也就是說，在同一時期所產生的銷貨及營業收入，必須搭配同時所產生的成本費用之認列，以利配合該時段計算出當期的損益狀況。例如西餐部門本月銷售 80 客沙朗牛排，而會計人員理當知道這批沙朗牛肉的進價成本為何，並且據實將其轉列為本月的成本當中，同一時段所產生的費用也需據實列入帳務中，如此一來，餐廳才知道這個月份的損益情形為何。

2.同一時期記錄原則

同一時期所發生的收入及費用，必須密切注意所發生的時間點，將同一時段的記錄詳實地列舉在報表當中。

九、一致性原則(consistency)

1.統整性

　　企業在使用會計方法及制定會計科目時，應該注重各部門的統一性及規律性，而非由各部門會計自行訂定非統整性的會計名詞，這樣後續的報表製作及統整才不會發生格格不入的窘況，而失去財務報表的價值。況且，現代會計資訊系統使用頻繁，整個公司若非有一致性的會計科目及專有詞彙設計，則只會頻添系統操作上的複雜度，且減低其效能。

2.合理性

　　所謂一致性的統整原則並非具有僵固性，假設公司會計人員研議出更具體有效的會計方法，而且能更精確迅速地產出財務資訊時，則應予以適度變更，並且在財務報表上揭露註解。例如：在財務報表註解上載明，公司自 xxx 年 1月 1 日起，廢除人工記帳及報表製作，改以電腦會計資訊系統進行作業之說明。

十、重要性(materiality)

　　具有具體證據的事項發生時，可依照一般會計原則進行之；但是當發生事項所採證資料不足時，此時可能必須仰仗會計人員的專業判斷。例如：一個公司可對外揭露的財務報表訊息有哪些？有哪些數據不可直接對外公開，否則將損及企業的營運等等問題之思考，這涉及到公司內部高層的政策，也關係到會計師的專業判斷。

十一、充分揭露原則(full disclosure)

　　意指財務報表應該內容完備、正確無誤、分類適當，且詳盡地揭露報導之。以表1-5為彙整會計帳務揭露的範例。

　　在常用的財務報表揭露模式中，經常包括「會計方法」、「存貨計算」以及「有價證券的評價方法」等項目；其他方面，也必須陳述註解「所使用的會計方法是否改變」、「改變的時間點由何時開始」、「額外的收入或費用項目」、「重大的偶發性事件」以及「重要的長期性承諾」。

→ 表 1-5　會計帳務揭露範例

事項範例	會計揭露範例
■ 所使用之會計方法	例如：在財務報表底下的註解中載明，公司的固定資產是採用直線年限法來進行折舊計算的。
■ 改變會計方法	例如：載明公司固定資產折舊原來使用直線年限法，92年度起改為餘額遞減法。
■ 偶發性債務	例如：企業發生臨危性之週轉問題，非在原定計畫內，則必須動用公司不動產進行抵押或擔保。
■ 財務報表日後發生之重大事件	例如：飯店在財務報表日後一週發生火警，公司內部有重要資產損毀之說明；或是餐廳在年度報表日後一天，公司有重要投資股東加入，營運資金充裕，未來經營計畫可能有所變更。
■ 非常態性的項目	例如：茲因密西根州發生地震，導致當地的飯店分公司遭受重大損失，總公司目前仍在估算損失的詳盡數據。

問題與討論

1. 假如你經營一家國際連鎖的飯店，當台幣貶值或升值時，若無其他特殊狀況，你如何調整各國的飯店租房價格，以符合公司經營的定價策略。

2. 上述十一項會計原則當中，有哪幾項原則較不容易遵守，或因為受到人為疏失，而導致會計作業過程中容易產生錯誤？

第四節　經濟利潤及會計利潤

　　企業經營的目的無非是追求企業價值的極大化以及股東財富的極大化，在此二原則下，所創造出來的利潤越高，代表經營者越成功。在衡量利潤的觀念上，有經濟利潤及會計利潤（圖1-3）兩種思考，以下將分述之。

$$會計利潤 = 營業收入 - 企業實際營運成本 \quad 【具體發生】$$

$$
\begin{aligned}
經濟利潤 = \ &營業收入 - 企業實際營運成本 \quad 【具體發生】 \\
&- 企業的投資機會成本【風險評估】 \\
&- 股東要求的最低報酬【純益評估】
\end{aligned}
$$

※ 圖 1-3　會計利潤及經濟利潤公式圖

一、會計利潤

　　所謂會計利潤的計算是指「公司在一段期間內，帳面上所發生的收入減去所有的支出成本及費用所得的餘額稱之」，通常以 EPS（股票每股盈餘）來呈現之。可見會計利潤的計算皆是有憑有據，較為具體。

二、經濟利潤

1. 經濟利潤所思考的成本範圍較會計利潤廣泛：除會計帳面上所呈現的「企業實際營運成本」之外，還包括「企業的投資機會成本」，以及「股東所要求的最低報酬標準」，皆屬於經營者必須考量到的成本。

2. 企業的投資機會成本是指企業的投資政策風險：如果企業經由專業評估後，選擇正確的投資方案，則投資機會成本自然很小；反之，則機會成本升高，對於企業相當不利，因此，必須將決策風險列入成本的觀念作考量，使得公司高層在制定政策時，能夠審慎行之。例如假設今年飯店的營運政策有 A 與 B 兩案，公司選擇 A 案，結果年終營運不如預期，導致錯失選擇 B 案的優勢，則所喪失的利益稱之為投資機會成本，所估算的損失則列入成本當中。

　　在「股東要求的最低報酬標準」部分：在頗具規模的公司組織裡，董事會通常會聘僱專業的經理人，並且賦予其帶領公司運作的重責大任，老闆不是事業體經理人的想法逐漸受到肯定。然而，因為股東是公司出資的老闆，其承受所有營運虧損的風險，因此股東有權利要求經營者的經營績效必須到達一定的水平，甚至訂定出每一季、或每一半年、或每一年必須至少要產出一定數額的利潤，或者提出一些突破性的政策方針，否則就失去公司創造利潤的原意，股東也沒有必要繼續將資金投入公司的運作中。

💲 問題與討論

　　請你以企業經營者的角度思考，公司在制定短、中、長期營運政策時，分別會以會計利潤或經濟利潤的觀點來作盈餘的評估？並說明你的理由。

第五節　國際性重要組織及功能

一、美國財務會計準則委員會（Financial Accounting Standards Board，簡稱 FASB）

為目前美國發布一般公認會計原則最權威的機構。在1959年，由頗具公信力的「財務會計基金會」任命七位專職委員所成立之，委員多半為產業界、政府機關、學術界等具有代表性的人物。FASB 一共發布四種公報供社會人士參酌。

1. 財務會計觀念公報(Statements of Financial Accounting Concepts, SFAC)。
2. 財務會計準則公報(Statements of Financial Accounting Standards, SFAS)。
3. 解釋公報(Interpretations)。
4. 技術公報(Technical Bulletins)。

其中以財務會計觀念公報、財務會計準則公報、解釋公報等三者，為美國最具權威性的會計原則公報。

二、美國會計師協會（American Institute of Certified Public Accountants，簡稱 AICPA）

由美國具有執照的會計師代表所組成的國家級權威性組織。其主要任務是提供會員們所需要的資源、資訊及領導統馭之能力，以及建立會計專業準則、協助會員專業性的增長與進步，進而促使會員們能夠在公共領域當中，將其會計專業素養發揮到更高境地，造福人群。

為達成 AICPA 的使命，該組織更朝向會計證照及執照的最高層次邁進，主要是為了倡導並保護公認會計師 Certified Public Accountants 的制度。

三、國際餐旅會計師協會（International Association of Hospitality Accountants，簡稱 IAHA）

創立於1973年德州的奧斯丁。組織成立的目的是要造就餐旅行業的會計專業性，實務上協助的產業對象包括：飯店、汽車旅館、俱樂部、餐廳等。因此組織成員包括飯店、汽車旅館業、俱樂部、餐廳業者的財務負責人以及其他相關組織的專業代表、相關領域的學者、餐旅科系的學生等所組成。

IAHA 為業界的餐旅專業會計師設計一份具有公信力的證書(CHAE)。

四、 美國飯店及汽車旅館協會（American Hotel & Motel Association，簡稱 AH&MA）

　　總部在美國紐約，為美國旅館業的全國性商業組織，在台灣也有相類似的組織，如中華民國旅館事業協會。組織成立的目的是藉由合法的管道來成就會員們的共同目標，以促進旅館業者的共同最大利益為宗旨。

　　AH&MA 於各州皆成立協會，並由各協會代表組成董事會於總部，協會的三項使命為：

1. 增益並強化旅館業營運的環境條件，促進同業的順利營運，追求最大利潤目標。
2. 提高同業的服務品質，滿足大眾之需求與協助。
3. 提供教育訓練的挑戰，鼓勵有志從事旅館業者。

五、AH&MA 之教育機構（Educational Institute of AH&MA）

　　1962年成立於密西根州的州立大學內，屬於非營利性的教育組織，組織主要成立的宗旨是提供餐旅業教育訓練的資源，增益技能的專業性。AH&MA 透過專業諮詢、課程教授、教材編寫、研究研討活動、教材光碟製作、教育刊物發行等等具體作為協助餐旅產業發展。

　　AH&MA 所提供的專業證照包括：

1. 客房管理證書（Certified Rooms Division Executive，簡稱 CRDE）。
2. 餐飲管理證書（Certified Food and Beverage Executive，簡稱 CFBE）。
3. 房務管理證書（Certified Hospitality and Housekeeping Executive，簡稱 CHHE）。
4. 工程營運管理證書（Certified Engineering Operations Executive，簡稱 CEOE）。
5. 飯店經理人證書（Certified Hotel Administration，簡稱 CHA）。

　　AH&MA 所發行的知名專業刊物為《The Uniform System of Accounts and Expense Dictionary for Small Hotels, Motels and Motor Hotels》（暫譯為《旅館業統一系統帳務字典》），提供業者及研究者許多專業的指引。

六、 全國餐廳協會（National Restaurant Association，簡稱 NRA）

　　總部設立於華盛頓，由超過十萬家餐飲服務業的代表所組成，其組織功能和 AH&MA 相近，亦發行餐飲業帳務的共同系統。其他業務方面，除提供會員教育、研究的訓練外，亦重視與政府相關單位的溝通與合作。

NRA 擁有一個跨越國籍的董事會所領導，其中成員除地主國美國的餐飲業代表外，另外尚有十二個國家所遴選的餐飲業代表所組成，是相當具有國際性權威的組成。

 問題與討論

　　就你所知，台灣有哪些與會計領域、飯店業、餐飲事業領域，以及旅館事業領域相關的組織團體？這些組織團體成立的宗旨及功能分別為何？目前的運作績效有哪些較為顯著？

第六節　會計循環與帳簿組織

一、會計循環(accounting cycle)

　　會計期間內（通常以一年為期），周而復始地進行認定、分析、記錄企業每一筆交易事項，並且彙整成財務報表，完成這樣的程序即稱為會計循環（圖1-4）。

　　由於近年來會計作業電腦化的普及，會計人員的工作內容大為簡化，一般工作僅需將分錄、調整分錄、結帳分錄與轉回分錄的內容輸入電腦，經由電腦程式的快速運算後，可立即呈現各式報表，因此分錄作業、調整、編表仍是學習會計者的基礎。

　　另外，簿記與會計有許多不同之處。簿記是規律地將企業交易分門別類，並將交易的事實記錄下來，所以簿記僅是會計作業活動的一部分；而會計人員還必須能設計出企業所需要的帳務

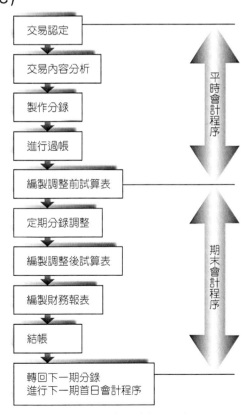

※ 圖 1-4　會計循環示意圖

系統，並且進一步設計報表及分析報表、預算預測、稅務申報、營運分析，最後提供管理者決策之建議。

二、帳簿組織

企業為有效率地處理整體帳務工作，經由帳簿的建立與登錄的方法進行會計作業。會計上所稱之帳簿包括最原始的「交易憑證」、「記帳單證」、「表單」、「日記簿」、「分類帳」、「各式試算表」，乃至財務報表。

健全的帳簿組織包括：「會計組織系統的建立」、「帳簿之適當分割」、「會計科目之設計」、「帳簿之分類、內容、格式與職能的分割」、「各式表單、憑證、帳冊之聯繫配合」，最重要的是會計系統有效且順利地運作。

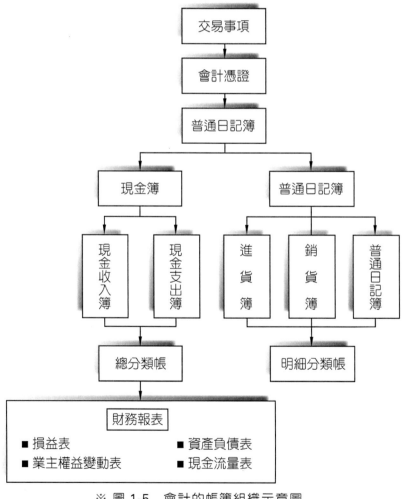

※ 圖 1-5　會計的帳簿組織示意圖

第七節　結　論

　　會計學在商業活動當中扮演一項工具科學的角色，各行各業，不論規模大小的事業單位都需要它。隨著資訊科技的進步，資本主義的影響使得商業活動自由度毫不受限，因此如何在創業者的潮流當中，善用此一工具，可能成為你脫穎而出的決勝關鍵，因此就讀餐旅科系的學子，應深究此一科目之學問，以備將來面臨實業界挑戰時，能夠學以致用。

　　在本章第六節當中所提及，美國的餐旅館業之各式專業性皆已相當齊備，百家爭鳴，可以了解到美國人對於專業知識的學習態度，無論是在校園內還是已進入實業界，終身學習及不斷進步似乎是我們國內才剛起步的想法，此一觀點提供給在校學子及實務界思考。

1. 試說明簿記與會計的差異點。

2. 試列舉並說明 Raymond Cote 所歸納彙整出的十一項會計原則。

3. 試列舉會計資訊之內部使用者及外部使用者，以及其需求資料的原因。

4. 說明一個基本會計循環的流程。

5. 一般企業體的帳簿組織可能包含什麼樣的內容？

6. 參考任何一家上市公司的「公開說明書」，進一步了解內容所陳列的會計報表及財務分析報表有哪些？

7. 國內餐飲旅館業上市上櫃的公司有哪些？假如想要籌組一家公司型態的國際級飯店，並且規劃未來能夠上櫃或上市集資，以確保企業的永續經營，請問你必須申請何種組態的企業單位？

8. 學習餐飲會計的目的何在？

9. 假設你經營一家餐旅業之公司，你想看什麼型態的報表，你將會如何設計營業報表及財務報表？考量的因素有哪些？

10. 美國的餐飲業及旅館業皆發展出會計上共同的帳務系統 Uniform System of Accounts，試問台灣目前較多人使用的是哪些通用的系統？

11. 你如何突破自己的學習障礙，努力學習此門科目，成為未來就業的重要工具？

12. 試想加工製造業、買賣通路業、餐飲服務業三者的會計功能組態可能會有哪些差異？

13. 綜觀國內餐旅事業的相關公會組織，其服務功能及組織規模上是否有需要加強之處？應該著重強化哪些方面的服務項目？

02
CHAPTER
★★★★★

會計原理

HOSPITALITY
MANAGEMENT
ACCOUNTING
PRACTICE

本章將精簡概述會計學一些重要觀念，內容的設計是針對剛入門學習者所必須具備的基礎會計觀念，若已具備會計學基礎之學習者，則可快速略過本章，惟會計科目分類之處，請加強閱讀、記憶並了解其涵義。

第一節　會計恆等式

一、企業成立初始

　　企業創設之初，資金的來源通常有兩個途徑，其一是創業投資的資本，是由企業的業主或股東們所投入的資金或資產，稱之為「業主權益」；也就是說，企業之投資業主對於企業的經濟資源所擁有的請求權。其二是透過「負債」的方式所籌措到的資金，通常是以向金融機構進行融資的方式為之。透過上述兩項資金來源，企業將整合所擁有的資金購置營運所需之「資產」，開始進行運作。

二、恆等式之表示

　　根據上述企業成立初始的資金來源及營運啟動的思考，企業的資產開始形成，是由業主權益和負債兩者所貢獻之資金投入而成，因此將此三者以方程式表達如下（圖2-1）。

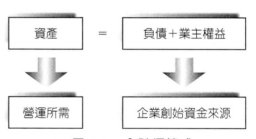

※ 圖 2-1　會計恆等式

　　資產等於負債加業主權益，此即為會計恆等式(the fundamental accounting equation)。在後續的借貸法則會更進一步提到，雖然企業交易情況發生變化多端，恆等式等號兩端之金額永遠相等。

三、三大要素部門之定義及重點觀念整理

（一）三大要素定義

1. 資產(assets)

　　根據財務會計準則公報(Statements of Financial Accounting Standards, SFASs)第一號第十六條對資產所作之定義為「企業透過交易或其他事項所獲得

之經濟資源，可以用貨幣單位衡量之，並得以預期未來能增益企業經濟效益者稱之。」由此可知，資產的定位是企業的生存資源多寡，以提供企業營運發展之動能，擴充企業存在之經濟效能，帶來現金流入。

2. 負債(liabilities)

根據財務會計準則公報(SFAS)第一號第二十六條對負債所作之定義為「企業在過去透過交易或其他事項所產生之經濟義務，可以用貨幣單位衡量之，企業未來得以提供勞務或經濟資源償付者稱之。」由此可知，負債的定位是企業為求未來的營運發展，所必須擔負的經濟責任，因此，必須於未來以「有形的企業資產」或「無形的勞務付出」來移轉給其他事業體，且將導致現金流出。

3. 業主權益(owners' equity)

根據財務會計準則公報(SFAS)第一號第三十四條對業主權益所作之定義為「企業全部的資產減去全部負債後，其餘額屬於企業所有人，稱之為業主權益。」這樣的關係可由圖 2-1 的會計恆等式中一目瞭然，因此可得知業主權益屬於剩餘權益的觀念，又因為由資產減去負債所得之餘額，所以又稱之為淨資產(net assets)。

（二）重要觀念整理

1. 業主權益的重點觀念整理

(1) 業主對企業投注資金（增資），會使該業主權益增加。

(2) 業主若對企業提取資金（減資），則會使該業主的權益減少。

(3) 企業的營運如果獲利時，會使該業主權益增加。

(4) 企業的營運如果虧損時，會使該業主權益減少。

2. 企業經營的損益重點觀念整理

(1) 取決於收入、費用、利得、損失之多寡。

(2) 如果收入及利得大於費用和損失，則企業產生獲利。

(3) 如果收入及利得小於費用和損失，則企業產生虧損。

3. 收入(revenues)

企業在一定期間內，因為進行中心業務活動所產生的資產流入或債務的清償。例如銷售商品所產生的銷貨收入，或者提供專業或勞務所產生的服務收入。此處中心業務活動是指企業主要從事的經濟活動（例如旅館業的中心業務活動為銷售每日的房間與餐廳飲食等）。

4. 費用(expenses)

　　企業在一定期間內，因為進行中心業務活動所產生的資產流出或債務的產生。例如生產或交付貨品所產生的銷貨成本，或者內部運作所必須付出的專業或勞務所產生的管銷費用（例如餐廳業者販售餐點所需付出的食材、耗材與人力等開銷）。

5. 利得(gains)

　　在一定期間內，企業因為進行附屬周邊活動，所產生權益的增加。例如公司所投資的股票之交易產生利得。此處附屬周邊活動是指企業的非中心業務活動，也就是非企業主要的營業項目（例如旅館業者將公司剩餘資金進行不動產或股票投資所賺取的利益）。

6. 損失(losses)

　　在一定期間內，企業因為進行附屬周邊活動，所產生權益的減少。例如企業因為天災所導致的資產損毀，或者企業轉投資失敗所導致的資產流失。

 問題與討論

1. 企業創始之初，投資的股東或業主可能以何種形式注入資本？企業營運之後，業主權益的增加，通常是透過哪幾種途徑？
2. 一般而言，公司要如何避免企業經營上的不必要損失？試從購買保險，以及聘僱專業投資分析師之角度探討。

第二節　交易活動與會計過程

一、交易的進行

　　人類最早期的交易以「以物易物」的方式進行，交易的買賣雙方達成物品項目、數量之協議進行交換。直到後來的文明社會發展，交易單位間有了共同的衡量單位，那就是貨幣。因此，企業的交易可被定義為「經由商品或勞務交換成現金，或者交換成未來對現金流量的請求權」。

二、交易與會計帳務

📁 案例2-1

在本飯店的西餐廳裡，當客戶辦理員工聚餐，進入餐廳用餐，西餐部工作人員提供客戶服務，用餐完畢後以現金結帳。這項交易完成後，會影響到下列表2-1會計帳戶的變化：

➔ 表 2-1　會計帳戶的變化

交易事項的內容	影響的會計科目
客戶確實前來用餐完畢，本飯店提供餐點及服務	餐飲部門之營業收入增加【貸方】
客戶前往櫃檯結帳，並且支付現金	現金流量增加現金增加【借方】

📁 案例2-2

在飯店的中餐部門計畫添購冷凍設備，當冷凍設備廠商前來裝設完成後，由飯店行政人員檢驗對方交貨無誤，並且簽認這筆交易，到下個月初時，飯店開立支票給冷凍設備廠商付款，冷凍廠商於月中至銀行兌領現金。這項交易完成後，會影響到下列表2-2會計帳戶的變化：

➔ 表 2-2　會計帳戶的變化

交易事項的內容	影響的會計科目
■ 冷凍設備裝設完成	■ 飯店中餐部添購冷凍設備,固定資產增加【借方】
■ 本飯店人員簽認這筆交易	■ 簽帳完成，代表公司承諾廠商付款，因此應付帳款增加【貸方】
■ 下個月初時，本公司開立支票給冷凍廠商，償付款項	■ 會計開立支票給廠商，則此筆交易之應付帳款減少【借方】，改轉為應付票據增加【貸方】
■ 月中冷凍廠商至銀行兌領支票現金	■ 該支票由廠商至銀行兌領現金後，影響飯店銀行帳戶內的存款金額，因此銀行存款減少【貸方】 ■ 付款完成後，應付票據也沖銷【借方】

根據上述兩個案例，可以了解到企業經濟活動的任何一項交易，皆會影響到一個、甚至兩個以上的會計科目，因此會計人員所關心的往往是借方與貸方科目及金額是否正確，如果判斷錯誤則影響到後續的會計作業頗深，因此會計的借貸法則及會計科目是相當重要的基礎。

 問題與討論

假如週末你和朋友約定前往民宿度假，你在三天前支付完訂金，並且如期前往住宿，結帳時你採用刷卡方式付款，請討論民宿業者的會計科目可能有哪些狀況？

第三節　借貸法則

一、借方、貸方與 T 字帳

交易事項發生時，將性質相同者歸納於一類，並且設立一個帳戶(account)。一次的交易至少記錄兩個分錄，一個位於左方，稱之為借方(debit)；一個位於右方，稱之為貸方(credit)，稱之為複式簿記(double entry)。帳戶記載的方式有許多種，其中最常用的是 T 字帳（圖2-2）。

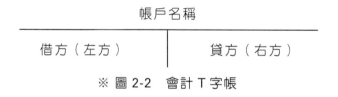

帳戶名稱

| 借方（左方） | 貸方（右方） |

※ 圖 2-2　會計 T 字帳

二、借貸法則與恆等式

1. 配合會計恆等式「資產在等號左方，負債及業主權益在等號右方」的原則下，加入借貸法則之運用，在得知正常餘額的前提，資產增加記錄在借方，負債及業主權益增加記錄在貸方。

2. 資產與費用增加記錄在借方，減少則記錄在貸方。

3. 負債、業主權益增加記錄在貸方，減少則記錄在借方。

4. 收入增加則業主賺錢，所以業主權益增加，則收入增加與業主權益同在貸方。

5. 費用增加則業主必須支付價金，業主權益減少，所以列在業主權益反方的借方帳戶。

6. 任何一筆交易事項至少要有兩筆以上的分錄。

7. 有借方分錄就必有貸方分錄。

8. 一個交易事項所產生的分錄，借方全部金額必然等於貸方全部金額，否則錯誤。

三、分類帳戶之歸納

當會計人員在分析交易事項時，並需判斷其影響企業之資產、負債、業主權益、收入或費用的增減情形，且分別將其歸納於借方或貸方，如此即為借貸法則之運用。以將分類帳戶歸納為表2-3，其規則相當重要，初學者必須加以記憶。

→ 表 2-3 分類帳戶與借貸方之增減

帳戶分類	帳戶金額增加	帳戶金額減少	正常餘額歸位
資　　產	借方	貸方	借方
負　　債	貸方	借方	貸方
業主權益	貸方	借方	貸方
收　　入	貸方	借方	貸方
費　　用	借方	貸方	借方

圖2-3及圖2-4將利用在第一節中所介紹的會計恆等式，結合 T 字帳及五個會計要素部門，分別為資產、負債、業主權益、收入及費用，彙整成借貸法則的速記法。

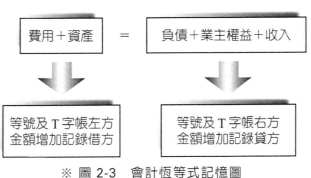

※ 圖 2-3 會計恆等式記憶圖

借方帳戶	貸方帳戶
資產增加	負債增加
費用增加	業主權益增加
負債減少	收入增加
業主權益減少	資產減少
收入減少	費用減少

※ 圖 2-4　T字帳與借貸雙方增減

　　根據上述所介紹的借貸法則，先將會計科目的五大要素部門簡化成圖2-3的方式記憶，如此讀者可以了解，資產與費用增加記在借方，剛好在恆等式的等號左邊；負債、業主權益與收入增加記在貸方，剛好在恆等式的等號右邊。

　　將圖2-3的觀念再稍作延伸，增列會計科目五大部門的減少記錄，加上 T 字帳的運用，很簡單的道理，如果科目增加在借方，則減少就記錄在貸方。

問題與討論

1. 與課堂老師及同學分享你記憶借貸法則的方法。
2. 討論資產和費用科目增加，為什麼同在 T 字帳的借方（左方）。

第四節　會計科目

一、餐廳會計科目系統

　　依據 National Restaurant Association 美國國家餐飲協會，在華盛頓總部所出版的 Uniform System of Accounts for Restaurants（暫譯為《餐廳統一帳務系統》）第七版，所列舉之會計科目，如以下表2-4至表2-12所列。

→ 表 2-4 餐廳會計科目（資產類）

資產部門科目 Assets　分類號 1000		
Account Number 帳戶類號	Account Name 帳戶名稱	中文會計科目參考名稱
1100	Cash	現金
1110	Change funds	零用金
1120	Cash on deposit	現金存款
1200	Accounts receivable	應收帳款
1210	Customers	顧客
1220	Allowances and complimentaries	折讓或招待
1230	Other	其他
1240	Employees' loans and advances	員工借貸及預支
1250	Provision for doubtful accounts	呆帳預備金
1300	Inventories	存貨
1310	Food	食品
1320	Beverages	飲料
1330	Supplies	補充品
1340	Other	其他
1400	Prepaid expenses	預付費用
1410	Insurance	保險
1420	Deposits	存款
1430	Taxes	稅
1440	Licenses	執照
1500	Fixed assets	固定資產
1530	Accumulated depreciation－building	累計折舊－建築物
1540	Leasehold improvements	地產租賃權
1550	Accumulated amortization of improvements	分期攤銷累計
1560	Furniture, fixtures and equipment (including POS equipment)	家具及生財器具設備（含銷售點管理設備）
1570	Accumulated depreciation－Furniture and equipment	累計折舊－家具及設備
1580	Automobiles/trucks	汽車／卡車
1590	Accumulated depreciation－Automobiles/trucks	累計折舊－汽車／卡車
1600	Deferred charges	遞延費用
1610	Marketing program prepaid	行銷企劃預付
1620	Pre-opening expenses	開辦費

→ 表 2-5　餐廳會計科目（負債類）

負債部門科目　Liabilities　分類號 2000		
Account Number 帳戶類號	Account Name 帳戶名稱	中文會計科目參考名稱
2100	Payables	應付款
2110	Notes Payable	應付票據
2120	Accounts Payable	應付帳款
2200	Taxes withheld and accrued	稅賦及利息
2210	Income Tax	所得稅
2220	FICA	聯邦保險捐助
2230	Federal unemployment tax	聯邦失業稅
2240	State unemployment tax	州失業稅
2250	Sales tax	營業稅
1510	Land	土地
1520	Building	建築物
2260	Employer's share of payroll taxes	員工薪資稅賦
2270	City taxes	市稅
2300	Accrued expenses	應付費用
2310	Rent	租金
2320	Payroll	薪資
2330	Interest	利息
2340	Water	水
2350	Gas	燃料
2360	Electricity	電
2370	Personal property taxes	個人財產稅
2380	Vacation	休假
2390	Other	其他
2400	Long-term debt	長期負債
2410	Mortgage debt	抵押貸款
2420	Capital leases	借資
2430	Other debt	其他負債

→ 表 2-6　餐廳會計科目（股東／業主權益類）

股東／業主權益部門科目　Shareholders' Equity　分類號 3000		
Account Number 帳戶類號	Account Name 帳戶名稱	中文會計科目參考名稱
3100	Common Stock	普通股
3200	Capital in excess of par	股本溢價
3300	Retained earnings	保留盈餘

→ 表 2-7　餐廳會計科目（收入類）

收入部門科目　Sales　分類號 4000		
Account Number 帳戶類號	Account Name 帳戶名稱	中文會計科目參考名稱
4100	Food	食品
4200	Beverages	飲料

→ 表 2-8　餐廳會計科目（其他收入類）

其他收入部門科目　Other Income　分類號 6000		
Account Number 帳戶類號	Account Name 帳戶名稱	中文會計科目參考名稱
6100	Cover charges and minimums	席位及最低消費收入
6200	Commissions	佣金
6210	Gift shop operation-net	禮品鋪營運淨額
6220	Telephone commissions	電話佣金
6230	Concessions	營業場所
6240	Vending machine/Game revenue	販賣機／遊樂室收入
6300	Salvage and waste sales	資源回收
6400	Cash discounts	現金折讓
6500	Meeting/Banquet room rental	會議室／宴會廳租用
6900	Miscellaneous	雜項收入

→ 表 2-9　餐廳會計科目（管銷費用類）

管銷費用部門科目 Operating Expenses　分類號 7000		
Account Number 帳戶類號	Account Name 帳戶名稱	中文會計科目參考名稱
7100	Salaries and wages	薪資及工資
7105	Service	服務
7110	Preparation	預備
7115	Sanitation	環境衛生
7120	Beverages	飲料、茶水
7125	Administration	行政管理
7130	Purchasing and storing	採購及倉儲
7135	Other	其他
7200	Employee benefits	員工福利
7205	FICA	聯邦保險捐助
7210	Federal unemployment tax	聯邦失業稅
7215	State unemployment tax	州失業稅
7220	Workmen's compensation	工人傷殘賠償
7225	Group insurance	團體保險
7230	State health insurance tax	州健保稅
7235	Welfare plan payments	福利計畫支用款
7240	Pension plan payments	退休計畫支用款
7245	Accident and health insurance premiums	意外及健康保險津貼
7250	Hospitalization, Blue cross, blue shield	醫院住院治療
7255	Employee meals	員工伙食費
7260	Employee instruction and education expenses	員工教育費
7265	Employee Christmas and other parties	員工聖誕節及其他節慶聚會
7270	Employee sports activities	員工體能活動
7275	Medical expenses	醫療費用
7280	Credit union	自治團體
7285	Awards and prizes	獎品及獎金
7290	Transportation and housing	交通及住宿
7300	Occupancy costs	場站成本
7305	Rent-minimum or fixed	最少或固定租金
7310	Percentage rent	租金利潤
7315	Ground rental	用地租金
7320	Equipment rental	設備租金
7325	Real estate taxes	不動產稅賦

→ 表 2-9　餐廳會計科目（管銷費用類）（續）

管銷費用部門科目　Operating Expenses　分類號 7000		
Account Number 帳戶類號	**Account Name 帳戶名稱**	**中文會計科目參考名稱**
7330	Personal property taxes	個人財產稅賦
7335	Other municipal taxes	其他市政府稅賦
7340	Franchise tax	權利金稅務
7345	Capital stock tax	資本稅
7350	Partnership or corporation license fees	法人或公司執照費用
7360	Insurance on building and contents	建築及內容物保險
7370	Depreciation	折舊
7371	Buildings	建築物
7372	Amortization of leasehold	租賃權攤銷
7373	Amortization of leasehold improvement	租賃權改善攤銷
7374	Furniture, fixtures and equipment	家具及生財設備
7400	Direct operation expenses	直接營運費用
7402	Uniforms	制服
7404	Laundry and dry cleaning	洗衣及乾洗
7406	Linen rental	布巾租用
7408	Linen	布巾
7410	China and glassware	瓷器及玻璃器皿
7412	Silverware	銀器
7414	Kitchen utensils	廚房用具
7416	Auto and truck expense	汽車及卡車費用
7418	Cleaning supplies	清潔備品
7420	Paper supplies	紙張備品
7422	Guest supplies	客戶用備品
7424	Bar supplies	酒吧備品
7426	Menus and wine lists	菜單及酒品目錄
7428	Contract cleaning	清掃合約
7430	Exterminating	清理
7432	Flowers and decorations	花及裝飾品
7436	Parking lot expenses	停車場費用
7438	Licenses and permits	執照及許可證
7440	Banquet expenses	宴會費用
7498	Other operating expenses	其他營運費用
7500	Music and entertainment	音樂及娛樂

→ 表 2-9　餐廳會計科目（管銷費用類）（續）

管銷費用部門科目 Operating Expenses　分類號 7000		
Account Number 帳戶類號	Account Name 帳戶名稱	中文會計科目參考名稱
7505	Musicians	音樂工作者
7510	Professional entertainers	專業表演者
7520	Mechanical music	音樂播放
7525	Contracted wire service	電纜電報服務合約
7530	Piano rental and tuning	鋼琴租賃及調音
7535	Films, records, tapes and sheet music	影片、唱片、影帶及音樂
7540	Programs	節目
7550	Royalties to ASCAP, BMI	專利版稅
7555	Booking agents fees	訂房業務代表費用
7560	Meals served to musicians	音樂工作者伙食
7600	Marketing	行銷
7601	Selling and promotion	銷售及促銷
7602	Sales representative service	業務代表訂房
7603	Travel expense on solicitation	宣傳旅費
7604	Direct mail	宣傳單
7605	Telephone used for advertising and promotion	廣告及宣傳電話費
7606	Complimentary food and beverage (including gratis meals to customers)	食物及飲料招待
7607	Postage	郵資
7610	Advertising	廣告
7611	Newspaper	報紙稿
7612	Magazines and trade journals	雜誌及期刊廣告
7613	Circulars, brochures, postal cards and other mailing pieces	傳單、簡介、明信片以及其他郵寄品
7614	Outdoor signs	門外標示
7615	Radio and television	收音機及電視廣告
7616	Programs, directories and guides	名人錄及指引
7617	Preparation of copy, photographs, etc.	影印本及照片資料
7620	Public relations and publicity	公共關係及政策
7621	Civic and community projects	公民及社區計畫
7622	Donations	捐贈
7623	Souvenirs, favors, treasure chest items	紀念品
7630	Fees and Commissions	服務費或佣金

→ 表 2-9　餐廳會計科目（管銷費用類）（續）

管銷費用部門科目 Operating Expenses　分類號 7000		
Account Number 帳戶類號	Account Name 帳戶名稱	中文會計科目參考名稱
7631	Advertising or promotional agency fees	廣告或促銷商佣金
7640	Research	研究
7641	Travel in connection with research	旅遊相關研究
7642	Outside research agency	外部研究機構
7643	Product testing	產品試銷
7700	Utilities	公共設施
7705	Electric current	電流
7710	Electric bulbs	電燈泡
7715	Water	水
7720	Removal of waste	垃圾清理
7725	Other fuel	其他燃料
7800	Administrative and general expenses	行政及一般費用
7805	Office stationery, printing and supplies	辦公文具、印刷及備品
7810	Data processing costs	資料處理成本
7815	Postage	郵資
7820	Telegrams and telephone	電報及電話
7825	Dues and subscriptions	刊物訂閱
7830	Traveling expenses	差旅費用
7835	Insurance-general	保險費－一般
7840	Commissions on credit card charge	佣金或信用卡抽佣
7845	Provision for doubtful accounts	呆帳備抵
7850	Cash over or (short)	現金短溢
7855	Professional fees	專業諮詢費用
7860	Protective and bank pick-up services	避險及銀行選擇
7865	Bank charges	銀行費用
7870	Miscellaneous	雜項支出
7900	Repairs and maintenance	修繕及維護
7902	Furniture and fixtures	家具及設備
7904	Kitchen equipment	廚房設備
7906	Office equipment	辦公設備
7908	Refrigeration	冷藏設備
7910	Air conditioning	空調
7912	Plumbing and heating	管線及暖氣

→ 表 2-9　餐廳會計科目（管銷費用類）（續）

管銷費用部門科目　Operating Expenses　分類號 7000		
Account Number 帳戶類號	Account Name 帳戶名稱	中文會計科目參考名稱
7914	Electrical and mechanical	電器及機械
7916	Floors and carpets	地板及地毯
7918	Buildings	建築物
7920	Parking lot	停車場
7922	Gardening and grounds maintenance	庭園及地面造景維護
7924	Building alterations	建築變更
7928	Painting, plastering and decorating	粉刷、灰泥及裝潢
7990	Maintenance contracts	維修合約
7996	Autos and trucks	汽車及卡車
7998	Other equipment and supplies	其他設備及補給

→ 表 2-10　餐廳會計科目（銷售成本類）

費用部門（銷售成本）科目　Cost of Sales　分類號 5000		
Account Number 帳戶類號	Account Name 帳戶名稱	中文會計科目參考名稱
5100	Cost of sales-food	銷貨成本－食品
5200	Cost of sales-beverages	銷貨成本－飲料

→ 表 2-11　餐廳會計科目（經常費用類）

利息及公司經常費用科目　Interest and Corporate Overhead　分類號 8000		
Account Number 帳戶類號	Account Name 帳戶名稱	中文會計科目參考名稱
8100	Interest	利息
8105	Notes payable	應付票據
8110	Long-term debt	長期負債
8115	Other	其他
8200	Corporate or executive office overhead	公司或總裁辦公室經常性費用
8205	Officers' salaries	長官薪資
8210	Directors' salaries	主管薪資

→ 表 2-11　餐廳會計科目（經常費用類）（續）

利息及公司經常費用科目 Interest and Corporate Overhead　分類號 8000		
Account Number 帳戶類號	Account Name 帳戶名稱	中文會計科目參考名稱
8215	Corporate office payroll	公司辦公室薪資
8220	Corporate office employee benefits	公司辦公室員工福利
8225	Corporate office rent	辦公室租金
8230	Corporate travel and entertainment	公司旅遊及娛樂
8235	Corporate office auto mobile expense	公務汽車費用
8240	Corporate office insurance	辦公室保險
8245	Corporate office utilities	辦公設施
8250	Corporate office data processing	辦公資料處理
8255	Legal and accounting expense	法律及會計費用
8260	Corporate miscellaneous expense	公司雜項支出

→ 表 2-12　餐廳會計科目（稅務類）

所得稅科目 Income Tax　分類號 9000		
Account Number 帳戶類號	Account Name 帳戶名稱	中文會計科目參考名稱
9000	Income taxes	所得稅
9010	Federal	聯邦
9020	State	州

二、飯店業會計科目系統

依據 Educational Institute of the American Hotel & Lodging Association 美國飯店及住宿協會之教育機構所出版的 Uniform System of Accounts for the Lodging Industry（《飯店住宿業之統一帳務系統》），所列舉之會計科目，如以下表2-13至表2-20所列。

→ 表 2-13　飯店業會計科目（資產類）

資產部門科目 Assets　分類號 100		
Account Number 帳戶類號	Account Name 帳戶名稱	中文會計科目參考名稱
100	Cash	現金
101	House funds	週轉金
103	Checking account	支票帳戶
105	Payroll account	薪資帳戶
107	Savings account	存款帳戶
109	Petty cash	零用金
110	Short-term investment	短期投資
120	Accounts receivable	應收帳款
121	Guest ledger	客戶總帳
122	Credit card accounts	信用卡帳戶
123	Direct bill	光票
124	Notes receivable (Current)	應收現金票
125	Due from employees	應收款－員工
126	Receivable from owner	應收款－業主
127	Other accounts receivable	其他應收帳款
128	Intercompany receivable	公司間應收款
129	Allowance for doubtful accounts	呆帳補貼
130	Inventory	存貨
131	Food	食品
132	Liquor	酒精飲料
133	Wine	葡萄酒
135	Operating supplies	營運補給品
136	Paper supplies	紙張備品
137	Cleaning supplies	清潔用備品
138	China, glassware, sliver, linen, and uniforms (Unopened stock)	陶瓷、玻璃器皿、銀器、布巾、制服（含未開包裝備品）
139	Other	其他
140	Prepaids	預付

→ 表 2-13 飯店業會計科目（資產類）（續）

資產部門科目 Assets 分類號 100		
Account Number 帳戶類號	Account Name 帳戶名稱	中文會計科目參考名稱
141	Prepaid insurance	預付保險
142	Prepaid taxes	預付稅款
143	Prepaid workers' compensation	預付員工傷殘賠償
144	Prepaid supplies	預付補給品
145	Prepaid contracts	預付合約
146	Current deferred tax asset	流動遞延稅賦
147	Barter contracts asset	貿易合約資產
149	Other prepaids	其他預付項目
150	Noncurrent receivables	非流動應收項目
155	Investments (Not short-term)	投資（非短期）
160	Property and equipment	財產及設備
161	Land	土地
162	Buildings	建築物
163	Accumulated depreciation－buildings	累計折舊－建築物
164	Leaseholds and leasehold improvements	租賃權及租賃權改善
165	Accumulated depreciation－leasehold	累計折舊－租賃權
166	Furniture and fixtures	家具及設備
167	Accumulated depreciation －Furniture and fixtures	累計折舊－家具及設備
168	Machinery and equipment	機器及設備
169	Accumulated depreciation －Machinery and equipment	累計折舊－機器及設備
170	Information systems equipment	資訊系統設備
171	Accumulated depreciation －Information systems equipment	累計折舊－資訊系統設備
172	Automobiles and trucks	汽車及卡車
173	Accumulated depreciation －Automobiles and trucks	累計折舊－汽車及卡車
174	Construction in progress	進行中工程

→ 表 2-13　飯店業會計科目（資產類）（續）

Account Number 帳戶類號	Account Name 帳戶名稱	中文會計科目參考名稱
	資產部門科目 Assets　分類號 100	
175	China	瓷器
176	Glassware	玻璃器皿
177	Silver	銀器
178	Linen	布巾
179	Uniforms	制服
180	Accumulated depreciation — China, Glassware, Silver, Linen, Uniforms	折舊－瓷器、玻璃器皿、銀器、布巾、制服
190	Other assets	其他資產
191	Security deposits	有價證券存款
192	Deferred charges	遞延費用
193	Long-term deferred tax asset	長期遞延稅捐資產
196	Cash surrender value — Life insurance	現金讓渡價值－壽險
197	Goodwill	商譽
199	Miscellaneous	雜項

→ 表 2-14　飯店業會計科目（負債類）

Account Number 帳戶類號	Account Name 帳戶名稱	中文會計科目參考名稱
	負債部門科目 Liabilities　分類號 200	
200	Payables	應付項目
201	Accounts payable	應付帳款
205	Dividend payable	應付股息
207	Notes payable	應付票據
209	Intercompany payables	公司間應付款
210	Employee withholdings	員工預扣所得稅
211	FICA-employee	聯邦保險捐助－員工
212	State disability — Employee	州殘疾保險－員工
213	SUTA — employee	州失業捐助－員工

→ 表 2-14 飯店業會計科目（負債類）（續）

負債部門科目 Liabilities　分類號 200		
Account Number 帳戶類號	Account Name 帳戶名稱	中文會計科目參考名稱
214	Medical insurance－Employee	醫療保險－員工
215	Life insurance－Employee	壽險－員工
216	Dental insurance－Employee	牙醫保險－員工
217	Credit union	自治工會團體
218	United way	同業連盟
219	Miscellaneous deductions	雜項扣除額
220	Employer payroll taxes	雇主薪資稅賦
221	FICA－Employer	聯邦保險捐助－雇主
222	FUTA－Employer	聯邦失業捐助－雇主
223	SUTA－Employer	州失業捐助－雇主
224	Medical insurance－Employer	醫療保險－雇主
225	Life insurance－Employer	壽險－雇主
226	Dental insurance－Employer	牙醫保險－雇主
227	Disability－Employer	殘疾保險－雇主
228	Workers' compensation－Employer	員工傷殘賠償－雇主
229	Miscellaneous contributions	雜項
230	Taxes	稅務
231	Federal withholding tax	聯邦預扣所得稅
232	State withholding tax	州預扣所得稅
233	County withholding tax	國家預扣所得稅
234	City withholding tax	市預扣所得稅
236	Sales tax	營業稅
238	Property tax	財產稅
241	Federal income tax	聯邦所得稅
242	State income tax	州所得稅
244	City income tax	市所得稅
255	Advance deposits	預存款
260	Accruals	應計款項

→ 表 2-14　飯店業會計科目（負債類）（續）

負債部門科目 Liabilities　分類號 200		
Account Number 帳戶類號	Account Name 帳戶名稱	中文會計科目參考名稱
261	Accrued payables	應付款
262	Accrued utilities	應計公共項目
263	Accrued vacation	應計休假費用
264	Accrued taxes	應計稅賦
267	Barter contracts liability	貿易合約債務
269	Accrued expenses－Other	應計費用
270	Current portion-long-term debt	流動分期長期負債
272	Other current liabilities	其他流動負債
273	Current deferred tax liability	目前遞延稅務負債
275	Long-term debt	長期負債
276	Capital leases	資金借貸
277	Other long-term debt	其他長期負債
278	Long-term deferred tax liability	長期遞延稅賦負債

→ 表 2-15　飯店業會計科目（權益類）

權益部門科目 Equity　分類號 280-299		
Account Number 帳戶類號	Account Name 帳戶名稱	中文會計科目參考名稱
（一）For Proprietorships and Partnerships　所有權人及合夥人		
280-287	Owner's or Partners' capital accounts	業主或合夥人資本帳戶
290-297	Owner's or Partners' withdrawal accounts	業主或合夥人往來帳戶
299	Income summary	所得總計
（二）For Corporations　社團法人		
280-285	Capital stock	資本
286	Paid-in capital	資本公積
289	Retained earnings	保留盈餘
290	Treasury stock	庫藏股票
291	Unrealized Gain(Loss) on maketable equity securities	可行銷權益證券之未實現利得（或損失）
292	Cumulative foreign currency translations adjustments	外幣交易調整累計
299	Income summary	所得總計

→ 表 2-16　飯店業會計科目（收入類）

收入部門科目 Revenue　分類號 300		
Account Number 帳戶類號	Account Name 帳戶名稱	中文會計科目參考名稱
300	Rooms revenue	住房收入
301	Transient－Regular	短住－一般客房收入
302	Transient－Corporate	短住－公司團體收入
303	Transient－Package	短住－搭配計畫住房
304	Transient－Preferred customer	短住－優先客戶
309	Day use	白天使用
311	Group－Convention	團體－會議
312	Group－Tour	團體－遊覽
317	Permanent	永久性使用
318	Meeting room rental	會議廳租金
319	Other room revenue	其他房間租金
320	Food revenue	食品收入
321	Food sales	食品銷售
322	Banquet food	宴會食品
326	Service charges	服務費
328	Meeting room rental	會議廳租金
329	Other food revenue	其他食品收入
330	Beverage revenue	飲料收入
331	Liquor sales	酒精飲料銷售
332	Wine sales	葡萄酒銷售
335	Cover charges	席次費用
336	Service charges	服務費
339	Other beverage revenue	其他飲料收入
340	Telephone revenue	電話收入
341	Local call revenue	區域電話收入
342	Long-distance call revenue	長途電話收入
343	Service charges	服務費
345	Commissions	佣金
345	Pay station revenue	公共電話收入
349	Other telephone revenue	其他電話收入

→ 表 2-16　飯店業會計科目（收入類）（續）

收入部門科目 Revenue 分類號 300		
Account Number 帳戶類號	Account Name 帳戶名稱	中文會計科目參考名稱
350	Gift shop revenue	禮品鋪收入
360	Garage and parking revenue	停車場及停車收入
361	Parking and storage	停車及保管
362	Merchandise sales	商品銷售
369	Other garage and parking revenue	其他停車場及停車收入
370	Space rentals	場地租賃
371	Clubs	俱樂部
372	Offices	辦公室
373	Stores	倉儲
379	Other rental income	其他租金收入
380	Other income	其他收入
381	Concessions	營業場所
382	Laundry/Valet commissions	洗衣及燙衣佣金
383	Games and vending machines	遊戲間及販賣機
384	In-House movies	館內電影播放
385	Cash discount	現金折扣
386	Interest income	利息收入
387	Foreign currency exchange gains	外幣兌換利得
388	Salvage	下腳收入
389	Other	其他
390	Allowances	折讓
391	Rooms allowance	住房折讓
392	Food allowance	食品折讓
393	Beverage allowance	飲料折讓
394	Telephone allowance	電話折讓
395	Gift shop allowance	禮品鋪折讓
396	Garage and parking allowance	停車場及停車折讓
399	Other allowance	其他折讓

→ 表 2-17 飯店業會計科目（銷貨成本類）

銷貨成本部門科目 Cost of Sales　分類號 400		
Account Number 帳戶類號	Account Name 帳戶名稱	中文會計科目參考名稱
420	Cost of food sales	食品銷售成本
421	Food purchases	食品進貨
427	Trade discounts	商業折扣
428	Transportation charges	運費
429	Other cost of food sales	其他食品銷售成本
430	Cost of beverage sales	飲料銷售成本
431	Liquor purchases	酒精飲料進貨
432	Wine purchases	葡萄酒進貨
433	Beer purchases	啤酒進貨
434	Other beverage purchases	其他飲料進貨
437	Trade discounts	商業折扣
438	Transportation charges	運輸費用
439	Other cost of beverage sales	飲料銷售成本
440	Cost of telephone calls	電話成本
441	Local calls	區域電話
442	Long-distance calls	長途電話
450	Cost of gift shop sales	禮品鋪銷售成本
451	Gift shop purchases	禮品鋪進貨
457	Trade discounts	商業折扣
458	Transportation charges	運費
460	Cost of garage and parking sales	停車場及停車營業成本
461	Garage and parking purchases	停車場及停車採購
467	Trade discounts	商業折扣
468	Transportation charges	交通及運費
490	Cost of employee meals	員工伙食成本
492	Bottle deposit refunds	退瓶費
495	Grease and bone sales revenue	油脂及骨頭出售
496	Empty bottle/barrel sales revenue	空瓶及空桶收入

➔ 表 2-18　飯店業會計科目（薪餉類）

薪餉部門科目　Payroll　分類號 500		
Account Number 帳戶類號	Account Name 帳戶名稱	中文會計科目參考名稱
510	Salaries and wages	薪資及工資
511-519	Departmental management and supervisory staff	部門管理及幕僚
521-539	Departmental line employees	部門直線員工
550	Payroll taxes	薪資冊稅賦
551	Payroll taxes－FICA	薪資稅－聯邦保險捐助
552	Payroll taxes－FUTA	薪資稅－聯邦失業捐助
553	Payroll taxes－SUTA	薪資稅－州失業捐助
558	Workers' compensation	員工傷殘賠償
560	Employee benefits	員工福利
564	Medical insurance	醫療保險
565	Life insurance	壽險
566	Dental insurance	牙醫保險
567	Disability	殘障津貼
568	Pension and profit sharing contributions	退休金及利潤分配
569	Employee meals	員工伙食費
599	Payroll tax and benefit allocation	薪資稅及利益分配

➔ 表 2-19　飯店業會計科目（其他費用類）

費用部門科目　Other Expenses　分類號 600		
Account Number 帳戶類號	Account Name 帳戶名稱	中文會計科目參考名稱
600	Operating supplies	營運備品
601	Cleaning supplies	清潔用備品
602	Guest supplies	顧客用備品
603	Paper supplies	紙張備品
604	Postage and telegrams	郵資及電報

→ 表 2-19　飯店業會計科目（其他費用類）（續）

費用部門科目　Other Expenses　　分類號 600		
Account Number 帳戶類號	Account Name 帳戶名稱	中文會計科目參考名稱
605	Printing and stationery	印刷及文具
606	Menus	菜單
607	Utensils	器皿及用具
610	Linen, china, glassware, etc.	布巾、瓷器、玻璃器皿…
611	China	瓷器
612	Glassware	玻璃器皿
613	Silver	銀器
614	Linen	布巾
618	Uniforms	制服
621	Contract cleaning expenses	合約洗衣費用
623	Laundry and dry cleaning expenses	洗衣部及乾洗費用
624	Laundry supplies	洗衣部備品
625	Licenses	證照
627	Kitchen fuel	廚房燃料
628	Music and entertainment expenses	音樂及娛樂費用
629	Reservations expenses	預約費用
630	Information system expenses	資訊系統費用
631	Hardware maintenance	硬體維護
632	Software maintenance	軟體維護
635	Service bureau fees	服務機構費用
639	Other Information systems expenses	其他資訊系統費用
640	Human resources expenses	人力資源費用
641	Dues and subscriptions	刊物訂閱
642	Employee housing	員工住宿
643	Employee relations	員工關係
644	Medical expenses	醫療
645	Recruitment	招募
646	Relocation	人力重置

→ 表 2-19　飯店業會計科目（其他費用類）（續）

費用部門科目　Other Expenses　分類號 600		
Account Number 帳戶類號	Account Name 帳戶名稱	中文會計科目參考名稱
647	Training	訓練
648	Transportation	交通運輸
650	Administrative expenses	行政管理費用
651	Credit card commissions	信用卡佣金
652	Donations	捐贈
653	Insurance－General	保險－一般性
654	Credit and collections expenses	賒帳及收款費用
655	Professional fees	專業諮詢費用
656	Losses and damages	損失及損壞
657	Provision for doubtful accounts	呆帳備抵
658	Cash over/Short	現金短溢
659	Travel and entertainment	旅遊及娛樂
660	Marketing expenses	行銷費用
661	Commissions	佣金
662	Direct mail expenses	傳單
663	In-house graphics	館內圖表設計
664	Outdoor advertising	戶外廣告
665	Point-of-sales materials	銷售點管理資材
666	Print materials	印刷資材
667	Radio and television expenses	收音機及電視
668	Selling aids	促銷
669	Franchise fees	經銷權、加盟權利金
670	Property operation expenses	財產營運費用
671	Building supplies	建築物補給品
672	Electrical and mechanical equipment	電氣及機械設備
673	Elevators	電梯
674	Engineering supplies	工程用備品
675	Furniture, fixtures, equipment, and decor	家具、設備及裝潢

→ 表 2-19　飯店業會計科目（其他費用類）（續）

費用部門科目　Other Expenses　分類號 600		
Account Number 帳戶類號	Account Name 帳戶名稱	中文會計科目參考名稱
676	Grounds and landscaping	庭園造景及景觀規劃
677	Painting and decorating	粉刷及裝潢
678	Removal of waste matter	垃圾清理
679	Swimming pool expenses	游泳池費用
680	Utility costs	效用成本
681	Electrical cost	電力成本
682	Fuel cost	燃料成本
686	Steam cost	蒸氣成本
687	Water cost	水
689	Other utility costs	其他效用成本
690	Guest transportation	旅客交通
691	Fuel and oil	燃料及油資
693	Insurance	保險
695	Repairs and maintenance	修繕及維護
699	Other expenses	其他費用

→ 表 2-20　飯店業會計科目（固定費用類）

費用部門科目　Fixed Charges 分類號 700		
Account Number 帳戶類號	Account Name 帳戶名稱	中文會計科目參考名稱
700	Management fees	管理費用
710	Rent of lease expenses	租賃契約費用
711	Land	土地
712	Buildings	建築物
713	Equipment	設備
714	Telecommunications equipment	電信設備
715	Information systems equipment	資訊系統設備

→ 表 2-20　飯店業會計科目（固定費用類）（續）

Account Number 帳戶類號	Account Name 帳戶名稱	中文會計科目參考名稱
費用部門科目　Fixed Charges　分類號 700		
716	Software (includes any license fees)	軟體
717	Vehicles	交通工具
720	Expenses	費用
721	Real estate taxes	不動產稅
722	Personal property taxes	個人財產稅
723	Utility taxes	公共設施稅
724	Business and occupation taxes	商業及職業稅
730	Building and content insurance	建築及內容物保險
740	Interest expense	利息費用
741	Mortgage interest	抵押利息
742	Notes payable interest	應付票據利息
743	Interest on capital leases	資本借貸利息
744	Amortization of deferred financing costs	遞延融資成本分攤
750	Depreciation and amortization	折舊及攤提
751	Building and improvements	建築及改善
752	Leaseholds and leasehold improvements	租賃權及租賃權改善
753	Furniture and fixtures	家具及設備
754	Machinery and equipment	機器及設備
755	Information systems equipment	資訊系統設備
756	Automobiles and trucks	汽車及卡車
757	Capital leases	資本借貸
758	Preopening expenses	開辦費
770	Gain or loss on sale of property	財產出售損益
790	Income taxes	所得稅
791	Current federal income tax	目前聯邦所得稅
792	Deferred federal income tax	遞延聯邦所得稅
795	Current state income tax	目前州所得稅
796	Deferred state income tax	遞延州所得稅

三、會計科目的分類

一般會計科目設置的名稱與多寡,並無特別規定,端視企業規模大小,及其營業性質而定,茲依照會計五大要素之順序,及較常用之會計科目加以歸納為表2-21,以提供學習者記憶之便。

→ 表 2-21　會計科目五大部門分類

類別	會計科目
資產部門	1. 流動資產:現金、銀行存款、短期投資、應收票據、應收帳款、備抵壞帳、應收收益、存貨、用品盤存、預付費用、**進項稅額**。 2. 基金及長期投資:長期股票投資、長期債券投資、備抵長期投資跌價損失。 3. 固定資產:土地、建築物、機器設備、辦公設備、運輸設備、礦藏、森林、累計折舊、累計折耗。 4. 無形資產:專利權、商標、特許權、商譽、版權、**開辦費**。 5. 其他資產:存出保證金、暫付款。
負債部門	1. 流動負債:銀行借款、銀行透支、應付票據、應付帳款、應付費用、預收收益、應付所得稅、**銷項稅額**。 2. 長期負債:應付公司債、長期借款。 3. 其他負債:存入保證金。
業主權益部門	1. 資本主權益:獨資企業之業主權益。 2. 合夥人權益:合夥組織之業主權益。 3. 股東權益:公司組織之業主權益。另有股本、資本公積、保留盈餘等項目。
收入部門	1. 營業收入:銷貨收入、銷貨退回、銷貨讓價、銷貨折扣。 2. 營業外收入:利息收入、匯兌收益、處分資產利得。
費用部門	1. 銷貨成本:期初存貨、進貨、進貨運費、進貨退出、進貨折扣、進貨讓價、期末存貨。 2. 營業費用: (1) 推銷費用:薪資、銷貨運費、廣告費、佣金支出、壞帳、交際費、差旅費。 (2) 管理費用:管理人員薪資、折舊、水電費、保險費。 3. 營業外費用:利息支出、處分資產損失、匯兌損失。

 問題與討論

1. 餐飲業與旅館業的營業重點不同，但就本節所介紹的分類會計科目，請問兩者的會計科目有哪些雷同之處？分布有哪些差異？請討論之。

2. 你如何分類記憶會計科目，以及在運用的時候正確無誤？請和老師及同學分享你的方法。

第五節　分錄與日記簿

一、分　錄

　　所謂分錄(journalizing)是指將每一筆交易依照原始憑證，配合適用的會計科目，區分為借、貸方向，並且衡量其金額的合理性後記入帳簿內。所謂原始憑證是指能夠證明交易事項經過的根據證明，例如收據、發票、簽收單證等等，皆可用來作為當時交易的時間、數量、金額、品名之佐證。

　　另者，有一用以證明處理會計事項人員責任之會計憑證，其種類規定包括有收入傳票、支出傳票、轉帳傳票等三種，請參考經濟部商業司公告之範例「表2-22現金收入傳票」、「表2-23現金支出傳票」及「表2-24轉帳傳票」、「表2-25記帳憑證封面」及「表2-26記帳憑證目錄」。

　　分錄依照其功能可區分為一般分錄、開業分錄、調整分錄、結帳分錄、轉回分錄、更正分錄、開帳分錄等七種作法。

➔ 表 2-22　現金收入傳票

商　業　名　稱
現　金　收　入　傳　票
中華民國　　年　　月　　日

（貨）		傳票編號：	
會計科目或編碼	摘　　要	金　　額	
合　　計			

負責人　　　　　　經理人　　　　主辦會計　　　　　經辦會計

→ 表 2-23 現金支出傳票

商 業 名 稱

現 金 支 出 傳 票

中華民國 年 月 日

（貨）		傳票編號：	
會計科目或編碼	摘 要	金 額	
合 計			

負責人　　　　　　經理人　　　　主辦會計　　　　　經辦會計

→ 表 2-24 轉帳傳票

商 業 名 稱

轉 帳 傳 票

中華民國 年 月 日

（貨）		傳票編號：	
會計科目或編碼	摘 要	金 額	
合 計			

負責人　　　　　　經理人　　　　主辦會計　　　　　經辦會計

→ 表 2-25 記帳憑證封面

商 業 名 稱

憑證名稱：

共＿＿＿冊、第＿＿＿冊

自 年 月 日

至 年 月 日

共 張

會計人員簽章：

→ 表 2-26　記帳憑證目錄

<u>商　業　名　稱</u>

記　帳　憑　證　目　錄

＿＿＿＿＿＿＿年度

						第　　　頁
記帳憑證 冊　　號	起訖日期		頁　數	保存期限 屆滿日期	保管人員 姓　　名	備　註
	起	迄				

※依商業會計處理準則第八條規定，商業應設置記帳憑證目錄備查。

二、日記簿

　　所謂日記簿(journal)又稱為序時帳簿，也就是按照交易的先後順序、借貸法則、會計科目及金額，載入之原始記錄簿。之後，再根據日記簿之記載之分錄，按照原科目、原金額、原借貸方向，依照科目別加以分類集中，藉以累計各科目在一會計期間所發生之金額總數，稱之為分類帳(ledger)。

　　分類帳及日記簿應該依照其帳簿型態分為「活頁帳」及「訂本式」，以依照實際的需要設置專欄。

　　一般而言，企業將日常所發生的交易先行記入日記簿之功效有下列四種。

1. 防止並減少漏記、重複及錯誤。
2. 方便日後查核之用。
3. 掌握交易的全貌，了解企業整體營業之過程。
4. 作為下個步驟過帳的依據。

三、分錄與過帳釋例

小光想自行創業,開設一間「中式外燴專門店」,總共需要$1,500,000的資金,故除了向父母兄姐籌措得自有資金$1,000,000外,另外則向青輔會申辦青年創業貸款$500,000,並於 XXX 月1日正式成立一家獨資公司,並且開始營業,以下是9月份所發生的交易事項。

為使讀者了解每一筆交易的借貸情形,本題例將於每一項交易事件之下方解說分錄及過帳的方法,其中過帳必須注意「科目轉記」、「日期轉記」、「摘要轉記」、「日頁轉寫」、「借貸金額轉記」五項原則。

XXX.09.01 創業股本之紀錄	I. 本案例為創業初始,故在尚未記錄其他交易事項前,首先應該將資本主投資的情況記載入分錄中。若非創業初始,則應該將上一期期末的結餘轉入本期中,呈現延續性的記錄。
	説明: 小光創業共計取得現金資金$1,500,000,故現金增加$1,500,000(資產增加記左邊借方),小光的資本主權益之股本亦同時增加$1,500,000(業主權益增加記右邊貸方)。 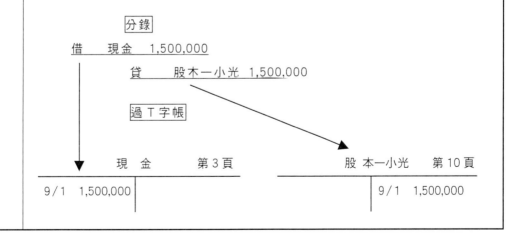

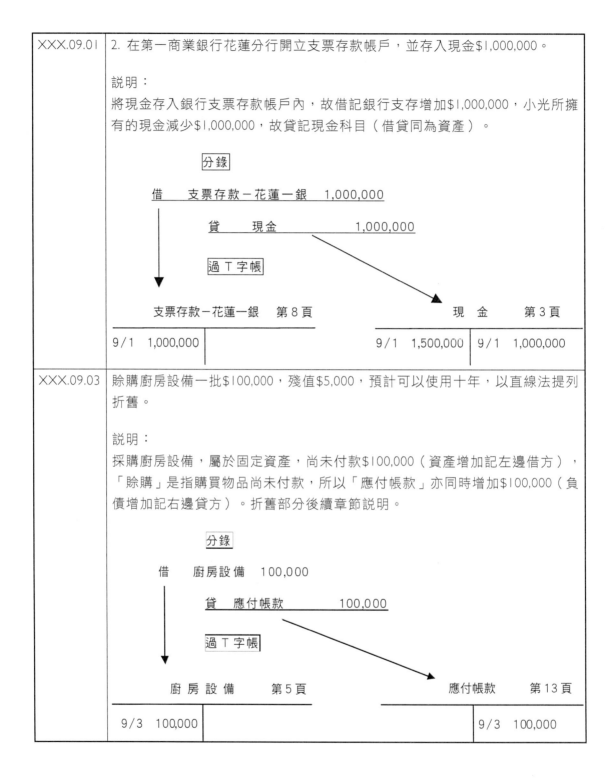

XXX.09.01	2. 在第一商業銀行花蓮分行開立支票存款帳戶，並存入現金$1,000,000。

說明：
將現金存入銀行支票存款帳戶內，故借記銀行支存增加$1,000,000，小光所擁有的現金減少$1,000,000，故貸記現金科目（借貸同為資產）。

分錄

借　支票存款－花蓮一銀　1,000,000

　　　貸　　現金　　　　　1,000,000

過 T 字帳

支票存款－花蓮一銀　第8頁		現　金　　第3頁	
9／1　1,000,000		9／1　1,500,000	9／1　1,000,000

XXX.09.03	賒購廚房設備一批$100,000，殘值$5,000，預計可以使用十年，以直線法提列折舊。

說明：
採購廚房設備，屬於固定資產，尚未付款$100,000（資產增加記左邊借方），「賒購」是指購買物品尚未付款，所以「應付帳款」亦同時增加$100,000（負債增加記右邊貸方）。折舊部分後續章節說明。

分錄

借　廚房設備　100,000

　　　貸　應付帳款　　　100,000

過 T 字帳

廚　房　設　備　　第5頁		應付帳款　　第13頁	
9／3　100,000			9／3　100,000

XXX.09.06	現金支付印製廣告傳單一批$12,000。
	說明： 印製傳單，屬於管銷費用裡的廣告費$12,000（費用增加記左邊借方），以現金支付$12,000（資產減少記右邊貸方）。 分錄 借　廣告費　12,000 　　　貸　現　金　　　12,000 過丁字帳 　　　廣告費　　第15頁　　　　　　　現　金　　第3頁 9/6　12,000　｜　　　　　9/1　1,500,000　｜　9/1　1,000,000 　　　　　　　　　　　　　　　　　　　　　　　｜　9/6　　　12,000
XXX.09.10	接獲巨星公司10月1日辦理公司聚餐之外燴訂單，總訂單金額為$34,000，巨星公司先預付$10,000訂金，尾款於10月1日當天支付。
	說明： 巨星公司付訂金現金$10,000（資產增加記左邊借方），預收訂金屬於預收收益同類項目，因為業主先收部分款項，尚未提供貨品（負債增加記右邊貸方）。 分錄 借　現　金　10,000 　　　貸　預收訂金－10/1　巨星公司　10,000 過丁字帳 　　　現　金　　第3頁　　　　　　　預收訂金　　第20頁 9/1　1,500,000　｜　9/1　1,000,000　　　　　　　｜　9/10　　10,000 9/10　　10,000　｜　9/6　　12,000

XXX.09.11	現購一批電腦設備及會計資訊系統軟體，預計可以使用七年，共計$50,000，殘值$1,000，以直線法提列折舊。
	說明：
	現金購買電腦設備及會計軟體一批$50,000（資產增加記左邊借方），支付現金$50,000（資產減少記右邊貸方）。

分錄

借　電腦設備及軟體　　50,000

　　　貸　現　金　　　　50,000

過 T 字帳

電腦設備及軟體　　第 6 頁	
9/11 50,000	

現　金　　第 3 頁			
9/1	1,500,000	9/1	1,000,000
9/10	10,000	9/6	12,000
		9/11	50,000

XXX.09.22	開立三十天為期之票據，支付 9 月 3 日賒購廚房設備之應付帳款。
	說明：
	9 月 3 日採購廚房設備有一筆應付帳款$100,000，現在要將這筆款項以開立第一銀行的支票付清，到期日是 10 月 22 日。因此首先要把 9 月 3 日當天貸記的應付帳款沖銷（負債減少記左邊借方），再將負債轉換成應付票據增加的形式（負債增加記右邊貸方），等到對方前往銀行兌現支票後，再沖銷應付票據。

分錄

9/3 原分錄　借　廚房設備 100,000　　　　9/22 分錄　借　應付帳款 100,000

　　　　　　　貸　應付帳款 100,000　　　　　　　　　　貸　應付票據　100,000

過 T 字帳

應付帳款　　第 13 頁	
9/22 100,000	9/3 100,000

應付票據　　第 3 頁	
	9/22 100,000

XXX.09.26	支付七月份及八月份電費$4,000。
	説明：
	現金支付七、八月電費$4,000，水電費、郵電費皆屬於管銷費用（費用增加記左邊借方），支付現金$4,000（資產減少記右邊貸方）。

分錄

借　電費－93.7&8　　4,000

　　貸　現　金　　　4,000

過丁字帳

電　費　　第6頁		現　金　　第3頁	
9/26　4,000		9/1　1,500,000	9/1　1,000,000
		9/10　　10,000	9/6　　　12,000
			9/11　　50,000
			9/26　　　4,000

XXX.09.28	賒購食材一批，共計$10,000。
	説明：
	採購外燴食材，屬於進貨成本，尚未付款$10,000（費用增加記左邊借方），應付帳款亦同時增加$10,000（負債增加記右邊貸方）。

分錄

借　進貨－食材　10,000

　　貸　應付帳款　　　10,000

過丁字帳

進貨－食材　　第5頁		應付帳款　　第13頁	
9/28　10,000		9/22　100,000	9/3　100,000
			9/28　　10,000

XXX.09.30	賒購 2000c.c.小貨車一台，開立十天支票，預計可以使用十五年，共計 $400,000，殘值$50,000，以直線法提列折舊。

説明：

開票購買運輸設備$400,000（資產增加記左邊借方），開立支票則應付票據款項增加$400,000（負債增加記右邊貸方）。

分錄

借　運輸設備　400,000

　　貸　應付票據　　400,000

過 T 字帳

運輸設備　　第6頁	應付票據　　第14頁
9 / 30　400,000	9 / 22　100,000 9 / 30　400,000

四、日記簿與分類帳釋例

以下將以上述小光開設餐廳案例，以表2-27舉例日記簿之一般格式及作法。

→ 表 2-27　日記簿之作法範例

XXX 年 月	XXX 年 日	會計科目	摘　要	類頁	借方金額	貸方金額
9	1	現金	資本主小光成立獨資企業「中式外燴專門店」	3	$1,500,000	
		股本		10		$1,500,000
		支票存款－花蓮一銀	現金存入第一銀行花蓮分行	8	1,000,000	
		現金		3		1,000,000
9	3	廚房設備	賒購廚房設備一批，裝配完後結帳開票付款	5	100,000	
		應付帳款		13		100,000
9	6	廣告費	印刷開業廣告宣傳單一批	15	12,000	
		現金		3		12,000

※類頁：記載過帳後，在分類帳的頁碼。

第六節　試算表

　　所謂試算(trial balancing)是將分類帳上的各帳戶之借方總額及貸方總額加以彙總列表，以驗證日記簿及過帳工作是否有誤之會計程序，而將其試算結果所編列之表單稱為試算表。以下將以第五節小光開設中式外燴專門店之案例製作試算表。

一、分類 T 字帳結算

　　首先以 XXX 年9月30日為最後一日，先將小光開店九月份交易事項之分類 T 字帳一一結算餘額。每一個帳戶的結餘計算方式是，先將 T 字兩邊金額分別加總後，然後兩邊相減，剩餘的額度則寫在結算線下即告完成，請見本題範例。

支票存款－花蓮一銀		第 8 頁
9/1	$1,000,000	
9/30	1,000,000	

廚房設備		第 5 頁
9/3	$100,000	
9/30	100,000	

廣告費		第 15 頁
9/6	$12,000	
9/30	12,000	

預收訂金		第 20 頁
	9/10	$10,000
	9/30	10,000

電腦設備及軟體		第 6 頁
9/11	$50,000	
9/30	50,000	

股　本		第 10 頁
	9/1	$1,500,000
	9/30	1,500,000

電　費		第 6 頁
9/26	$4,000	
9/30	4,000	

現　金			第 3 頁
9/1	$1,500,000	9/1	$1,000,000
9/10	10,000	9/6	12,000
		9/11	50,000
		9/26	4,000
9/30	444,000		

	應付帳款		第 13 頁		進貨－食材		第 5 頁
9/22	$100,000	9/3	$100,000	9/28	$10,000		
		9/28	10,000	9/30	10,000		
		9/30	10,000				

	應付票據		第 14 頁		運輸設備		第 6 頁
		9/22	$100,000	9/30	$400,000		
		9/30	400,000	9/30	400,000		
		9/30	500,000				

二、試算表釋例

依據小光開店九月份交易事項之分類 T 字帳餘額，製作成簡易試算表。

中式外燴專門店

簡易試算表

民國 XXX 年9月30日

會計科目	借方餘額	貸方餘額
現金	$444,000	
銀行存款（一銀支存）	1,000,000	
廚房設備	100,000	
電腦設備及會計軟體	50,000	
運輸設備	400,000	
應付帳款		$10,000
應付票據		500,000
預收訂金		10,000
股本		1,500,000
電費	4,000	
廣告費	12,000	
進貨－食材	10,000	
合計	$2,020,000	$2,020,000

三、試算表的錯誤及查核工作

當試算表所結算之結果借貸金額相等時，可以初步判斷平衡，因為不能保證當中的過程一定無誤，較難查核；如果結算金額不平衡時，則可斷言帳務處理工作必定有誤。

通常影響借貸不平衡的原因有三：

1. 經由試算表發現之錯誤

(1) 借貸雙邊金額不對等。

(2) 過帳時，借貸金額方向抄錯。

(3) 分類帳之借貸總額計算錯誤。

(4) 試算表借貸總額或餘額加算錯誤。

2. 無法試算之錯誤

雖然試算表上借貸總額相等，但仍然有出錯的可能性。

(1) 借貸兩邊同時遺漏一筆交易。

(2) 借貸兩邊同時重複記錄一筆交易。

(3) 借方及貸方發生同一個數字的遺漏或重複。

(4) 誤用會計科目。

(5) 借貸科目顛倒。

(6) 交易項目不符合會計原理之規定。

3. 追查錯誤之建議

(1) 順查法：依序從日記簿的每一項分錄、分類帳過帳、T 字帳之結餘、試算表之抄寫，即依照會計程序的方式逐一查核。

(2) 逆查法：試算表借貸科目及金額之查核、分類帳餘額之查核、日記簿每一筆交易之借貸科目及金額之查核。

1. 請將下列交易事項作成分錄：

(1) 現金銷貨$15,000。

(2) 預付本年度保險費$35,000。

(3) 接獲美美鮮花店預定後天晚上酒席三桌，並已先付訂金$5,000。

(4) 支付餐廳客戶停車場八月份租金$12,000。

(5) 收到上月份大興公司貨款$56,000。

(6) 賒購食材一批$30,000。

(7) 現購飲料一批$4,000。

(8) 支付員工薪資$120,000。

(9) 承續(3)，收到美美鮮花店酒席貨款，消費額共計$20,000尾款付現。

(10) 支付公務用貨車燃料費$1,500。

2. 請根據第 1.題各項交易分錄結果，(1)製作各項分類 T 字帳戶；(2)製作簡易試算表，並檢查帳戶左右兩邊是否達到平衡。

3. 請問「預收帳款」跟「預付帳款」(1)分別是屬於五大類會計科目的哪一類？(2)通常分別搭配的另一個借貸科目是什麼？(3)「預收帳款」的部分，如果後來顧客沒有成功消費或購物，身為業者應該如何沖銷此帳戶？借方為哪一個科目？貸方為哪一個科目？

4. 請將下列各交易事項所發生的錯誤製作更正分錄：

(1) 支付上個月公司水費$5,600時，借記水費$560，貸記現金$560。

(2) 客戶交付應付款項$36,000，借記現金$36,000，貸記銷貨收入$36,000。

(3) 公司賒購餐具一批應付款項$15,000，借記銷貨$15,000，貸記應付帳款$15,000。

(4) 資本主小光請會計人員代繳自用住宅的電費$1,900，會計記錄為：借記電費$1,900，貸記現金$1,900。

(5) 天天電腦公司來預定下週的酒席四桌，收受訂金$3,000，記錄為借記預收訂金$3,000，貸記現金$3,000。

5. 請根據下列各分類帳帳戶製作分錄：

銀行存款	
1/4 $1,500,000	

廚房設備	
1/8 $300,000	

廣告費	
1/19 $23,000	

預收訂金	
	1/15 $20,000
	1/23 30,000

員工薪資	
1/31 $180,000	

股 本	
	1/1 $2,500,000
	1/25 400,000

燃料費	
1/26 $4,000	

現 金	
1/1 $2,500,000	1/4 $1,500,000
1/15 20,000	1/12 15,000
1/23 30,000	1/19 23,000
	1/26 4,000
	1/31 180,000

應付帳款	
1/22 $110,000	1/8 $300,000
	1/16 110,000

場地租金	
1/12 $15,000	

應付票據	
	1/22 $110,000

運輸設備	
1/25 $400,000	

空調設備	
1/16 $110,000	

6. 以下為日月大飯店 XXX 年 2 月份簡易試算表內容，由表尾結餘數字得知其借貸並不平衡，經由公司會計人員查核結果，找出七項錯誤之處，請將其更正後，重新列出正確的試算表。

日月大飯店

簡易試算表

民國 XXX 年2月28日

會計科目	借方餘額	貸方餘額
現金	$768,000	
應收帳款	340,000	
銀行存款	800,000	
廚房設備	100,000	
庭園造景	150,000	
逃生安全設備	100,000	
應付帳款		$140,000
應付票據		340,000
預收訂金		60,000
雜項收入		5,000
資本主投資		1,100,000
營業收入		790,000
租金費用	24,000	
廣告費	12,000	
進貨－飲料	45,000	
合計	$2,339,000	$2,435,000

會計人員經由查核後，得知更正交易資訊如下：

(1) 因上期租金費用遞延至本期一起繳納，本期租金費用已用現金實繳 $48,000，故租金費用漏列$24,000。

(2) 飲料進貨應該為$50,000的八折金額，分錄時誤記為九折金額。當時是以應付帳款列帳。

(3) 有一筆營業收入金額$280,000，因為會員身分的關係，現金實收金額僅為 $250,000，故需調整營業收入及現金為$250,000。

(4) 採購一批玻璃器皿，共計貨款$30,000，以二十天支票付清款項，未列入帳中。

(5) 有一筆資本主往來的金額漏列，業主小光向會計借用現金$32,000現金數額無誤，但漏列借方資本主往來帳戶。

(6) 訂購宴會廳裝飾用花束$2,000之帳款，尚未列入帳中。

(7) 有一筆現金營業收入$90,000，金額被誤記為借現金$50,000，但貸記營業收入無誤。

7. 試結算第5題每個T字帳戶，並製作一個試算表，以及檢查其是否平衡。

8. 根據第6題習作帳務勘誤的過程，請從(1)~(7)逐條寫出帳務上產生疏失的可能原因？

9. 根據第4.題習作帳務勘誤的過程，站在經營公司業主的角度，請逐一審視會計流程，並訂定避免錯誤的方法。

MEMO

03
CHAPTER
★★★★★

期末調整作業

HOSPITALITY
MANAGEMENT
ACCOUNTING
PRACTICE

過前章所介紹的「試算表」，讀者僅能從其表面數據粗略的觀察出本期經營狀況，以及資產與負債的分配情形，因此尚未能獲得較接近事實的數字，進而推製出損益表及資產負債表，除非經過期末會計的調整、結帳處理工作，才能使最後的編報數據歸真，也就是說，在會計上，有必要對收入與費用歸屬期間的認列建立規範與標準，才不會導致純益誤判的情事。本章將以餐旅業的範例，先說明會計基礎的依據、常用分錄範例，再進行期末調整及結帳等期末會計程序。

第一節 會計基礎

「企業規範所發生的交易事項應該何時入帳」，以及所產生的「收入及費用應該歸屬的會計期間為何」，皆需要制定一項基礎標準，稱為會計基礎(accounting basis)。早期常用會計基礎可分為**「現金基礎」**、**「權責發生基礎」**（亦稱為應計基礎）及**「聯合基礎」**三種。

 根據會計期間企業交易所產生的現金收支、期末應收應付及預收預付項目情況，現金基礎與會計基礎較為常用，但依照 IAS 之規定，企業除了披露現金流量資訊外，應照應計基礎編製財務報表。

一、權責發生基礎(accrual basis)：又稱為**應計基礎**

1. 「權責發生基礎」又稱為「應收應付基礎」、「計實轉虛法」或「先實後虛法」。
2. 企業認列交易事項的收入及費用之時間點，是在實際交易動作完成，買賣雙方皆已履行自己的責任時產生，且不論是否已經收付現金。
3. 依照商業會計法第九條之規定，一般企業需採用權責發生基礎。

📁 **案例3-1** 權責發生基礎

喬爾斯餐廳在民國 XXX 年8月1日幫客戶辦理西式筵席，消費款項共計$35,000，未收，但其食品銷售及飲料銷售已確實發生，因此依照應計基礎，應該列入8月份的應收帳款及銷售帳戶。

二、現金收付基礎(cash receipts and disbursement basis)

1. 此種會計基礎只有收到或付出現金的時間點，才認列收入或費用。
2. 現金收付基礎對於收入及費用的記錄僅以實際收付現金為依歸，因此並非目前所公認的會計基礎。
3. 小規模商店及個人收支適合採用。
4. 違反收益原則，因為有些交易以先收訂金的方式進行，但是有可能取消履行義務的約定，因此不一定可認列收入。

📁 案例3-2 現金收付基礎

喬爾斯餐廳在民國 XXX 年8月1日幫客戶辦理西式筵席，食品$30,000及飲料$5,000，消費款項共計$35,000，未收，直到民國 XXX 年9月1日才收到該筆貨款現金，該項收益則列入收到現金的9月份，以食品及飲料銷售計之。

三、聯合基礎(modified accrual basis)

1. 又稱為「修正的應計基礎」、「計虛轉實法」、「先虛後實法」、「混合基礎法」。
2. 顧名思義是綜合第一種及第二種的會計基礎。當有現金收付時，按照現金基礎認列收入及費用；期末依照權責基礎劃分應有的收入與費用，並且予以調整。

📁 案例3-3 聯合基礎

喬爾斯餐廳在民國 XXX 年10月1日以現金購買免洗餐具$20,000，在交易當時已付現金，故按照現金基礎列入費用$20,000；到期末12月31日時，經由盤點得知10月1日購買的免洗餐具用掉$15,000，因此依照應計基礎，應該僅認列$15,000的費用，尚未使用$5,000應該從費用項目沖銷掉。

四、餐旅業常用分錄範例

參考《Basic Hotel and Restaurant Accounting》(《基礎飯店及餐廳會計》)一書，本節歸納彙整出二十一例餐旅業常用的會計分錄，以下將列舉說明之。

分錄1

A motel writes a $1,500 check to pay its current monthly rent.

汽車旅館開立一張即期支票$1,500支付本月份租金。

帳戶	借貸分錄		類別	增減情形
借方	租金費用	1,500	費用	增加
貸方	現金	1,500	資產	減少

說明：

在分錄1當中，汽車旅館所開立的票為「即期支票」（歐美國家慣例），馬上可以兌領，因此將其視為支付現金。

分錄2

A lodging operation writes a $1,500 check on April 15, paying its rent for May.

旅店經營業者開立一張4月15日的即期支票$1,500支付5月份租金。

帳戶	借貸分錄		類別	增減情形
借方	預付租金費用	1,500	資產	增加
貸方	現金	1,500	資產	減少

說明：

業者開立4月份付款的支票，以支付5月份的租金，但5月份的租用尚未發生，因此視為預付費用，雖然有「費用」的字眼，但「預付費用」，通常是指已經支付價金還尚未享有服務、商品或權利者，因此屬於資產類科目。

分錄3

A customer's invoice was $50 for meals, plus $3 for sales tax. The customer pays the $53 tab with cash.

顧客發票上載明50元的餐點費用，再加上3元的營業稅，這位顧客共支付53元的現金。

帳戶	借貸分錄		類別	增減情形
借方	現金 53		資產	增加
貸方	食品銷售	50	收入	增加
貸方	銷項稅額	3	負債	增加

說明：

　　在營業法上規定，銷項稅額係指企業因銷售商品、勞務或收取收益時，必須向客戶或消費者收取之營業稅；在每月月底或期末時，繳交至地方稅徵機關。

分錄4

　　A customer's invoice was \$50 for meals, plus \$3 for sales tax. The customer uses an open account authorized by the restaurant and charges the total tab of \$53.

　　顧客發票上載明50元的餐點費用，再加上3元的營業稅，這位顧客以餐廳所授權的簽帳帳戶，簽付53元的應付消費款。

帳戶	借貸分錄		類別	增減情形
借方	應收帳款 53		資產	增加
貸方	食品銷售	50	收入	增加
貸方	銷項稅額	3	負債	增加

說明：

　　客戶或消費者以簽帳方式消費時，將列入本期應收帳款，於一個月後或收帳期限內再向客戶收帳。

分錄5

　　A hotel buys \$65 worth of food provisions for its storeroom and pays cash on delivery. The perpetual inventory system is used.

　　飯店以現金\$65採購庫房預備食品，使用永續盤存制度。

帳戶	借貸分錄		類別	增減情形
借方	食品存貨 65		資產	增加
貸方	現金	65	資產	減少

說明：

　　當業者使用永續盤存制度時，採購進貨的行為就以「存貨」記錄，當進行食品採購時，食品存貨增加。

分錄6

　　A hotel buys $1,200 worth of food provisions for its storeroom and uses an open account previously arranged with the supplier. The perpetual inventory system is used.

　　飯店以簽帳方式採買$1,200庫房預備食品，使用永續盤存制度。

帳戶	借貸分錄		類別	增減情形
借方	食品存貨	1,200	資產	增加
貸方	應付帳款	1,200	負債	增加

說明：

　　已知業者使用永續盤存制度，採購以「存貨」記錄，當以簽帳方式交易，未當場付款時，就以應付帳款記錄之。

分錄7

　　The hotel in Example 8 remits a check for $1,200 to the supplier in payment of inventory purchases that had been made on open account.

　　承分錄6簽帳事項，飯店寄發支票款$1,200給供應商，支付該筆食品存貨之採購。

帳戶	借貸分錄		類別	增減情形
借方	應付帳款	1,200	負債	減少
貸方	現金	1,200	資產	減少

說明：

　　當業者支付向供應商採購商品之簽帳貨款時，業主原有貸方的應付帳款應該於借方沖銷。

分錄8

A hotel buys $55 worth of food provisions for its storeroom and pays cash on delivery. The periodic inventory system is used.

飯店以現金$55進貨庫房預備食品，使用定期盤存制度。

帳戶	借貸分錄		類別	增減情形
借方	食品進貨 55		費用	增加
貸方	現金	55	資產	減少

說明：

當業者使用定期盤存制度時，採購進貨的行為就以「進貨」記錄，當進行食品採購時，食品進貨項目增加。

分錄9

Ken Thomas is starting a new business, a proprietorship called Ken' Restaurant Supply Company. In a single transaction, Ken invests cash of $55 plus land and building with a basis, respectively, of $40 and $175.

肯恩湯瑪斯創設一獨資企業「肯恩餐廳用品公司」，資本主包括現金投資$55、土地$40以及建築物$175。

帳戶	借貸分錄		類別	增減情形
借方	現　金 55		資產	增加
借方	土　地 40		資產	增加
借方	建築物 175		資產	增加
貸方	資本－肯恩湯瑪斯	270	資本主權益	增加

說明：

企業主投資現金、土地及建築物，使得企業資產增加，而業主的投資成為獨資之資本主的資本增加，亦即資本主權益增加。

分錄10

A restaurant uses a perpetual inventory system. Issues from the storeroom total $15,000 for the month. This amount represents food used by the kitchen in generating sales and preparing employee meals.

飯店經營實務中，在餐廳使用永續盤存制的原則下，本月份廚房在營業銷售及員工伙食方面，共計用去$15,000的食品庫存。

帳戶	借貸分錄	類別	增減情形
借方	食品銷售成本　15,000	費用	增加
貸方	食品存貨　　　　　　15,000	資產	減少

說明：

參考先前分錄6，已知業者使用永續盤存制度時，採購以「存貨」記錄，屬於資產增加。餐廳使用過之存貨，導致存貨減少，故貸記存貨；另則借記入 Cost of Food sales 食品銷售成本，將實際使用之食品轉入成本費用。

分錄11

Of the $15,000 total for food issued in Example 16, $300 was used for free employee meals($200 to Rooms Department employees and $100 to Food Department employees)

分錄10，提及本日份餐廳所耗用的$15,000食品存貨當中，$300是作為員工伙食費用（$200為客房部門員工，$100為餐廳部門員工所用）。

帳戶	借貸分錄	類別	增減情形
借方	客房部門－員工伙食費用　　200	費用	增加
借方	餐廳部門－員工伙食費用　　100	費用	增加
貸方	食品銷貨成本　　　　　　　300	費用	減少

說明：

承續分錄10，餐廳所記錄的食品銷售成本當中，包括「營業銷售的成本」，以及「提供公司內部員工之伙食」部分，因此，必須將員工伙食費用的部分調整另計，在調整分錄作法上，先借記員工伙食費用增加，再貸記食品銷售成本減少，所以真正的食品銷售成本僅有$14,700。

分錄12

A restaurant uses a periodic inventory system. Issues from the storeroom total $15,000 for the month. This amount represents food used by the kitchen in generating sales and preparing employee meals.

飯店經營實務中，在餐廳使用定期盤存制的原則下，本月份廚房在營業銷售及員工伙食方面，共計用去$15,000的食品庫存。

帳戶	借貸分錄	類別	增減情形
借方	無分錄		
貸方			

說明：

業者使用定期盤存制度時，採購以「進貨」記錄，屬於費用增加。餐廳部門平時不需要製作分錄。月底或會計時段期末時，再實際計算確實的存貨，以及計算其成本價格，以下將提供計算銷售成本的方法。

※期初食品存貨＋本期食品進貨＝可供銷售之食品成本

※可供銷售之食品成本－期末食品盤存＝已使用食品之成本

※已使用之食品成本－員工伙食費（成本價計算）＝本期食品銷售成本

第二節　期末調整

一、調整的必要性

做好會計期間的假設前提，選擇應計基礎或聯合基礎作為收入與費用認列的標準，僅能表達平時企業經營的部分情況，有另外部分的會計事項無法隨時記載以反映其正確的帳戶資料，所以需要定期作調整的工作。

所謂調整(adjusting)就是企業在期末辦理決算之前，將各個帳戶檢核、修正，使最後餘額與實際狀況相符，以反映企業真實的經營狀況及資產與負債的情形。

二、應行調整的項目

1. 應計項目(accrued items or accruals)

指的是期末時收入已實現，但尚未收到現金之債權資產項目，例如應收收益。或是期末時費用已經發生，但尚未支付現金的債務負債項目，例如應付費用。

2. 遞延項目(deferred items or prepayments)

已收到現金，但收益尚未履行義務的負債項目，例如預收收益。或已經支付現金，但費用尚未發生的資產項目，例如預付費用。

3. 估計項目(estimated items)

因為所發生事項之金額不確定，例如「無形資產的折耗」、「應收帳款的壞帳提列」、「固定資產的折舊提列」等事項。

三、調整範例

（一）應計項目

📁 案例3-4 應收收益(accrued revenues)

飯店於 XX1年7月1日將部分盈餘資金$1,000,000存入銀行定期存款帳戶，一年後到期付息，年利率2.4%，請問至 XX1年12月31日，會計年度期末時，如何計算利息的應收收益？XX2年6月30日為定期存款合約到期，則利息收入要如何轉入帳戶內？

XX1年7月1日~XX1年12月31日（半年）	XX2年1月1日~XX2年6月30日（半年）
XX1/7/1	XX1/12/31	XX2/6/30

存入定存金 1,000,000　　　XX1 年會計年度末　　　定存一年到期結算
年利率 2.4%　　　　　　　結算本年度應收利息　　利息收入及回本

※ 圖 3-1　應收利息時間分配圖

分錄：

記錄時間	帳戶	借貸分錄		類別	增減情形
XX1/7/1	借方	銀行定期存款　1,000,000		資產	增加
	貸方	現金	1,000,000	資產	減少
XX1/12/31	借方	應收利息　　　12,000		資產	增加
	貸方	利息收入	12,000	收入	增加
XX2/6/30	借方	現金　　　　1,024,000		資產	增加
	貸方	銀行定期存款	1,000,000	資產	沖銷減少
	貸方	應收利息	12,000	資產	沖銷減少
	貸方	利息收入	12,000	收入	增加

說明：

1. XX1 年 7 月 1 日將現金存入定存帳戶，故飯店內資產的變化是現金減少，定期存款投資增加。

2. 至 XX1 年 12 月 31 日時，剛好距離 XX1 年 7 月 1 日年半年的時間，在應得定存利息的計算上，依照比例為（本金$1,000,000×年利率 2.4%）× $\frac{1}{2}$（半年）＝$12,000 為本期末之應收利息，並記錄利息收入。

3. XX2 年 6 月 30 日定存到期時，將收到銀行給付的利息收入（本金$1,000,000×年利率 2.4%）＝$24,000，故現金增加；之前 XX1 年 12 月 31 日所記錄的應收利息 12,000 已於 XX2 年 6 月 30 日收訖，故應該將其沖銷；XX2 年 1 月 1 日至 XX2 年 6 月 30 日定存到期日應記錄（本金$1,000,000×年利率 2.4%）× $\frac{1}{2}$（半年）＝$12,000 之利息收入。

4. XX2 年 6 月 30 日定存到期時，與銀行之定存合約到期解約，收回本金$1,000,000 及利息收入$24,000，共計$1,024,000。

過 T 字帳：

銀行定期存款				現　金			
XX1/7/1	1,000,000	XX2/6/30	1,000,000	XX2/6/30	1,024,000	XX1/7/1	1,000,000
XX2/6/30	0			XX2/6/30	24,000		

應收利息				利息收入		
XX1/12/31	12,000	XX2/6/30	12,000		XX1/12/31	12,000
XX2/6/30	0				XX2/6/30	12,000
					XX2/6/30	24,000

📁 **案例3-5** 應付費用(accrued expenses)

　　飯店於 XX1年10月1日採購一部載客專車(shuttle bus)，公司以開立一張半年期票的方式支付車款$500,000，半年後到期付息，年利率2.4%，請問至 XX1年12月31日，會計年度期末時，如何計算應付的利息費用？XX2年3月31日支票到期付款，則利息費用要如何轉入帳戶內？

XX1/10/1 　　　　　　　　　　　　 XX1/12/31 　　　　　　　　　　　　 XX2/3/31

開立支票 $500,000　　　　　XX1 年會計年度末　　　　票據到期，
年利率2.4%　　　　　　　　結算本年度應付利息　　　支付票款及利息費用

※ 圖 3-2　應付利息時間分配圖

分錄：

記錄時間	帳戶	借貸分錄			類別	增減情形
XX1/10/1	借方	運輸設備	500,000		資產	增加
	貸方		應付票據	500,000	負債	增加
XX1/12/31	借方	利息費用	3,000		費用	增加
	貸方		應付利息	3,000	負債	增加
XX2/3/31	借方	利息費用	3,000		費用	增加
	借方	應付利息	3,000		負債	沖銷減少
	借方	應付票據	500,000		負債	沖銷減少
	貸方		現金	506,000	資產	增加減少

說明：

　　XX1年10月1日飯店開立一張$500,000的半年期票（六個月期票），年利率2.4%，轉換成月利率0.2%，購買車輛，故資產的變化是運輸設備增加，負債則是貸記應付票據增加。

　　至 XX1年12月31日時，剛好距離 XX1年10月1日三個月的時間，在應付票據利息的計算上，依照比例為（票款本金$500,000×月利率0.2%）×3（三個月）＝$3,000為本期末之應付利息，並記錄利息費用。

　　XX2年3月31日票據到期時，將支付利息（票款本金$500,000×月利率0.2%×6個月）＝$6,000，故現金減少；之前 XX1年12月31日所記錄的應付利息3,000已於 XX2/3/31付訖，故應該將其沖銷；XX2年1月1日至 XX2年3月31日票期到期日應記錄（票款本金$500,000×月利率0.2%）×3（三個月）＝$3,000之利息費用。

　　XX2年3月31日付款支票到期時，應支付票款$500,000及利息費用$6,000，共計$506,000。

過 T 字帳：

運輸設備				應付票據			
XX1/10/1	500,000			XX2/3/31	500,000	XX1/10/1	500,000
XX2/3/31	500,000					XX2/3/31	0

利息費用				應付利息			
XX1/12/31	3,000			XX2/3/31	3,000	XX1/12/31	3,000
XX2/3/31	3,000			XX2/3/31	0		
XX2/3/31	6,000						

現　金			
		XX2/3/31	506,000
		XX2/3/31	506,000

（二）遞延項目

案例3-6 預收收益(unearned revenues)依權責基礎為例

　　飯店與天星電子公司訂定一年「日用會客房間租賃契約」，合約內容載明於 XX1年9月1日起使用，天星公司並於 XX1年8月15日預付一年租賃金$120,000，

請問至 XX1年12月31日，會計年度期末時，如何認列租金收入？XX2年8月31日為租賃契約到期日，則剩餘租金收入之調整為何？

XX1年9月1日~XX1年12月31日（四個月）　XX2年1月1日~XX2年8月31日（八個月）

XX1/9/1　　　　　　　　　　　　XX1/12/31　　　　　　　　　　XX2/8/31

租賃契約開始　　　　　　　　XX1 年會計年度末　　　　　　租賃一年到期
　　　　　　　　　　　　　　結算本年度租金收入　　　　　　並調整租金收入

※ 圖 3-3　預收租金時間分配圖

分錄：

記錄時間	帳戶	借貸分錄		類別	增減情形
XX1/8/15	借方	現金　　　　　120,000		資產	增加
	貸方	預收租金　　　　　120,000		負債	增加
XX1/12/31	借方	預收租金　　　40,000		負債	沖銷減少
	貸方	租金收入　　　　　40,000		收入	增加
XX2/8/31	借方	預收租金　　　80,000		負債	沖銷減少
	貸方	租金收入　　　　　80,000		收入	增加

說明：

1. XX1 年 8 月 15 日飯店預收天星電子公司會客室一年租金$120,000，故飯店內資產的變化是現金增加，同時貸記預收租金之負債項目增加，因為儘管先收到天星公司之現金，但尚未提供服務給對方。

2. 至 XX1 年 12 月 31 日時，剛好距離契約開始時間 XX1 年 9 月 1 日四個月的時間，飯店在租金收入的計算上，依照比例為$120,000（一年租金）$\times \frac{4}{12}$（四個月）＝$40,000 為本期末之租金收入，亦即飯店已經提供天星公司四個月的服務，可認列為正式的收入項目，並沖銷負債項目預收租金$40,000。所剩餘的預收租金為$80,000。

3. XX2 年 8 月 31 日合約租賃到期時，應記錄 XX2 年 1 月 1 日至 XX2 年 8 月 31 日的租金收入依照比例為$120,000（一年租金）$\times \frac{8}{12}$（八個月）＝$80,000，且應該沖銷負債項目剩餘之預收租金$80,000。

過 T 字帳：

現　金			
XX1/8/15	120,000		
XX2/8/31	120,000		

預收租金			
XX1/12/31	40,000	XX1/8/15	120,000
XX2/8/31	80,000		
		XX2/8/31	0

租金收入			
		XX1/12/31	40,000
		XX2/8/31	80,000
		XX2/8/31	120,000
			0

案例3-7 預付費用(prepaid expense)依權責基礎為例

休閒度假村向保險公司購買員工意外險保單一年，保單內容載明投保時間於 XX1年5月1日起算，度假村並於 XX1年4月15日預付一年保險費用$60,000，請問 至 XX1年12月31日，會計年度期末時，如何認列保險費用？XX2年4月30日為保 險契約到期日，則剩餘保險費用之調整為何？

XX1年5月1日~XX1年12月31日（八個月）　XX2年1月1日~XX2年4月30日（四個月）

XX1/5/1　　　　　　　　　　　XX1/12/31　　　　　　　　　　　XX2/4/30

保險契約開始　　　　　　　XX1 年會計年度末　　　　　　合約一年到期
　　　　　　　　　　　　　結算本年度保險費用　　　　　　並調整保險費用

※ 圖 3-4　預付保險費時間分配圖

分錄：

記錄時間	帳戶	借貸分錄		類別	增減情形
XX1/4/15	借方	預付保險費　60,000		資產	增加
	貸方	現金	60,000	資產	減少
XX1/12/31	借方	保險費　40,000		費用	增加
	貸方	預付保險費	40,000	資產	沖銷減少
XX2/4/30	借方	保險費　20,000		費用	增加
	貸方	預付保險費	20,000	資產	沖銷減少

說明：

1. XX1 年 5 月 1 日度假村洽購一年員工意外險保單$60,000，因保險時段尚未到臨，故視為資產增加的預付保險費，同時貸記資產減少的現金支出。

2. 至 XX1 年 12 月 31 日為止，距離保險契約開始時間 XX1 年 5 月 1 日八個月的時間，度假村在保險費用的計算上，依照比例為$60,000（一年保費）$\times \dfrac{8}{12}$（八個月）$=$40,000$ 為本期末之保險費，可認列為正式的費用項目，並貸記沖銷資產項目預付保險費$40,000。所剩餘的預付保險費為$20,000。

3. XX2 年 4 月 30 日保險合約到期時，應記錄 XX2 年 1 月 1 日至 XX2 年 4 月 30 日的保險費，依照比例為$60,000（一年租金）$\times \dfrac{4}{12}$（八個月）$=$20,000$，且應該貸記沖銷資產項目剩餘之預付保險費$20,000。

過 T 字帳：

現　金		
	XX1/4/15	60,000
	XX2/4/30	60,000

預付保險費			
XX1/4/15	60,000	XX1/12/31	40,000
		XX2/4/30	20,000
XX2/4/30	0		

保險費		
XX1/12/31	40,000	
XX2/4/30	20,000	
XX2/4/30	60,000	

📁 **案例3-8** 用品盤存(utility inventory)依聯合基礎為例

餐廳於 XX1年8月31日付現買進免洗餐具$50,000，XX1年12月31日盤點時尚餘$10,000，會計年度期末時，免洗餐具之調整為何？

分錄：

記錄時間	帳戶	借貸分錄		類別	增減情形
XX1/8/31	借方	免洗餐具	50,000	費用	增加
	貸方	現金	50,000	資產	減少
XX1/12/31	借方	用品盤存—免洗	10,000	資產	增加
	貸方	免洗餐具	10,000	費用	沖銷減少

說明：

1. XX1 年 8 月 31 日餐廳付現$50,000 購買免洗餐具，故借記免洗餐具，費用增加，同時貸記資產減少的現金支出$50,000。

2. 至 XX1 年 12 月 31 日時，期末盤點所剩餘之免洗餐具價值，共計剩下$10,000，也就是說，這段期間耗用$50,000（購入）－$10,000（期末剩餘）＝$40,000（已使用），所以借記剩餘之用品盤存免洗餐具。本年度費用未列金額$10,000；故貸記沖銷－免洗餐具$10,000 之費用減少項目。

過 T 字帳：

現　金			免洗餐具（費用）			
	XX1/8/31	50,000	XX1/8/31	50,000	XX1/12/31	10,000
	XX2/12/31	50,000	XX2/12/31	40,000		

用品盤存－免洗餐具		
XX1/12/31	10,000	
XX2/12/31	10,000	

（三）估計項目

案例3-9 折舊的調整(adjustment of depreciation)

談到折舊(dcpreciation)一般會連帶提及三個重要因素，購買成本(cost)、使用年限(useful life)、殘值(residual value)。將購買成本減去殘值所得到的就是折舊成本(depreciation cost)。一般假設折舊的計算是以直線法(straight line method)為之，也就是平均分配在使用年限裡進行提列。公式的表示為：每年折舊金額＝（成本－估計殘值）÷估計使用年限。

例如餐廳在 XX1年1月1日採購廚房設備中的大型冷凍冰櫃，總價$300,000，廠商說明書上載明保用五年，殘值為$50,000，請問每年應提列多少折舊費用？

每年折舊金額＝（成本－估計殘值）÷估計使用年限

（成本$300,000－殘值$50,000）＝$250,000

$250,000÷5年使用年限＝$50,000（每年折舊金額）

如果購入時間是在會計年度之中間時段，當年的折舊費用則依照年度中資產實際使用的期間分攤。承上例，如果採購時間是在 XX1年7月1日，則到 XX1年12

月31日提列折舊費用時，得知 XX1年僅使用大型冰櫃6個月的時間，因此折舊費用僅能提列六個月，即$50,000（一年折舊）$\times \frac{6}{12}$（六個月的折舊比例）＝$25,000。

分錄：

記錄時間	帳戶	借貸分錄	類別	增減情形
XX1/12/31	借方	折舊－廚房冰櫃　　　25,000	費用項目	增加
	貸方	累計折舊－廚房冰櫃　　　25,000	累計項目 （資產負債表上資產抵減項目）	增加

說明：

XX1年12月31日計算出 XX1年當年度應提列的折舊金額$25,000後，所記錄的調整分錄就是借記廚房冰櫃的折舊費用增加，貸記累計折舊。

過 T 字帳：

折　舊			累計折舊－廚房冰櫃		
XX2/12/31	25,000			XX2/12/31	25,000
XX2/12/31	25,000			XX2/12/31	25,000

📁 案例3-10 呆帳的提列(bad debt)

談到呆帳，一般又稱為壞帳，是指應收帳款及其他的債權資產，經由觀察並預估無法回收者稱之。因此，在理論上，如果認定該筆帳務已經無法收回時，理應可以用呆帳和應收帳款相互沖抵。但為了保守估計債權，實務上是另設「備抵呆帳」之評價科目作為應收帳款的減項。因此應收帳款帳面價值就是用應收帳款扣除備抵呆帳後之淨額。（有關應收帳款與備抵呆帳之提列細節，將於後續章節說明之）

例如飯店於 XX1年8月9日有一筆大里公司團體住宿之銷貨收入$100,000，三個月後經由證實，大里公司已經陷入財務危機，帳款可能收不回來，因此，期末調整分錄如下：

分錄：

記錄時間	帳戶	借貸分錄		類別	增減情形
XX1/12/31	借方	呆帳費用 100,000		費用	增加
	貸方	備抵呆帳	100,000	資產	減少

說明：

　　XX1年12月31日計算出XX1年當年度產生的壞帳為大里公司的$100,000，所記錄的調整分錄就是借記呆帳費用增加，貸記應收帳款。

過 T 字帳：

呆帳費用			備抵呆帳	
XX1/12/31	100,000		XX2/12/31	100,000
XX1/12/31	100,000		XX2/12/31	100,000

第三節　轉回分錄

　　所謂轉回分錄(reversing entry)是指在將本年度帳務結束以前，按照相同金額及借貸方向相反轉記部分調整分錄，使下一年度的帳務處理方法能夠前後一致。有關轉回分錄之製作有以下幾項重點整理：

1. 企業帳務可自由決定是否進行轉回分錄。
2. 應該進行轉回分錄者為：應計項目、聯合基礎（記虛轉實）之遞延項目。
3. 絕對不能作轉回分錄者為：估計項目、權責基礎（記實轉虛）之遞延項目。

　　以下將列舉案例3-9及表3-1~3-2，分別說明在會計上，作回轉分錄與不作回轉分錄之比較。

案例3-11 應付費用（權責基礎）之轉回分錄比較

　　例如喬爾斯飯店於 XX1年9月1日向聯邦銀行辦理一年短期的貸款$2,000,000，年利率2.4%，到期再償付本息，請問至 XX1年12月31日，會計年度期末時，試比較作與不作預估應付利息轉回分錄之差異？

期末調整分錄：

記錄時間	帳戶	借貸分錄		類別	增減情形
XX1/9/1	借方	現金	2,000,000	資產	增加
	貸方	銀行借款	2,000,000	負債	增加
XX1/12/31	借方	利息費用	16,000	費用	增加
	貸方	應付利息	16,000	負債	增加

說明：

1. XX1 年 12 月 31 日計算出 XX1 年 9 月 1 日到年底共計四個月的應付利息為 $16,000，同時應該借記當年度之利息費用$16,000，貸記應付利息$16,000。
2. 以下將說明，XX2 年 8 月 31 日銀行借款到期，必須償還本金及利息時，XX2 年期初進行轉回分錄及不作轉回分錄之差異。

XX2 年期初轉回分錄：

記錄時間	帳戶	借貸分錄		類別	增減情形
XX2/1/1	借方	應付利息	16,000	負債	與 XX1 年期末沖銷
	貸方	利息費用	16,000	費用	與 XX1 年期末沖銷
XX2/8/31	借方	利息費用	48,000	費用	增加
	借方	銀行借款	2,000,000	負債	減少
	貸方	現金	2,048,000	資產	減少

說明：

　　XX2年1月1日進行轉回分錄後，到 XX2年8月31日償還本息時，喬爾斯飯店就不必再去思考所支付的利息費用$48,000中，有多少已經在上年度認列為費用，而到期尚需認列多少，因此有簡化會計處理的功能。

XX2 年初不作轉回分錄：

記錄時間	帳戶	借貸分錄		類別	增減情形
XX2/8/31	借方	利息費用	32,000	費用	增加
	借方	銀行借款	2,000,000	負債	減少
	借方	應付利息	16,000	負債	與 XX1 年期末沖銷
	貸方	現金	2,048,000	資產	減少

說明：

XX2年1月1日若未進行轉回分錄，到 XX2年8月31日償還本息時，喬爾斯飯店必須計算出所支付的利息費用$48,000中，有$16,000已經在上年度認列為費用，而到期尚需認列$32,000，而且必須將應付利息$16,000與 XX1年所遞延之金額沖銷之，因此必須相當細心作帳。

（一）應計項目之轉回分錄比較

➜ 表 3-1　應付費用之原則

記錄時間	作轉回分錄		不作轉回分錄	
	帳戶	借貸分錄	帳戶	借貸分錄
12 月 31 日 期末調整日	借方	費用	借方	費用
	貸方	應付費用	貸方	應付費用
1 月 1 日 次年期初轉回	借方	應付費用	不作轉回	
	貸方	費用		
次年度 到期日	借方	費用	借方	費用
	貸方	現金	借方	應付費用
			貸方	現金

說明：

轉回分錄在應付費用的處理原則上，如表3-1左邊欄位所列，在次年期初轉回分錄後，將去年12月31日的帳戶沖抵，於是到次年度到期日時，總費用與支出之現金金額相同，不需要再將去年度的應付費用及費用認列找出來計算之。

➜ 表 3-2　應收收益之原則

記錄時間	作轉回分錄		不作轉回分錄	
	帳戶	借貸分錄	帳戶	借貸分錄
12 月 31 日 期末調整日	借方	應收收益	借方	應收收益
	貸方	收益	貸方	收益
1 月 1 日 次年期初轉回	借方	收益	不作轉回	
	貸方	應收收益		
次年度 到期日	借方	現金	借方	現金
	貸方	收益	貸方	應收收益
			貸方	收益

說明：

　　轉回分錄在應收收益的處理原則上，如表3-2左邊欄位所列，在次年期初轉回分錄後，將去年12月31日的帳戶沖抵，於是到次年度到期日時，收受到的現金與收益之金額相同，不需要再將去年度的應收收益及收益認列找出來計算之。

第四節　結算工作底稿

　　為確保年底會計作業之順利進行，故先編制所有分類帳戶的試算草稿，待所有數據皆確認無誤後，再將底稿結果移轉至帳簿上，這樣的結算草稿就稱為工作底稿(work sheet)。所以工作底稿具有多項功能，包括：

1. 試算：期末會計調整工作具有相當的複雜度，經常容易算錯或漏記，因此先藉由工作底稿上進行調整及結算工作，可以直接在工作底稿上逕行修改。
2. 驗證與查核：透過工作底稿上各帳戶借貸欄位的金額確認，可以隨時驗證工作過程是否有誤，若發生錯誤亦可從底稿上先行進行查核原因，追溯過去並修正結果。

步驟一 調整前試算表餘額填入工作底稿

　　依照表3-3喬爾斯大飯店期末調整前試算表之數據資料，填寫入表3-4之工作底稿內。

→ 表 3-3　期末調整前試算表

喬爾斯大飯店
調整前試算表
XX1年12月31日

會計科目	借方餘額	貸方餘額
現金	$1,600,000	
銀行存款（一銀支存）	1,000,000	
應收帳款	560,000	
廚房設備	500,000	
庭園造景	200,000	
裝潢－客房部	4,000,000	
裝潢－餐廳部	2,000,000	
土地	2,500,000	
建築物	14,000,000	
生財器具	150,000	
電腦設備及會計軟體	50,000	
運輸設備	400,000	
銀行借款		$5,000,000
應付帳款		100,000
應付票據		500,000
預收訂金		50,000
股本		20,000,000
資本公積		600,000
營業收入－客房部		780,000
營業收入－餐廳部		710,000
員工薪資	220,000	
廣告費	400,000	
交際費	10,000	
進貨－飲料	70,000	
進貨－食材	80,000	
合計	$27,740,000	$27,740,000

→ 表 3-4　工作底稿製作範例 1

會計科目	調整前試算表		調整項目	
	借	貸	借	貸
現金	$1,600,000			
銀行存款（一銀支存）	1,000,000			
應收帳款	560,000			
廚房設備	500,000			
庭園造景	200,000			
裝潢－客房部	4,000,000			
裝潢－餐廳部	2,000,000			
土地	2,500,000			
建築物	14,000,000			
生財器具	150,000			
電腦設備及會計軟體	50,000			
運輸設備	400,000			
銀行借款		$5,000,000		
應付帳款		100,000		
應付票據		500,000		
預收訂金		50,000		
股本		20,000,000		
資本公積		600,000		
營業收入－客房部		780,000		
營業收入－餐廳部		710,000		
員工薪資	220,000			
廣告費	400,000			
交際費	10,000			
進貨－飲料	70,000			
進貨－食材	80,000			
合計	$27,740,000	$27,740,000		

步驟二 將期末調整資料填入工作底稿

依照表3-5喬爾斯大飯店期末應作調整之數據資料如下，通常進行期末調整的項目以固定資產的折舊最普遍，其餘尚有本章前述所介紹的各種期末調整項目，例如應計項目、遞延項目及估計項目等，皆須將每一筆資料逐一填寫入表3-6工作底稿內之調整項目欄位內。

→ 表 3-5　期末應作調整資料

項次	調整項目	借方科目及金額		貸方科目及金額	
1	廚房設備	折舊	$ 50,000	累計折舊	$ 50,000
2	庭園造景	折舊	40,000	累計折舊	40,000
3	裝潢－客房部	折舊	80,000	累計折舊	80,000
4	裝潢－餐廳部	折舊	70,000	累計折舊	70,000
5	建築物	折舊	250,000	累計折舊	250,000
6	生財器具	折舊	40,000	累計折舊	40,000
7	電腦設備及會計軟體	折舊	20,000	累計折舊	20,000
8	運輸設備	折舊	60,000	累計折舊	60,000
9	銀行借款	利息費用	100,000	應付利息	100,000
合計			$ 710,000		$ 710,000

→ 表 3-6 工作底稿製作範例 2

會計科目	調整前試算表		調整項目	
	借	貸	借	貸
現金	$1,600,000			
銀行存款（一銀支存）	1,000,000			
應收帳款	560,000			
廚房設備	500,000			
庭園造景	200,000			
裝潢－客房部	4,000,000			
裝潢－餐廳部	2,000,000			
土地	2,500,000			
建築物	14,000,000			
生財器具	150,000			
電腦設備及會計軟體	50,000			
運輸設備	400,000			
銀行借款		$5,000,000		
應付帳款		100,000		
應付票據		500,000		
預收訂金		50,000		
股本		20,000,000		
資本公積		600,000		
營業收入－客房部		780,000		
營業收入－餐廳部		710,000		
員工薪資	220,000			
廣告費	400,000			
交際費	10,000			
進貨－飲料	70,000			
進貨－食材	80,000			
合計	$27,740,000	$27,740,000		
折舊			(1) $50,000 (2) 40,000 (3) 80,000 (4) 70,000 (5) 250,000 (6) 40,000 (7) 20,000 (8) 60,000	
累計折舊－廚房設備				(1) $50,000
累計折舊－庭園造景				(2) 40,000
累計折舊－裝潢－客房部				(3) 80,000
累計折舊－裝潢－餐廳部				(4) 70,000
累計折舊－建築物				(5) 250,000
累計折舊－生財器具				(6) 40,000
累計折舊－電腦設備及會計軟體				(7) 20,000
累計折舊－運輸設備				(8) 60,000
利息費用			(9) 100,000	
應付利息				(9) 100,000
合計			$710,000	$710,000

步驟三 計算調整後試算表

依照表3-6工作底稿之數據資料，將調整前試算表欄及調整項目的每一筆資料，依照「同方向相加，反方向者相減」之原則合併前後欄位，完成調整後試算表（表3-7）之後，再加總借貸方總額，驗證借貸是否平衡。

→ 表 3-7 工作底稿製作範例 3

會計科目	調整前試算表		調整項目		調整後試算表	
	借	貸	借	貸	借	貸
現金	$1,600,000				$1,600,000	
銀行存款	1,000,000				1,000,000	
應收帳款	560,000				560,000	
廚房設備	500,000				500,000	
庭園造景	200,000				200,000	
裝潢－客房部	4,000,000				4,000,000	
裝潢－餐廳部	2,000,000				2,000,000	
土地	2,500,000				2,500,000	
建築物	14,000,000				14,000,000	
生財器具	150,000				150,000	
電腦設備及會計軟體	50,000				50,000	
運輸設備	400,000				400,000	
銀行借款		$5,000,000				$5,000,000
應付帳款		100,000				100,000
應付票據		500,000				500,000
預收訂金		50,000				50,000
股本		20,000,000				20,000,000
資本公積		600,000				600,000
營業收入－客房部		780,000				780,000
營業收入－餐廳部		710,000				710,000
員工薪資	220,000				220,000	
廣告費	400,000				400,000	
交際費	10,000				10,000	
進貨－飲料	70,000				70,000	
進貨－食材	80,000				80,000	
合計	$27,740,000	$27,740,000			$27,740,000	$27,740,000
折舊			50,000		50,000	
			40,000		40,000	
			80,000		80,000	
			70,000		70,000	
			250,000		250,000	
			40,000		40,000	
			20,000		20,000	
			60,000		60,000	
累計折舊－廚房設備				50,000		50,000
累計折舊－庭園造景				40,000		40,000
累計折舊－裝潢－客房部				80,000		80,000
累計折舊－裝潢－餐廳部				70,000		70,000
累計折舊－建築物				250,000		250,000
累計折舊－生財器具				40,000		40,000
累計折舊－電腦設備及 會計軟體				20,000		20,000
累計折舊－運輸設備				60,000		60,000
利息費用			100,000		100,000	
應付利息				100,000		100,000
合　　計			$710,000	$710,000	$28,450,000	$28,450,000

步驟四 試算損益表

依照表3-7工作底稿之數據資料，將調整後試算表欄的每一筆資料，依照「收入類及費用類歸入損益表」之原則劃分帳戶欄位，完成試算損益表（表3-8）之後，再加總借貸方總額，驗證借貸是否平衡。

→ 表 3-8　工作底稿製作範例 4

會計科目	帳戶五大部門分類	調整後試算表		試算損益表	
		借	貸	借	貸
現金	資　產	$1,600,000			
銀行存款	資　產	1,000,000			
應收帳款	資　產	560,000			
廚房設備	資　產	500,000			
庭園造景	資　產	200,000			
裝潢－客房部	資　產	4,000,000			
裝潢－餐廳部	資　產	2,000,000			
土地	資　產	2,500,000			
建築物	資　產	14,000,000			
生財器具	資　產	150,000			
電腦設備及會計軟體	資　產	50,000			
運輸設備	資　產	400,000			
銀行借款	負　債		$5,000,000		
應付帳款	負　債		100,000		
應付票據	負　債		500,000		
預收訂金	負　債		50,000		
股本	業主權益		20,000,000		
資本公積	業主權益		600,000		
營業收入－客房部	收　入		780,000		$780,000
營業收入－餐廳部	收　入		710,000		710,000
員工薪資	費　用	220,000		$220,000	
廣告費	費　用	400,000		400,000	
交際費	費　用	10,000		10,000	
進貨－飲料	費　用	70,000		70,000	
進貨－食材	費　用	80,000		80,000	
合　　計		27,740,000	27,740,000		
折舊	費　用	50,000		50,000	
		40,000		40,000	
		80,000		80,000	
		70,000		70,000	
		250,000		250,000	
		40,000		40,000	
		20,000		20,000	
		60,000		60,000	
累計折舊－廚房設備	資產減項		50,000		
累計折舊－庭園造景	資產減項		40,000		
累計折舊－裝潢客房部	資產減項		80,000		
累計折舊－裝潢餐廳部	資產減項		70,000		
累計折舊－建築物	資產減項		250,000		
累計折舊－生財器具	資產減項		40,000		
累計折舊－電腦設備及會計軟體	資產減項		20,000		
累計折舊－運輸設備	資產減項		60,000		
利息費用	費　用	100,000		100,000	
應付利息	負　債		100,000		
合　　計		$710,000	$710,000		
總　　計		$28,450,000	$28,450,000	$1,490,000	$1,490,000

步驟五 試算資產負債表

依照表3-7工作底稿之數據資料,將調整後試算表欄的每一筆資料,依照「資產、負債及業主權益類歸入資產負債表」之原則劃分帳戶欄位,完成試算資產負債表(表3-9)之後,再加總借貸方總額,驗證借貸是否平衡。

→ 表 3-9　工作底稿製作範例 5

會計科目	帳戶五大部門分類	調整後試算表 借	調整後試算表 貸	試算資產負債表 借	試算資產負債表 貸
現金	資　產	$1,600,000		$1,600,000	
銀行存款	資　產	1,000,000		1,000,000	
應收帳款	資　產	560,000		560,000	
廚房設備	資　產	500,000		500,000	
庭園造景	資　產	200,000		200,000	
裝潢－客房部	資　產	4,000,000		4,000,000	
裝潢－餐廳部	資　產	2,000,000		2,000,000	
土地	資　產	2,500,000		2,500,000	
建築物	資　產	14,000,000		14,000,000	
生財器具	資　產	150,000		150,000	
電腦設備及會計軟體	資　產	50,000		50,000	
運輸設備	資　產	400,000		400,000	
銀行借款	負　債		$5,000,000		$5,000,000
應付帳款	負　債		100,000		100,000
應付票據	負　債		500,000		500,000
預收訂金	負　債		50,000		50,000
股本	業主權益		20,000,000		20,000,000
資本公積	業主權益		600,000		600,000
營業收入－客房部	收　入		780,000		
營業收入－餐廳部	收　入		710,000		
員工薪資	費　用	220,000			
廣告費	費　用	400,000			
交際費	費　用	10,000			
進貨－飲料	費　用	70,000			
進貨－食材	費　用	80,000			
合　計		$27,740,000	$27,740,000		
折舊	費　用	50,000			
		40,000			
		80,000			
		70,000			
		250,000			
		40,000			
		20,000			
		60,000			
累計折舊－廚房設備	資產減項		50,000		50,000
累計折舊－庭園造景	資產減項		40,000		40,000
累計折舊－裝潢客房部	資產減項		80,000		80,000
累計折舊－裝潢餐廳部	資產減項		70,000		70,000
累計折舊－建築物	資產減項		250,000		250,000
累計折舊－生財器具	資產減項		40,000		40,000
累計折舊－電腦設備及會計軟體	資產減項		20,000		20,000
累計折舊－運輸設備	資產減項		60,000		60,000
利息費用	費　用	100,000			
應付利息	負　債		100,000		100,000
合　計		$710,000	$710,000		
總　計		$28,450,000	$28,450,000	$26,960,000	$26,960,000

步驟六　完整呈現工作底稿

將表3-4至3-9之各階段工作底稿彙整成一張，如下表3-10所示：

→ 表 3-10　完整工作底稿

喬爾斯大飯店
工作底稿
XX1年12月31日

會計科目	調整前試算表 借	調整前試算表 貸	調整後試算表 借	調整後試算表 貸	試算損益表 借	試算損益表 貸	試算資產負債表 借	試算資產負債表 貸
現金	$1,600,000		$1,600,000				$1,600,000	
銀行存款	1,000,000		1,000,000				1,000,000	
應收帳款	560,000		560,000				560,000	
廚房設備	500,000		500,000				500,000	
庭園造景	200,000		200,000				200,000	
裝潢－客房部	4,000,000		4,000,000				4,000,000	
裝潢－餐廳部	2,000,000		2,000,000				2,000,000	
土地	2,500,000		2,500,000				2,500,000	
建築物	14,000,000		14,000,000				14,000,000	
生財器具	150,000		150,000				150,000	
電腦設備及會計軟體	50,000		50,000				50,000	
運輸設備	400,000		400,000				400,000	
銀行借款		$5,000,000		$5,000,000				$5,000,000
應付帳款		100,000		100,000				100,000
應付票據		500,000		500,000				500,000
預收訂金		50,000		50,000				50,000
股本		20,000,000		20,000,000				20,000,000
資本公積		600,000		600,000				600,000
營業收入－客房部		780,000		780,000		$780,000		
營業收入－餐廳部		710,000		710,000		710,000		
員工薪資	220,000		220,000		$220,000			
廣告費	400,000		400,000		400,000			
交際費	10,000		10,000		10,000			
進貨－飲料	70,000		70,000		70,000			
進貨－食材	80,000		80,000		80,000			
合　計	27,740,000	27,740,000	27,740,000	27,740,000				
折舊					50,000			
					40,000			
					80,000			
					70,000			
					250,000			
					40,000			
					20,000			
					60,000			
累計折舊－廚房設備				50,000				50,000
累計折舊－庭園造景				40,000				40,000
累計折舊－裝潢客房部				80,000				80,000
累計折舊－裝潢餐廳部				70,000				70,000
累計折舊－建築物				250,000				250,000
累計折舊－生財器具				40,000				40,000
累計折舊－電腦設備及會計軟體				20,000				20,000
累計折舊－運輸設備				60,000				60,000
利息費用			100,000		100,000			
應付利息				100,000				100,000
合　計			$710,000	$710,000	$1,490,000	$1,490,000		
總　計			$28,450,000	$28,450,000			$26,960,000	$26,960,000

步驟七　工作底稿完成之後續作業

　　完成工作底稿的製作後，編製財務報表所需要的資料及數據皆已齊備，例如損益表的製作，可由工作底稿內的試算損益表欄位取得應有的項目及數據，資產負債表的製作亦可由試算資產負債表欄位取之，下一章將接續介紹財務報表的編製、報表範例以及報表分析等內容。

應用題

1. 喬爾斯大飯店於 XX2 年 1 月 1 日開幕,請就會計年度內發生的各項交易事項,製作分錄及 T 字帳。(依權責基礎作答)

(1) 飯店於 XX2年3月1日將部分盈餘資金$6,000,000存入銀行,並開設一定期存款帳戶,一年後到期付息,年利率2.1%。

① 請作3月1日之存款分錄。

② 請問至 XX2年12月31日,會計年度期末時,如何計算利息的應收收益?試作分錄。

③ XX3年2月28日為定期存款合約到期取回存款之本金,則利息收入要如何轉入帳戶內?

④ 過 T 字帳並說明結果。

(2) 會計人員完成12月份應收帳款明細整理後,依照與對方聯繫之實際情形了解,有$200,000的佣金收益必須延至 XX3年1月份才能收款。(依照權責發生基礎作答)

(3) XX2年11月1日加購10部餐廳部門使用之餐車,公司以開立一張三個月期票的方式支付貨款$300,000,三個月後到期付息,年利率2.4%。

① 請作11月1日加購餐車之分錄。

② 請問至 XX2年12月31日,會計年度期末時,如何計算應付的利息費用?

③ XX3年1月31日支票到期付票款,則同時利息費用要如何轉入帳戶內?

④ 過 T 字帳並說明結果。

(4) XX2年7月1日以開立一年為期的票據向銀行進行短期借貸$4,000,000,一年後到期付息,年利率3.6%。

① 請作7月1日向銀行辦理短期借貸之分錄。

② 請問至 XX2年12月31日,會計年度期末時,如何計算應付的利息費用?

③ XX3年6月30日支票到期時,飯店必須還款本利,則利息費用要如何轉入帳戶內?

④ 過 T 字帳並說明結果。

(5) 飯店與丹堤香水公司訂定二年「貴賓室租賃契約」,合約內容載明於 XX2年2月1日起使用,丹堤公司並於 XX2年1月15日預付二年租賃金$280,000。

① 請作1月15日飯店收受丹堤公司預付款項之分錄。

② 請問至 XX2年12月31日,會計年度期末時,如何認列租金收入?

③ XX4年1月31日為租賃契約到期日，則剩餘租金收入之調整為何？

④ 過 T 字帳並說明結果。

(6) 飯店中餐部與西門輸配送公司訂定半年「上班期間午餐供應契約」，合約內容載明於 XX2年10月1日起，由喬爾斯飯店中餐部門負責供應西門公司上班期間25位員工午餐，西門公司並於 XX2年9月22日預付半年外燴費用$150,000。

① 請作9月22日飯店收受西門輸配送公司預付半年外燴款項之分錄。

② 請問至 XX2年12月31日，會計年度期末時，如何認列食品收入？

③ XX3年3月31日為供餐契約到期日，則剩餘食品收入之調整為何？

④ 過 T 字帳並說明結果。

(7) 喬爾斯飯店為顧及飯店工作人員權益，擬向保險公司洽辦員工意外險保單兩年，若中途離職者，需將保險費用依照比例退還飯店，保單內容載明投保時間於 XX2年7月1日起算，飯店並於 XX2年5月31日預付兩年保險費用$90,000。

① 請作5月31日喬爾斯飯店預付兩年保險費之分錄。

② 請問至 XX2年12月31日，會計年度期末時，如何認列保險費用？

③ XX4年6月30日為保險契約到期日，則剩餘保險費用之調整為何？

④ 過 T 字帳並說明結果。

(8) 喬爾斯飯店向書商洽訂旅客休閒雜誌五份，為期一年，訂書單內容載明訂閱時間於 XX2年4月1日起算，飯店並於 XX2年3月10日以郵政劃撥方式預付一年訂閱刊物費用$20,000。

① 請作3月10日飯店預付款項訂購刊物之分錄。

② 請問至 XX2年12月31日，會計年度期末時，如何認列刊物費用？（提示：XX2/4/1~XX2/12/31）

③ XX3年3月31日為刊物訂閱到期日，則剩餘刊物費用之調整為何？

④ 過 T 字帳並說明結果。

(9) 已知飯店西餐廳之免洗餐具於11月底前用罄，故於 XX2年11月30日付現添購免洗餐具$30,000，XX2年12月31日盤點時尚餘$24,000。

① 請作11月30日付現購買免洗餐具之分錄。

② 會計年度期末時，免洗餐具之調整為何？

③ 過 T 字帳並說明結果。

(10) 飯店客房部於 XX2年8月31日付現購置房客專用新型玻璃器皿40組，共計
$22,000，XX2年12月31日盤點時尚餘$18,000。
　① 請作8月31日付現添購玻璃器皿之分錄。
　② 會計年度期末時，玻璃器皿之調整為何？
　③ 過 T 字帳並說明結果。

(11) 飯店中餐廳在 XX1年10月1日現金匯款採購廚房設備中的不鏽鋼大水槽5
座，自 XX2年1月1日正式拆封使用，總價$20,000，進口廠商說明書上載
明保用十年，殘值為$2,000。
　① 請作10月1日採購分錄。
　② 請計算每年應提列多少折舊費用？
　③ XX2年會計年度期末時，折舊費用之調整為何？

(12) 飯店客房部在 XX1年9月1日向美國製造商訂購行李車5部，10月15日收到
訂單回覆，並於當日寄發渣打銀行美金支票付款，XX1年12月21日貨品海
運送達，自 XX2年1月1日正式拆封使用，總價$50,000，進口廠商說明書
上載明保用六年，殘值為$8,000。
　① 請作10月15日付款訂購分錄。
　② 請列出算式，計算每年應提列多少折舊費用？
　③ XX2年會計年度期末時，折舊費用之調整為何？

2. 以下為菁潔度假村 XX1 年度期末的各項分類帳務，菁潔公司的會計基礎是採
用權責基礎為原則，請根據以下各交易事項之題意製作一般分錄及轉回分錄。

(1) 度假村於 XX1年7月1日向荷蘭銀行辦理一年短期的貸款$2,000,000，年利率
2.6%，到期再償付本息。
　① 請作 XX1年7月1日之借款分錄。
　② 請作 XX1年期末調整分錄。
　③ 請問至 XX1年12月31日，會計年度期末時，試比較作轉回分錄。
　④ 若不作轉回分錄則 XX2年6月30日之帳務分錄為何？

(2) 度假村於 XX1年10月1日向美國休閒用品公司訂購休閒器材一批，總價
$300,000，並且透過中國商業銀行辦理信用狀付款，預計4個月內付款給中
國商銀，利息依照年利率2.4%計算，到期再償付本息。
　① 試作 XX1年10月1日之訂購分錄。
　② 請作 XX1年期末調整分錄。

③ 請問至 XX1年12月31日，會計年度期末時，試比較作轉回分錄。

④ 若不作轉回分錄則 XX2年1月31日之帳務分錄為何？

(3) XX1年12月7日，米勒陶藝工坊辦理30名員工年度度假旅行，一共住房2日供應三餐，包括全程使用度假村之所有設施，總計消費總額為$300,000，其中包括餐飲部分共計$80,000，住宿及休閒設施部分共計$220,000，未付，預計於 XX2年1月15日付款。（請參考應收收益原則）

① 試作 XX1年12月7日度假村之營業收入分錄。

② 至 XX1年12月31日會計年度期末，試作轉回分錄。

③ 若不作轉回分錄則 XX2年1月15日之帳務分錄為何？

(4) XX1年12月24日，曼波舞蹈社團團員共計十二人，耶誕節前夕訂定本度假村設施及午晚兩餐，夜間並使用本度假村表演廳進行娛樂節目，總計消費總額為$64,000，其中包括餐飲部分共計$44,000，住宿及休閒設施部分共計$20,000，未付，預計於 XX2年1月20日付款。（請參考應收收益原則）

① 試作 XX1年12月24日度假村之營業收入分錄。

② 請作 XX1年期末調整分錄。

③ 請問至 XX1年12月31日，會計年度期末時，試比較作轉回分錄。

④ 若不作轉回分錄則 XX2年1月20日之帳務分錄為何？

試算與製表

在會計期末的重要工作中，其中一項是為確保年底會計作業之順利進行，故先編制所有分類帳戶的試算草稿，待所有數據皆確認無誤後，再將底稿結果移轉至帳簿上，這樣的結算草稿就稱為工作底稿(work sheet)。以下請依照題例步驟逐一製作出一張完整的工作底稿。

1. 繪製迪里斯飯店十欄式工作底稿。

迪里斯飯店

工作底稿【範例一】

XX1年12月31日

會計科目	調整前試算表		調整項目		調整後試算表		損益表項目		資產負債表項目	
	借	貸	借	貸	借	貸	借	貸	借	貸

2. 將以下迪里斯飯店 XX1 年度期末調整前試算表餘額填入工作底稿。

迪里斯大飯店

調整前試算表

XX1年12月31日

會計科目	借方餘額	貸方餘額
現金	$660,000	
銀行存款（一銀支存）	550,000	
應收帳款	350,000	
逃生安全設備	230,000	
庭園造景	200,000	
空調設施－客房部	3,350,000	
空調設施－餐廳部	2,000,000	
土地	2,200,000	
建築物	14,000,000	
耗材備品	150,000	
電腦設備及會計軟體	50,000	
預付保險費	100,000	
運輸設備	300,000	
銀行借款		$4,800,000
應付帳款		100,000
應付票據		410,000
預收訂金		50,000
股本		18,000,000
資本公積		320,000
營業收入－客房部		1,250,000
營業收入－餐廳部		870,000
員工薪資	520,000	
進貨－食材	220,000	
進貨－飲料	180,000	
進貨－餐飲部餐具備品	180,000	
進貨－客房部布巾等備品	150,000	
廣告費	270,000	
員工差旅費	20,000	
印刷費	110,000	
交際費	10,000	
合計	$25,800,000	$25,800,000

迪里斯飯店
工作底稿【範例二】
XX1年12月31日

會計科目	調整前試算表		調整項目	
	借	貸	借	貸
現金				
銀行存款（一銀支存）				
應收帳款				
合計				

3. 將迪里斯 XX1 年期末調整資料填入工作底稿。

　說明：迪里斯大飯店期末應作調整之數據資料如下，其中以固定資產每年必須提撥分攤的折舊費用項目最多，屬於期末調整的估計項目；另外尚有屬於流動資產的耗材備品折舊，及遞延項目的保險費用，以及應計項目的利息費用，請將每一筆資料逐一填寫入表工作底稿內之調整項目欄位內。

期末應作調整資料

項次	調整項目	借方科目及金額		貸方科目及金額	
1	逃生安全設備	折舊	$ 35,000	累計折舊	$ 35,000
2	庭園造景	折舊	40,000	累計折舊	40,000
3	空調設施－客房部	折舊	30,000	累計折舊	30,000
4	空調設施－餐廳部	折舊	50,000	累計折舊	50,000
5	建築物	折舊	150,000	累計折舊	150,000
6	耗材備品	折舊	5,000	累計折舊	5,000
7	電腦設備及會計軟體	折舊	15,000	累計折舊	15,000
8	運輸設備	折舊	25,000	累計折舊	25,000
9	保險費用	保險費－員工意外險	50,000	預付保險費	50,000
10	銀行借款	利息費用	60,000	應付利息	60,000
合　計			$460,000		$460,000

迪里斯飯店
工作底稿【範例三】
XX1年12月31日

會計科目	調整前試算表		調整項目	
	借	貸	借	貸
現金				
銀行存款				
應收帳款				
合計				
折舊				
累計折舊－逃生設備				
累計折舊－庭園造景				
累計折舊－空調－客房部				
累計折舊－空調－餐廳部				
累計折舊－建築物				
累計折舊－生財器具				
累計折舊－電腦設備及會計軟體				
累計折舊－運輸設備				
合計				

4. 依照 XX1 年迪里斯飯店工作底稿【範例三】之數據資料，將調整前試算表欄及調整項目的每一筆資料，依照「同方向相加，反方向者相減」之原則合併前後欄位，完成調整後試算表工作底稿【範例四】之後，再加總借貸方總額，驗證借貸是否平衡。

迪里斯飯店
工作底稿【範例四】
XX1年12月31日

會計科目	調整前試算表		調整項目		調整後試算表	
	借	貸	借	貸	借	貸
現金						
銀行存款						
應收帳款						
合計						
折舊						
累計折舊－逃生設備						
累計折舊－庭園造景						
累計折舊－空調－客房部						
累計折舊－空調－餐廳部						
累計折舊－建築物						
利息費用						
應付利息						
合計						

5. 依照表【範例四】工作底稿之數據資料，將調整後試算表欄的每一筆資料，依照「收入類及費用類歸入損益表」之原則劃分帳戶欄位，完成試算損益表之後，再加總借貸方總額，驗證借貸是否平衡。

6. 依照表【範例四】工作底稿之數據資料，將調整後試算表欄的每一筆資料，依照「資產、負債及業主權益類歸入資產負債表」之原則劃分帳戶欄位，完成試算資產負債表之後，再加總借貸方總額，驗證借貸是否平衡。

7. 將各階段工作底稿彙整成一張，如下表【範例五】所示：

迪里斯飯店

工作底稿【範例五】

XX1年12月31日

會計科目	調整前試算表		調整後試算表		試算損益表		試算資產負債表	
	借	貸	借	貸	借	貸	借	貸
現金								
銀行存款								
應收帳款								
逃生設備								
庭園造景								
空調－客房部								
空調－餐廳部								
土地								
建築物								
生財器具								
電腦設備及會計軟體								
運輸設備								
預付保險金								
銀行借款								
應付帳款								
應付票據								
預收訂金								
股本								
資本公積								
營業收入－客房部								
營業收入－餐廳部								
員工薪資								
廣告費								
進貨－飲料								
進貨－食材								
合計								
折舊								
累計折舊－廚房設備								
累計折舊－庭園造景								
累計折舊－裝潢客房部								
累計折舊－裝潢餐廳部								
累計折舊－建築物								
累計折舊－生財器具								
利息費用								
應付利息								
合計								
總計								

04
CHAPTER
★★★★★

餐廳的收入
會計

HOSPITALITY
MANAGEMENT
ACCOUNTING
PRACTICE

餐 廳為一營業場所,主要的生存動力來自客戶消費餐點所產生的營業收入,因此規劃良好的營業收入原則及流程,業主才得以藉由會計資訊的迅速解讀,進而有效管理餐廳運作,了解各單位所產生的損益情形,隨時掌控內部的營業績效。

　　本章內容將以餐廳的收入為主題,了解餐廳的經營特色、各利潤中心所產生的收入項目,以及收入會計的原則性作業,並藉由交易事項的範例說明之。

第一節　餐廳的經營特色

一、餐廳的種類

　　餐廳是一個提供消費者食物、飲料銷售及相關設備的公開營業場所,依照我國交通部觀光局所定義的餐廳分類包括餐飲業、速食餐飲業、小吃店業、飲料店業、餐盒業及其他飲食業。

　　依世界觀光組織(UNWTO)的分類,餐廳的經營型態包括:(1)酒吧和其他場所;(2)提供各種服務的餐廳;(3)速食與自助餐廳;(4)各機關內的福利社、餐吧;(5)小吃店、自動販賣機、點心供應站;(6)夜間俱樂部及劇院。

　　目前一般飯店、度假村、旅館內的餐廳種類包括中餐廳、西餐廳、日式餐廳、自助式餐廳、俱樂部、酒吧等型態。

二、餐廳的經營特性

1.營業收入以現金為主

　　餐廳每一次提供餐點及飲料的時間不超過幾個小時,完成銷售服務後,以收受現金或信用卡為主,簽帳月結的客戶有限。

2.資本投入與回轉速度較快

　　有鑑於投產及銷售時間短暫,因此就營業狀況佳的餐廳而言,投資回本相當快速,也就是說,餐飲業的營業週期時間短促。

3. 生產、銷售、服務兼顧的行業

餐廳的經營，除後場廚房進行採購、食材原料保存及接受訂單出菜外，前場銷售及服務的管理工作亦相當重要，食物的美味與否固然重要，但服務人員的專業與獲得客戶的信賴更是未來業績的保證。

4. 接受客戶訂單到生產的過程時間很短暫，且商品具有易腐性

餐廳提供產品銷售的時間很短暫，通常是生產完後客戶當場食用，而且商品容易腐壞，保存期限短暫。

5. 營業具有明顯尖峰期及淡季和旺季之分

一天的時間裡，餐廳的經營通常以用餐時間為主，其餘時間用於備料及休息；有些料理形式受到季節的影響可能有淡季旺季之分，例如：火鍋店可能在冬季業績更佳、飯店大型餐廳在必業季或尾牙聚餐通常是營業旺季等。

6. 營業績效受到餐廳的容量及外部條件所限制

餐廳內部設備、衛生條件、氣氛營造、座位多寡；餐廳外部環境、停車方便性等等，皆容易影響餐廳經營的績效。其中座位多寡又影響營業額更為直接，因為業績好的餐廳如果內部容量太小，營業額亦會受限制。

 問題與討論

1. 據了解，大部分的餐廳皆以現金交易較為常見，請思考何種經營型態的餐廳會接受客戶簽帳？
2. 為迎合現代人多元化的需求，餐廳經營型態的多元性亦增高，請問是否不同規模的餐廳經營，在會計作業上的複雜程度亦不同。

第二節　餐廳的利潤中心

餐飲業的經營可以明顯劃分出兩者，其一是前場的銷售及服務作業，直接獲取來自顧客的營業收入；另者是後場的原料採購、儲備及生產作業，屬於後勤支援單位，亦功不可沒，藉由兩者相輔相成而完成銷售及服務的程序。本章重點在於前場收入部門之介紹。

依據 National Restaurant Association 美國國家餐飲協會，所出版的《Uniform System of Accounts for Restaurants》（暫譯為《餐廳統一帳務系統》）中載明收入帳戶之分類，本節將依照餐廳前場的主要收入部門，及次要收入部門的原則，將帳戶劃分如表4-1所列，並逐一說明各帳戶之功能。

一、主要收入部門

→ 表 4-1　餐廳主要收入部門及會計帳戶

部門類別	部門帳戶
Food 食品	Food Revenue 食品收入
	Food Sales 食品銷售
	Allowance for Food Sales 食物銷售折讓
	Banquet Food 宴會食品
	Service Charges 服務費
	Cash Discounts 現金折扣
	Other Food Revenue 其他食品收入
Beverages 飲料	Beverage Revenue 飲料收入
	Liquor Sales 酒精飲料銷售
	Wine Sales 葡萄酒銷售
	Other Beverage Revenue 其他飲料收入
	Allowance for Beverage Sales 飲料銷售折讓
	Service Charges 服務費
	Cash Discounts 現金折扣

一般餐廳的主要收入部門包括食品部門及飲料部門兩大類，而這兩類收入利潤中心的會計帳戶將在下面所列之分項說明。

（一）食品部門收入

1. 食品銷售

餐廳的主要收入來源為食品銷售，一般在會計科目的運用上，若是顧客前來消費，通常是借記現金、應收帳款、信用卡或應收票據，貸記食品銷售帳戶。另者，若本餐廳供應免費員工伙食，則不列入食品銷售，應記入員工伙食費帳戶中；若本餐廳供應員工付費伙食，則應該列入食品銷售，一般餐廳對於員工的食品銷售價格通常有較優惠的折扣。

2. 食品銷售折讓

折讓的意思通常是指所提供的產品不符合顧客的需求時，在結帳時給予顧客在價格上的一些扣除、優惠或退款補償的作法稱之。一般在餐廳裡，可能發生上菜錯誤、等候時間過長或其他問題時，通常餐廳會給予顧客銷售折讓，表示補償之意。因此，食品銷售折讓是食品銷售的抵減科目。

3. 宴會食品

餐廳除準備及銷售平日菜單上的例行性產品外，有些餐廳還額外提供設計宴會菜單的服務，而宴會的菜色可能與平日餐廳所供應者差異甚多，因此在帳務的處理上，可以以個別銷售及成本的方式計算利潤。相對於宴會食品的帳戶，在費用及成本的考量上亦有宴會食品進貨、宴會食品成本等帳戶。

4. 服務費

餐廳工作人員為前來消費的顧客提供服務所收取的費用。一般歐美地區餐廳多有收取服務費的慣例，目前僅有速食餐廳為完全自助式，不收服務費或小費。台灣餐廳近幾年亦有日漸普遍的趨勢，例如飯店內餐廳、大型自助餐廳、簡餐、西餐廳等，稍具規模的餐廳皆收受一成服務費，通常以銷售金額的一成(10%)為最常見。

5. 現金折扣

餐廳針對重要客戶、會員、貴賓卡持有人，或者銷售金額到達一定標準者，給予顧客支付現金的折扣優惠，以鼓勵顧客前來消費，並且以現金盡速結清帳款。

6. 其他食品收入

除餐廳所提供的菜單外，為滿足顧客要求所銷售的其他食品之收入稱之，例如：甜點、水果、冰品；聚餐活動當中，額外為素食顧客準備全素餐點；或顧客欲購買本餐廳所採買的食材或佐料等。

（二）飲料部門收入

較為正式的餐廳在提供顧客菜單的同時，也可能另外提供點酒單(alcohol and wine lists)（表4-2），以及其他飲料的供應點選表單，因此亦會將飲料的銷售作較為細節的劃分，以計算銷售量及成本的作法。

1. 酒精飲料銷售：銷售含有酒精成分的飲料，例如啤酒、調酒。

2. 葡萄酒銷售：銷售葡萄酒類的飲料，例如紅酒、白酒。

3. 其他飲料收入：銷售酒類以外的飲料，例如咖啡、果汁、茶飲。

4. 飲料銷售折讓：為飲料銷售之抵減科目。

5. 服務費：例如最常見的開瓶費。

6. 現金折扣：同上。

→ 表 4-2　酒單範例(alcohol and wine lists)

啤酒類		價格
墨西哥可樂娜啤酒　Corona Beer		$150/100
荷蘭海尼根啤酒　Heineken Beer		$150/100
德國愛丁格啤酒　Erdinger Beer		$150/120
比利時迪利三麥金啤酒　Delirium Tremens Beer		$150/120
青春啤酒　Radler		$150/120
香檳區　Champagne	氣泡酒	$150/100
盧瓦爾河谷　Loire Valley	大部分為白酒	$550/100
阿爾薩斯　Alsace	大部分為白酒	$350/120
布根地　Burgundy	紅酒和白酒	$450/120
波爾多　Bordeaux	紅酒和白酒	$850/120
羅納山麓（隆河河谷）Cotes de Rhone	大部分為紅酒	$750/120

註：以上價格需另酌收10%服務費。
參考資料來源：歐格西餐廳。

二、次要收入部門

→ 表 4-3　次要收入部門及會計帳戶

部門類別	部門帳戶
餐廳場內	Minimum Charge 最低消費收入
	Rental of Meeting Room　會議廳出租收入
	Cigarette 香菸收入
	Delivery Service 外送服務
	Tip　小費
	Miscellaneous 雜項收入

→ 表 4-3　次要收入部門及會計帳戶（續）

部門類別	部門帳戶
餐廳場外	Interest income　利息收入
	Leisure Facilities Revenue 遊樂設施收入
	Vending Machine 販賣機收入
	Telephone Revenue 電話收入
	Gift Shop Revenue 禮品鋪收入
	Waste Sales 資源回收
	Shuttle Bus 接駁車收入
	Garage and Parking Revenue 停車場及停車收入

在次要收入部門方面，以餐廳場內及餐廳場外作劃分，茲分別說明如下。

（一）餐廳場內

1. 最低消費收入：餐廳所設立的消費最低門檻。顧客前往規定最低消費的餐廳時，通常必須點餐超過最低消費的金額，有些餐廳縱使顧客未點任何餐飲，但基於工作人員的基本服務，以及該顧客占有該座位的時間，仍收取一定限額的費用。

2. 會議廳收入：提供顧客開會與餐敘同時進行的會議場地出租收入。

3. 香菸收入：銷售香菸、菸草的收入。

4. 外送服務：提供顧客外送餐點的服務所收取的費用。

5. 小費：除餐廳固定收受的服務費以外，顧客額外提供的金錢。

6. 雜項收入。

（二）餐廳場外

1. 利息收入：銀行存款所孳生的利息。

2. 遊樂設施收入：餐廳附設遊憩或遊樂設施的營業收入。

3. 販賣機收入：餐廳設置自動販賣機的銷售收入。

4. 電話收入：供顧客使用的營業投幣式電話機。

5. 禮品鋪收入：餐廳附設紀念品、禮品、食品之販售小店鋪所賺取之收入。

6. 資源回收收入。

7. 接駁車收入：有些餐廳提供接駁顧客的車輛及載送服務，並收取費用。

8. 停車場及停車收入：餐廳附設停車場之停車收入，以及代客停車之服務收入。

三、淨額與毛利

1. 淨額

淨額又稱為淨收入、銷售淨額、淨銷售或收入淨額，其觀念主要是指「銷貨總額」或「銷售總額」減去折扣及讓價後的金額。

例如香堤西餐廳某年 9 月份的銷售總額為 $550,000，給予顧客的銷售折讓金額為$20,000，則當月份的銷售淨額就是$550,000（銷售總額）－$20,000（銷售折讓）＝$530,000。

2. 毛利

銷售毛利的計算因部門不同而有所差異，在一般餐廳裡，銷售毛利的計算是以銷售淨額減去銷售成本所得，與其他一般買賣業的計算方法相同。後續再將毛利減去管銷費用的支出、營業外收支、營業稅等項目，就可以算出一個會計期間內，餐廳營業的利潤水準高低。

$$
\begin{array}{r}
\text{銷售總額} \\
- \quad \text{銷售折扣及讓價} \\
\hline
\text{銷售淨額} \\
- \quad \text{銷售成本} \\
\hline
\text{銷售毛利} \\
- \quad \text{管銷費用} \\
\hline
\text{營業收入} \\
- \quad \text{營業外支出} \\
+ \quad \text{營業外收入} \\
\hline
\text{稅前淨利} \\
- \quad \text{營業稅捐} \\
\hline
\text{稅後淨利}
\end{array}
$$

※ 圖 4-1　淨利之計算流程

第三節　餐廳營業之訂金管理

一般餐廳業者為使廚房準備工作提早確認，尤其是生鮮食材的採購作業方面，總是希望顧客能搶鮮享用，減少食材保存風險，降低成本，因此希望顧客多利用預定(reservation)的方式前來消費（表4-4），在顧客預約用餐時間、人數、菜單及價格的同時，餐廳為使顧客能夠依約確實前來，通常設立預付訂金的制度，以下將舉例並說明四種顧客預約情況下的訂金處理範例。

→ 表 4-4　餐廳預訂席位表範例

喬爾斯西餐廳預訂席次單					
				單證流水編號 041104012	
預訂編號	12	預訂餐點名稱	數量	單價	小計
登記日期	XXX 年 11 月 1 日	歐式自助餐	23	450	10,350
預訂用餐日期	XXX 年 11 月 4 日	套餐（備註）	2	450	900
預訂用餐時段	中午 11:50~13:30				
最晚入席時間	中午 12:00				
※最晚取消訂位時間	XXX 年 11 月 3 日 下午 8:00				
預訂席次	25 人				
規定預付訂金 ＿5,000＿		合計	25		11,250
☑現金□刷卡＿＿＿＿銀行＿＿＿＿卡		以上價格未含 10%服務費			
特殊事項備註：預備兩份素食餐點 代訂 20 吋生日蛋糕 預備紅酒 5 瓶 準備生日歌		廳位預備：梵谷廳			
		當日備桌人員：莎拉、潔森			
		預訂顧客：＿林大同＿ 先生 聯絡電話：04-3853868 行動電話：0912-334455 服務機構：異次元電腦科技公司 部門職稱：人力資源部門組長			
		預定作業人員：丹尼爾			

📂 **案例4-1** 收受全額違約訂金

例如：依照上表4-6喬爾斯西餐廳接受林大同先生預訂席次的案例，已知林大同在11月1日預訂4日中午聚餐的席次，1日當天並以現金支付餐廳規定之訂金$5,000。結果11月4日上午，異次元電腦公司有重要客戶突然造訪，公司必須因故取消此次聚餐活動，林大同立刻打電話給喬爾斯西餐廳取消預訂之席次及餐點，茲因異次元公司未能於最後規定時間內取消預訂，因此無法取回預繳訂金$5,000，且須將其視為對喬爾斯西餐廳的違約賠償。

以下為喬爾斯餐廳所作有關之訂金分錄：

記錄時間	帳戶	借貸分錄		類別	增減情形
XXX/11/1	借方	現金	5,000	資產	增加
	貸方	預收訂金－11/4 異次元公司	5,000	負債	增加
XXX/11/4	借方	預收訂金－11/4 異次元公司 5,000		負債	減少
	貸方	違約訂金收入	5,000	收入	增加

說明：

1. XXX 年 11 月 1 日收受林大同支付之預訂訂金現金$5,000，餐廳借記現金增加，資產項目增加；另外餐廳先收受訂金，但尚未提供異次元公司餐點，因此貸記預收訂金之負債項目增加。

2. XXX 年 11 月 4 日用餐當天早上接到異次元公司取消預訂的消息，因餐廳已經事先聲明取消預定的最後時間，故依照約定喬爾斯餐廳可以不必退還訂金予異次元電腦公司。分錄處理方面先借記預收訂金$5,000 沖銷其負債項目，另一方面貸記違約訂金收入之收入項目。

📁 案例4-2 收受部分違約訂金

承上例，11月4日上午，異次元電腦公司有重要客戶突然造訪，公司被迫取消此次聚餐活動，而異次元公司未能於最後規定時間內取消預訂，因此無法取回部分預繳訂金。假設喬爾斯餐廳規定，顧客若未能於最後規定時限內取消預約，則必須支付半額之訂金作為違約之賠償，以下為有關之訂金分錄。

記錄時間	帳戶	借貸分錄		類別	增減情形
XXX/11/1	借方	現金	5,000	資產	增加
	貸方	預收訂金－11/4 異次元公司	5,000	負債	增加
XXX/11/4	借方	預收訂金－11/4 異次元公司	5,000	負債	減少
	貸方	違約訂金收入	2,500	收入	增加
	貸方	現金－退還半額訂金	2,500	資產	減少

說明：

1. XXX 年 11 月 1 日收受林大同支付之預訂訂金現金$5,000，餐廳借記現金增加，資產項目增加；另外餐廳先收受訂金，但尚未提供異次元公司餐點，因此貸記預收訂金之負債項目增加。

2. XXX 年 11 月 4 日用餐當天早上接到異次元公司取消預訂的消息，因餐廳已經事先聲明取消預定的最後時間，故依照約定喬爾斯餐廳可以僅退還半額訂金$2,500 予異次元電腦公司。分錄處理方面先借記預收訂金$5,000 沖銷其負債項目；另一方面貸記違約訂金收入$2,500 之收入項目，以及貸記現金$2,500 退還異次元之資產減少項目。

案例4-3 全額退還違約訂金

承上例，11月4日上午，異次元電腦公司臨時取消預約，假設異次元電腦公司為喬爾斯餐廳的重要客戶，餐廳雖有訂金作為違約賠償之慣例，但餐廳經理為建立長遠的顧客關係，決定全額退還異次元公司的訂金5,000，以期顧客再度光臨，以下為有關之訂金分錄：

記錄時間	帳戶	借貸分錄	類別	增減情形
XXX/11/1	借方	現金　　　　　　　　　　　5,000	資產	增加
	貸方	預收訂金－11/4異次元公司　　5,000	負債	增加
XXX/11/4	借方	預收訂金－11/4異次元公司　5,000	負債	減少
	貸方	現金－退還全額訂金　　　　5,000	資產	減少

說明：

1. XXX 年 11 月 1 日收受林大同支付之預訂訂金現金$5,000，餐廳借記現金增加，資產項目增加；貸記預收訂金之負債項目增加。

2. XXX 年 11 月 4 日喬爾斯餐廳決定退還全額訂金$5,000 予異次元電腦公司。分錄處理方面先借記預收訂金$5,000 沖銷其負債項目；另一方面貸記現金$5,000 退還異次元訂金之資產減少項目。

案例4-4 如期消費之訂金處理

承上例，11月4日上午，異次元電腦公司依照預約時間前來餐廳用餐，用餐完畢後，櫃檯結帳項目包括歐式自助餐食品收入$11,250、一成服務費$1,775、葡萄酒收入$3,000、其他飲料收入$2,000、其他食品收入（代訂蛋糕）$1,500，共計消費金額為$19,525，以下為有關之訂金分錄：

記錄時間	帳戶	借貸分錄	類別	增減情形
XXX/11/1	借方	現金　　　　　　　　　　5,000	資產	增加
	貸方	預收訂金－11/4異次元公司　　5,000	負債	增加
XXX/11/4	借方	預收訂金－11/4異次元公司　5,000	負債	減少
		現金　　　　　　　　14,525	資產	增加
	貸方	食品銷售　　　　　　11,250	收入	增加
		葡萄酒　　　　　　　3,000		
		其他食品　　　　　　1,500		
		其他飲料　　　　　　2,000		
		服務費　　　　　　　1,775		

說明：

1. XXX 年 11 月 1 日收受林大同支付之預訂訂金現金$5,000，餐廳借記現金增加，資產項目增加；貸記預收訂金之負債項目增加。

2. XXX 年 11 月 4 日異次元電腦公司如期前往喬爾斯餐廳消費，異次元公司消費總金額為$19,525。分錄處理方面先借記預收訂金$5,000 沖銷其負債項目，再借記扣除訂金剩餘的款項現金資產增加$14,525；另一方面貸記所有收入項目之金額，收入帳戶金額增加。

第四節　會員制度之管理

　　餐廳經營者與顧客維繫長久且良好的關係是很重要的課題，以會員制度進行顧客管理是較為普遍的作法。餐廳必須設計一套管理會員的辦法，例如入會資格、會員權益、等級與優惠項目、會員服務項目等等，並且設計會員入會申請表單（表4-5），以便利會員資料管理與運用。

　　在入會資格方面，通常以顧客在一段期間內的消費額度累計作為門檻，例如一年內消費滿$10,000者得申請加入會員，或一次消費滿$8,000者，可立即申請加入會員；亦有經營者採來者不拒的方式，只要有意願申請的顧客，皆可成為會員；或者，繳交一筆入會金，即可馬上成為餐廳會員等方式，皆相當常見。

→ 表 4-5　會員申請表釋例

喬爾斯西餐廳　會員申請表			
顧客基本資料（空白處內資料請由顧客填寫）		申請表流水號	2004110405
顧客姓名	林大同	會員編號	2004056
出生年月日	民國 60 年 2 月 12 日	入會消費金額	$19,525
服務機構	異次元電腦科技公司	貴賓卡等級	金卡
部門及職稱	人力資源部組長	申請日期	民國 XXX 年 11 月 4 日
聯絡電話	04-3853868	審查日期	民國 XXX 年 11 月 5 日
行動電話	0912-334455	入會審查人員	雅妮塔組長
通訊地址	新竹市	本單作業人員	潔森
貴賓卡卡號：798693		領卡日期：＿＿＿年＿＿＿月＿＿＿日	
資格審查附件：顧客消費發票副本　櫃檯寄發貴賓卡時間：　XXX 年 11 月 15 日以前			
※審查結果：通過　　　　　　　　發卡負責人員：安琪拉			

在會員權益方面，例如凡是會員皆可享有折扣優惠，入會會員發予貴賓卡作為往後消費的折扣優惠依據，有效期限為一年；另者，亦有為消費者生日當天特別設計的壽星折扣，只要憑會員卡及身分證，在生日當天可享有更優惠的折扣。在等級與優惠項目方面，例如貴賓等級越高者，享有的消費折扣越多。在會員服務項目方面，例如定期寄發公司宣傳文宣、當月份最新菜單、預約席次訂金半價等等。

以下將列舉兩個提供會員顧客折扣案例，以及會計分錄之釋例。

案例4-5 會員折扣包含服務費

彼得潘於7月30日剛成為香堤泰式料理餐廳之金卡會員，依照會員優惠項目規定之一，金卡會員可享有一年內消費九折之福利，於是彼得潘於7月31日攜帶全家老小前往香堤餐廳享用晚餐，用餐完畢後結算折扣前且未含一成服務費之消費金額為$3,500，以下為香堤餐廳之會計分錄：

記錄時間	帳戶	借貸分錄		類別	增減情形
XXX/7/31	借方	現金 3,465		資產	增加
		食品銷售折扣 350		抵減科目	增加
		服務費折扣 35		抵減科目	增加
	貸方	食品銷售	3,500	收入	增加
		服務費	350	收入	增加

說明：

1. 彼得潘一家人在 XXX 年 7 月 31 日於香堤餐廳所消費的原始金額為$3,500，若加成計算一成服務費$350 則為$3,500×110%＝$3,850，若依照一般市面上餐廳對於折扣的處理方式，則是直接將加成過服務費的金額，依照會員優惠作折扣處理，因此就是再將$3,850×90%＝$3,465。

2. 依據說明 1.所計算折扣後的消費金額$3,465 進行分析，仔細觀察，$3,465 包含原消費金額$3,500 之九折$3,150（與原價比較省繳$350）以及一成服務費$350 之九折$315（與原價比較省繳$35），餐廳所提供的總折扣優惠為$3,850－$3,465 ＝$385。

3. 因此在分錄處理方面，原價為$3,850，故先借記現金增加$3,465，為資產項目，同時借記食品銷售折扣$350，以及借記服務費折扣$35；另一方面貸記食品銷售收入$3,500，以及服務費收入$350 等項目。

案例4-6 會員折扣不包含服務費

承案例4-5，彼得潘於7月31日攜帶全家老小前往香堤餐廳享用晚餐，用餐完畢後結算折扣前且未含一成服務費之消費金額為$3,500，若會員折扣不包含服務費，則結果將會與前述案例有多大差異？以下為香堤餐廳之會計分錄：

記錄時間	帳戶	借貸分錄		類別	增減情形
XXX/7/31	借方	現金	3,500	資產	增加
		食品銷售折扣	350	抵減科目	增加
	貸方	食品銷售	3,500	收入	增加
		服務費	350	收入	增加

說明：

1. 彼得潘一家人在 XXX 年 7 月 31 日於香堤餐廳所消費的原始消費金額為$3,500，一成服務費$350，若將原消費金額$3,500計算為九折金額則為$3,150，彼得潘總共需付$3,150＋$350＝$3,500，等同於原始消費價格。
2. 因為折扣不含服務費部分，在分錄處理方面，含一成服務費之原價為$3,850，故先借記現金增加$3,500，為資產項目，同時借記食品銷售折扣$350；另一方面貸記食品銷售收入$3,500，以及服務費收入$350等項目。

第五節　簽帳客戶之管理

一、簽帳制度

一般餐廳都以現金交易較普遍，因此提供客戶簽帳的服務必須審慎處理，在篩選客戶的資格上必須加以徵信及評量，以避免餐廳徒增應收帳款上的呆帳額度，影響餐廳營運的整體績效。以下提出餐廳提供客戶簽帳之優缺點說明。

1. 優點方面

　(1) 給予客戶簽帳服務之便利性，建立長久之顧客情誼。

　(2) 容易招攬公司行號前來消費，建立於社會團體間的連鎖效應，提升餐廳營業績效。

　(3) 提升餐廳服務品質及同業形象。

2. 缺點方面

(1) 必須增加對於客戶財務狀況徵信的作業。

(2) 承擔應收帳款尚未收回之風險。

(3) 增加收帳及催帳工作之負擔。

在篩選簽帳顧客之規定上，一般餐廳可以依照幾個方向思考：

1. 顧客的消費資歷

已經長久在餐廳消費的顧客，前來消費的金額相當可觀，而且一直保持良好的信用狀況者，餐廳可以考慮給予這樣的老顧客一些付費便利的優惠。

2. 顧客的財務狀況

經過顧客徵信工作，顧客的財務狀況良好者可以考慮給予簽帳便利，但餐廳必須定期進行顧客徵信工作。

3. 使用保證金制度

實務上，為避免顧客倒帳之風險，亦可以要求顧客定期補足一定額度保證金的方式，平時消費可享有簽帳的便利，又可減少餐廳呆帳發生之風險。

4. 會員優先授權

有些餐廳對於顧客申請會員資格的篩選標準較為嚴謹，經歷較仔細的徵信作業，因此可以會員為授權簽帳的優先考量對象。

5. 績優旅行社策略聯盟

許多大型餐廳與旅行社帶團業務簽訂長期合作關係，旅行團的顧客人數相當可觀，除了可以事先預約外，又能有效衝高當日營業額，因此授權予績優旅行社帶團用餐之簽帳便利，對於營業績效有所助益。

6. 隨時掌控簽帳顧客信用

如果隨時得知簽帳顧客逾期未支付應付款項時，若無特殊原因者，應該立即取消簽帳資格，或列入觀察名單內，以減少產生呆帳之風險。

→ 表 4-6　客戶簽帳單釋例

香堤泰式料理餐廳　　客戶簽帳單			
簽帳顧客姓名／公司　　　　異次元電腦科技公司			
簽帳人姓名	林大同	簽帳單流水號	20040804
聯絡電話	04-3853868	發票金額	$ 24,000
行動電話	0912-334455	發票號碼	YU507077527
通訊地址	新竹市	本次簽帳金額	$ 24,000
簽帳日期	民國 XXX 年 8 月 4 日	顧客會員等級	金卡會員 2004056
承辦櫃檯人員：	艾德	會計審查人員	雅妮塔組長
本帳款繳費期限	XXX 年 8 月 31 日	顧客簽名欄：	
貴賓卡卡號：798693		備註欄：	

二、簽帳客戶之現金折扣

　　對於使用簽帳消費的顧客，餐廳必須定期累算每個顧客的應收帳款，較細心的作法通常會有對帳單（表4-7）的製作，其內容是將顧客一段期間內在餐廳消費簽帳的明細陳列總計，並且附件在正式帳單之後，以利顧客迅速校對及付款，這樣的作法也是體貼顧客，對顧客負責任的態度。為了爭取收款時效，對帳單的遞送方式可以用傳真對帳，電子郵件對帳，或者線上對帳及電子簽章的方式完成，相當便利。

→ 表 4-7　客戶對帳單釋例

香堤泰式料理餐廳　　客戶對帳單			
簽帳顧客姓名／公司　　　　異次元電腦科技公司			
簽帳人姓名	林大同	對帳單流水號	20040804
聯絡電話	04-3853868	對帳送單日期	民國 XXX 年 8 月 31 日
行動電話	0912-334455	顧客會員等級	金卡會員 2004056
通訊地址	新竹市	對帳單製作人員	芬琪
貴賓卡卡號	798693	送單人員	米羅
本帳款繳費期限	XXX 年 9 月 10 日	現金折扣條件	2/1，n/10

→ 表 4-7　客戶對帳單釋例（續）

香堤泰式料理餐廳　客戶對帳單			
XXX 年 8 月份對帳明細			
簽帳日	簽帳單號碼	發票號碼	簽帳金額
XXX/08/04	20040804	YU507077527	$ 24,000
XXX/08/13	20040826	YU507078012	$ 12,000
XXX/08/25	20040846	JK4588686993	$ 27,000
月底合計	本月帳款　$63,000		
顧客簽名欄：＿＿＿＿＿＿＿＿＿＿		備註欄：	

（一）一般現金折扣的表示

在收到餐廳正式帳單後，餐廳希望顧客能盡早付款，於是有些餐廳則提出現金折扣(cash discounts)的作法。現金折扣通常以「折扣百分比／提供折扣期限」「n／不提供折扣的最後繳款期限」來表示，以下舉例說明。

案例4-7 現金折扣釋例

香堤泰式料理餐廳（請見表4-7）已經交寄對帳單予異次元科技電腦公司，帳款$63,000經由異次元公司簽認無誤後，請其依照2/1，n/10現金折扣條件付款。

說明：

1. 意思是指當異次元公司收到對帳單簽認無誤後，如果一天內付款，則可享有香堤餐廳所提供的2%現金折扣優惠，但從第二天開始到第十天付款無折扣優惠，而且最晚必須在十天內完成付款。

2. 如果異次元公司在 8 月 31 日簽認對帳單，並且在當天繳付帳款$63,000，則實際上只需繳 63,000×(1–2%)＝ $ 61,740，因為其享有 2%的現金折扣$1,260。

3. 如果異次元公司在 9 月 2 日到 9 月 10 日其中一天繳付帳款，則必須繳全額$63,000。而 9 月 10 日為繳付帳款的最後一天。

（二）ROG

有關現金折扣的表示方式，在一般的商業交易上，通常會在付款條件前加上ROG 或 EOM 等字眼。

所謂的 ROG(receipt of good)是指收到貨品的那一天起算之付款日期，在餐廳的應用上，應該是指消費日的那一天起算付款及折扣期限。以下將列舉範例，並且考量到餐廳內部的銷售收入之分錄製作。

📁 案例4-8 ROG－折扣期限

前例（請見表4-7）異次元科技電腦公司對於在香堤泰式料理餐廳的消費簽帳，假設就8月4日當天$24,000的消費簽帳而言，如果餐廳給予異次元公司的現金付款條件是依照 ROG 2/10，n/20的規定，而已知異次元電腦公司在8月8日當天完成付款，請問該公司支付多少帳款？而餐廳內部帳務分錄應該如何處理。如果異次元公司是在8月20日當天完成繳款，請問該公司支付多少帳款？而餐廳內部帳務分錄應該如何處理。

說明：

1. 香堤餐廳給異次元公司的付款條件是 ROG 2/10，n/20，也就是8月4日當天消費後，如果異次元公司在十天內（8月14日以前）付款，則可享有香堤餐廳所提供的2%現金折扣優惠，但從第十一天開始到第二十天(以前)付款無折扣優惠，而且最晚必須在8月24日內完成付款。

2. 如果異次元公司在8月8日繳付帳款$24,000，則實際上只需繳24,000×(1−2%)＝$ 23,520，因為其享有2%的現金折扣$480。

3. 如果異次元公司在8月20日當天繳付帳款，因為已經超過現金折扣期限，則必須繳全額$24,000。

餐廳分錄：

異次元公司8月8日繳付
香堤餐廳之收入分錄

記錄時間	帳戶	借貸分錄		類別	增減情形
XXX/8/4	借方	應收帳款　　　　　　　24,000		資產	增加
	貸方	食品銷售－異次元公司	24,000	收入	增加
XXX/8/8	借方	現金－8/4 異次元公司　23,520		資產	增加
		現金折扣　　　　　　　　480		抵減科目	增加
	貸方	應收帳款	24,000	資產	沖抵減少

異次元公司8月20日繳付

香堤餐廳之收入分錄

記錄時間	帳戶	借貸分錄		類別	增減情形
XXX/8/4	借方	應收帳款 24,000		資產	增加
	貸方	食品銷售－異次元公司	24,000	收入	增加
XXX/8/20	借方	現金－8/20 異次元公司 24,000		資產	增加
	貸方	應收帳款	24,000	資產	沖抵減少

案例4-9 ROG－折扣期限

已知維吉尼公司為美崙高級西餐廳的簽帳會員，而且消費即享有會員九折優惠，假設維吉尼公司在9月16日當天辦理員工聚餐，地點為美崙高級西餐廳的歐式自助餐廳，總消費金額為$24,000，會員折扣後的簽帳金額是$21,600，如果美崙餐廳給予維吉尼公司的現金付款條件是依照 ROG 1/7，n/15的規定，而已知維吉尼公司在9月18日完成付款，請問該公司支付多少帳款？而餐廳內部帳務分錄應該如何處理。如果維吉尼公司是在9月30日完成繳款，請問該公司支付多少帳款？而餐廳內部帳務分錄應該如何處理？

說明：

1. 美崙餐廳給維吉尼公司的付款條件是 ROG 1/7，n/15，也就是 9 月 16 日當天消費後，如果維吉尼公司在七天內（9 月 23 日以前）付款，則可享有美崙餐廳所提供的 1%現金折扣優惠，但從第八天開始到第十五天（以前）付款無折扣優惠，而且最晚必須在 10 月 1 日內完成付款。

2. 如果維吉尼公司在 9 月 18 日繳付帳款$21,600，則實際上只需繳 21,600×(1-1%)＝$ 21,384，因為其享有 1%的現金折扣$216。

3. 如果維吉尼公司在 9 月 30 日當天繳付帳款，因為已經超過現金折扣期限，則必須繳全額$21,600。

餐廳分錄：

維吉尼公司9月18日繳付
美崙餐廳之收入分錄

記錄時間	帳戶	借貸分錄		類別	增減情形
XXX/9/16	借方	應收帳款　21,600		資產	增加
	貸方	食品銷售－維吉尼公司	21,600	收入	增加
XXX/9/18	借方	現金－9/16 維吉尼公司　21,384		資產	增加
		現金折扣　216		抵減科目	增加
	貸方	應收帳款	21,600	資產	沖抵減少

維吉尼公司9月30日繳付
美崙餐廳之收入分錄

記錄時間	帳戶	借貸分錄		類別	增減情形
XXX/9/16	借方	應收帳款　21,600		資產	增加
	貸方	食品銷售－維吉尼公司	21,600	收入	增加
XXX/9/30	借方	現金－9/16 維吉尼公司　21,600		資產	增加
	貸方	應收帳款	21,600	資產	沖抵減少

（三）EOM

　　EOM(end of month)是指發票到本月底最後一天止，開始起算付款日期，在餐廳的應用上，可以將整月份的消費金額總計，並且交由客戶對帳完畢後，自下個月一日起算付款及折扣期限。

　　一般餐廳買賣業使用 EOM 的方式收帳較 ROG 為便利，因為 EOM 可以方便賣方在月底前將當月份的顧客消費額整理成對帳單，然後再於下一個月份起收帳，所以如果餐廳給予每一個顧客的收帳日期皆差異不大的話，那對於餐廳的收帳工作而言幾乎集中在每一個月的月初，也就是如果使用 EOM 的收帳方式可以集中收帳時間在消費次月的某一時段，相當便利，如此對帳單才更有存在的意義。

　　如果採用 ROG 的方式計算折扣及收帳，那麼消費者一個月內每一筆帳的收款日期皆不相同，所以 ROG 比較適合買賣金額較大，買賣頻率比較不高的交易。

案例4-10 EOM－折扣期限

前例（請見表4-7）異次元科技電腦公司對於在香堤泰式料理餐廳的消費簽帳，已知八月份異次元公司的消費簽帳總額為$63,000，如果餐廳給予異次元公司的現金付款條件是依照 EOM 2/10，n/20的規定，而已知異次元電腦公司在9月8日當天完成付款，請問該公司支付多少帳款？而餐廳內部帳務分錄應該如何處理。如果異次元公司是在9月20日當天完成繳款，請問該公司支付多少帳款？而餐廳內部帳務分錄應該如何處理？

說明：

1. 香堤餐廳給異次元公司的付款條件是 EOM 2/10，n/20，也就是 8 月 31 日當天對帳完成後，如果異次元公司在消費月份（8 月份）的下一個月初（9 月 1 日起算），十天內（9 月 10 日以前）付款，則可享有香堤餐廳所提供的 2%現金折扣優惠，但從第十一天開始到第二十天（以前）付款無折扣優惠，而且最晚必須在 9 月 20 日內完成付款。

2. 如果異次元公司在 9 月 8 日繳付 8 月份帳款$63,000，則實際上只需繳 63,000 ×(1–2%)＝ $ 61,740，因為其享有 2%的現金折扣$1,260。

3. 如果異次元公司在 9 月 20 日當天繳付帳款，因為已經超過現金折扣期限，則必須繳全額$63,000。

餐廳分錄：

異次元公司9月8日繳付
香堤餐廳之收入分錄

記錄時間	帳戶	借貸分錄		類別	增減情形
XXX/8/31	借方	應收帳款	63,000	資產	增加
	貸方	食品銷售－異次元公司	63,000	收入	增加
XXX/9/8	借方	現金－8/4 異次元公司	61,740	資產	增加
		現金折扣	1,260	抵減科目	增加
	貸方	應收帳款	63,000	資產	沖抵減少

異次元公司9月20日繳付
香堤餐廳之收入分錄

記錄時間	帳戶	借貸分錄		類別	增減情形
XXX/8/31	借方	應收帳款　　　　63,000		資產	增加
	貸方	食品銷售－異次元公司	63,000	收入	增加
XXX/9/20	借方	現金－8/20 異次元公司　63,000		資產	增加
	貸方	應收帳款	63,000	資產	沖抵減少

📁 案例4-11 EOM－折扣期限

維吉尼公司為美崙高級西餐廳的簽帳會員，消費即享有會員九折優惠，維吉尼公司九月份在美崙餐廳僅有一筆消費，就是在9月16日當天辦理員工聚餐，地點為美崙高級西餐廳的歐式自助餐廳，總消費金額為$24,000，會員折扣後的簽帳金額是$21,600，如果美崙餐廳給予維吉尼公司的現金付款條件是依照 EOM 1/7，n/15的規定，而已知維吉尼公司在10月1日當天完成付款，請問該公司支付多少帳款？而餐廳內部帳務分錄應該如何處理。如果維吉尼公司是在10月15日當天完成繳款，請問該公司支付多少帳款？而餐廳內部帳務分錄應該如何處理？

說明：

1. 美崙餐廳給維吉尼公司的付款條件是 EOM 1/7，n/15，到月底美崙餐廳會製作九月份對帳單，已知當月份維吉尼公司僅有一筆消費帳務$24,000，會員折扣後的簽帳金額是$21,600。9月30日完成對帳後，如果維吉尼公司在下一個月（10月1日起算）七天內（10月7日以前）付款，則可享有美崙餐廳所提供的1%現金折扣優惠，但從第八天開始到第十五天（以前）付款無折扣優惠，而且最晚必須在 10 月 15 日內完成付款。

2. 如果維吉尼公司在 10 月 1 日繳付帳款，實際上只需繳 21,600×(1−1%)＝$21,384，因為其享有 1%的現金折扣$216。

3. 如果維吉尼公司在 10 月 15 日當天繳付帳款，因為已經超過現金折扣期限，則必須繳全額$21,600。

餐廳分錄：

維吉尼公司10月1日繳付
美崙餐廳之收入分錄

記錄時間	帳戶	借貸分錄		類別	增減情形
XXX/9/30	借方	應收帳款	21,600	資產	增加
	貸方	食品銷售－維吉尼公司	21,600	收入	增加
XXX/10/1	借方	現金－9/30 維吉尼公司	21,384	資產	增加
		現金折扣	216	抵減科目	增加
	貸方	應收帳款	21,600	資產	沖抵減少

維吉尼公司10月15日繳付
美崙餐廳之收入分錄

記錄時間	帳戶	借貸分錄		類別	增減情形
XXX/9/30	借方	應收帳款	21,600	資產	增加
	貸方	食品銷售－維吉尼公司	21,600	收入	增加
XXX/10/15	借方	現金－9/16 維吉尼公司	21,600	資產	增加
	貸方	應收帳款	21,600	資產	沖抵減少

第六節　應收帳款結算之處理

　　一般買賣業者包括餐廳業者，對於銷售收入所產生的現金折扣有不同的見解及會計處理方式，在會計上，結算應收帳款時，對於折扣有兩種處理方式，總額法(gross recording method)及淨額法(net purchases recording method)。以下將分述兩種方法的使用原理及範例解釋。

一、總額法

　　總額法的思考邏輯就是將每一筆帳務先以未折扣金額加以記錄，即假設以原消費金額的方式來作帳，如果顧客真的依照所約定的折扣期限內付款，再提供現金折扣給顧客，對餐廳而言，是「把**現金折扣**當作偶發性／非正常性的支出費

用」，並非必然發生，因此在會計帳務的處理上，不預先列入應收帳款的計算，等到真正發生後，再記入應收帳款的沖抵項目之一。

📁 案例4-12 總額法－折扣期限

馬尼拉菲式料理餐廳採用總額法記錄帳務，假設簽帳客戶安琪拉美容公司XXX 年9月份前來消費，月底結帳金額為\$45,000，馬尼拉要求顧客付款條件為EOM 2/10，n/20，假設安琪拉公司在10月6日付款時，餐廳會計的記錄要如何執行？如果安琪拉公司是在10月16日付款時，餐廳會計的記錄又應該如何執行？

說明：

1. 馬尼拉餐廳給安琪拉公司的付款條件是 EOM 2/10，n/20，也就是 9 月 30 日當天對帳完成後，如果安琪拉公司在消費月份（9 月份）的下一個月初（10 月 1 日起算），十天內（10 月 10 日以前）付款，則可享有馬尼拉餐廳所提供的 2% 現金折扣優惠，但從第十一天開始到第二十天（以前）付款無折扣優惠，而且最晚必須在 10 月 20 日前完成付款。

2. 如果安琪拉公司在 10 月 6 日繳付 9 月份帳款\$45,000，則實際上只需繳 45,000 ×(1–2%)＝\$ 44,100，因為其享有 2%的現金折扣\$900。

3. 如果安琪拉公司在 10 月 20 日當天繳付帳款，因為已經超過現金折扣期限，則必須繳全額\$45,000。

餐廳分錄：

> 總額法 將現金折扣當作偶發事件。

安琪拉公司10月6日繳付
馬尼拉餐廳之收入分錄

記錄時間	帳戶	借貸分錄		類別	增減情形
XXX/9/30	借方	應收帳款　　　　45,000		資產	增加
	貸方	食品銷售－安琪拉公司	45,000	收入	增加
XXX/10/6	借方	現金－9/30 安琪拉公司　44,100		資產	增加
		現金折扣　　　　　900		抵減科目	增加
	貸方	應收帳款	45,000	資產	沖抵減少

安琪拉公司10月20日繳付

馬尼拉餐廳之收入分錄

記錄時間	帳戶	借貸分錄		類別	增減情形
XXX/9/30	借方	應收帳款　45,000		資產	增加
	貸方	食品銷售－安琪拉公司	45,000	收入	增加
XXX/10/20	借方	現金－9/30 安琪拉公司　45,000		資產	增加
	貸方	應收帳款	45,000	資產	沖抵減少

二、淨額法

　　淨額法的思考邏輯與總額法相反，就是將每一筆帳務先以折扣金額後加以記錄，即假設每個顧客皆會取得折扣優惠的方式來作帳，如果顧客真的依照所約定的折扣期限內付款，則可直接沖銷應收帳款金額；如果顧客在非折扣期限內付款，對餐廳而言，則「把給予顧客**折扣視為正常**，**折扣喪失**當作**偶發性的收入**」。因此在會計帳務的處理上，必須預先將折扣自應收帳款扣除，將現金折扣視為必然，等到真實情況發生後，再作沖抵項目的處理。

📁 案例4-13 淨額法－折扣期限

　　同案例4-12，馬尼拉菲式料理餐廳改採用淨額法記錄帳務，假設簽帳客戶安琪拉美容公司 XXX 年9月份前來消費，月底結帳金額為$45,000，馬尼拉要求顧客付款條件為 EOM 2/10，n/20，假設安琪拉公司在10月6日付款時，餐廳會計的記錄要如何執行？如果安琪拉公司是在10月16日付款時，餐廳會計的記錄又應該如何執行？

說明：

　　依照淨額法的處理，如果安琪拉公司在 10 月 6 日繳付 9 月份帳款$45,000，則實際上只需繳 45,000×(1-2%)＝$44,100，因為其享有 2%的現金折扣$900，所以應收帳款金額即直接記錄為$44,100。如果安琪拉公司在 10 月 20 日當天繳付帳款，因為已經超過現金折扣期限，則必須繳付（$44,100＋折扣損失$900）＝全額$45,000。

餐廳分錄：

　　淨額法　將現金折扣當作必然發生，並且自應收帳款直接扣除。

安琪拉公司10月6日繳付

馬尼拉餐廳之收入分錄

記錄時間	帳戶	借貸分錄		類別	增減情形
XXX/9/30	借方	應收帳款　44,100		資產	增加
	貸方	食品銷售－安琪拉公司	44,100	收入	增加
XXX/10/6	借方	現金－9/30 安琪拉公司　44,100		資產	增加
	貸方	應收帳款	44,100	資產	沖抵減少

安琪拉公司10月20日繳付

馬尼拉餐廳之收入分錄

記錄時間	帳戶	借貸分錄		類別	增減情形
XXX/9/30	借方	應收帳款　44,100		資產	增加
	貸方	食品銷售－安琪拉公司	44,100	收入	增加
XXX/10/20	借方	現金－9/30 安琪拉公司　45,000		資產	增加
	貸方	應收帳款	44,100	資產	沖抵減少
		顧客折扣喪失	900	資產	抵減科目

三、總額法與淨額法的比較

以餐廳經營者的角度而言，在應收帳款的收款記錄上，採用總額法及淨額法各有其優缺點，以下將分述之：

1. 總額法的優點

   (1) 將給予客戶應收帳款的現金折扣視為偶發性費用，因此在分錄記錄上，都以消費的原始金額作記錄，所以在銷售收入的累計上，金額較為多。

   (2) 等到顧客真正付清帳款後，再以現金及折扣帳戶將應收帳款沖銷，所以了解顧客所獲得的優惠折扣價格數字。

2. 總額法的缺點

   在記錄應收帳款的同時，因為未扣除顧客現金折扣的部分，所以銷售收入的記錄恐有浮報之嫌。

3. 淨額法的優點

(1) 將給予客戶應收帳款的現金折扣視為必定會發生，因此在分錄記錄的時候要注意，必須從應收帳款上直接扣除折扣金額，所以在銷售收入的累計上，金額估算較為保留。

(2) 等到顧客真正付清帳款後，再以現金及顧客折扣喪失帳戶將應收帳款沖銷。

4. 淨額法的缺點

　　因為在一開始分錄記錄時，應收帳款的金額就以扣除過折扣金額的方式記錄，所以在後續的記帳過程中，無法了解顧客所獲得的優惠折扣為何。

第七節　餐廳營業之內部控制

　　餐廳經營者必須制定一套有效管理每日經營績效的流程，相關表單或報表的設計是一項執行管理指令的重要關鍵，因為每一份所設計出來的報表，皆有顧客消費的情況，以及每一個階段工作人員的簽認負責的紀錄，因此在帳戶稽查、責任追蹤的過程當中，皆有跡可循。

　　通常以顧客的身分前往餐廳消費時，有一些餐廳前場的相關工作，清晰可見，例如點菜作業、送菜服務確認簽名、顧客人數確認、結帳等作業皆跟點菜單的設計有關；餐廳後場的會計工作方面，則包括把當日的營業日報表整理列印、銷售及現金收入的傳票彙整開單、當天現金支出傳票彙整單、當日櫃檯現金收支袋，皆可協助會計在帳務處理上提供有效的數字佐證。

　　當然每一家餐廳的內控流程勢必因為餐廳規模大小不同、管理者的經營哲學不同、電腦化及自動化設備及軟體差異等等主客觀因素的影響之下，呈現不同之結果，本節將列舉幾項流程表單供讀者參考使用。

一、櫃檯出納業務

　　餐廳作業的櫃檯出納扮演相當重要的角色，除了以和善的態度詢問顧客的餐後感想外，顧客消費的每一筆帳單收費、記錄、彙整、校對、核計與過帳等作業，皆是櫃檯出納一日必須完成的作業，唯有良好的出納前置作業，才能使後續的會計帳務順利執行。以下將提出幾項出納櫃檯一日所必須完成的基礎報表，提供餐廳經營之流程設計考量參考：

1. 餐廳每日銷售收入報告

將餐廳每一筆銷售收入依照營業所開立的發票號碼為序,明列金額、折扣計算、付款方式以及負責人員等資料,加以統計彙整各項列數據,成為每日餐廳銷售收入統計日報表。表單設計如以下表 4-8 釋例。

→ 表 4-8　日銷售收入報告

香堤綜合餐廳　日銷售收入表												第一聯／共三聯
日期:　　年　　月　　日				櫃檯出納:＿＿＿＿					排班時段:＿＿＿			
發票號碼	會員編號	點菜服務人員編號 NO.＿	點餐代號明細	原始消費金額	折扣後金額	小費收入	招待菜點編號	實際付款金額	現金付款	信用卡付款	信用卡規費	簽帳單編號	收帳人編號 NO.＿
合計欄													

2. 每日菜單銷售統計

目前使用電腦軟體系統的餐廳,皆能於每日供餐時間過後,以電腦快速整理並統計列印的方式了解每日的供餐狀況,協助餐廳了解消費者對餐廳菜色的偏好情況。

→ 表 4-9　日銷售收入報告

| 香堤綜合餐廳 日銷售收入表 | | | | | | | | | | | 第一聯／共三聯 |

日期：　　年　　月　　日　　　　　櫃檯出納：＿＿＿＿＿＿　　　　排班時段：＿＿＿＿＿＿

明細項目	套餐 點選統計					排餐 點選統計	酒品 點選統計	飲料 點選統計	甜點 點選統計	其他食品 點選統計
午餐時段	編號 份數	編號 份數	編號 份數	編號 份數	編號					
午茶時段										
晚餐時段										
宵夜時段										
總合計										

※ 每個空白表格內之明細設計釋例

餐點編號	No.1	No.2	No.3	No.4	No.5
本時段點餐份數統計					

二、帳務交接明細

　　餐廳出納人員將每一天餐廳的營收狀況轉交後勤會計作業人員後，再由會計人員彙整為月報、年報、前後年比較分析等相關的表單，因此每日帳務交接必須清楚明瞭，並且由每位經手人確認簽章（或在系統上輸入個人當班代碼）以示負責。以下將提出幾項出納櫃檯所必須交接給會計人員的基礎報表，提供餐廳經營之流程設計考量參考：

1. 每個營業日開立傳票之彙整總表

　　櫃檯工作人員根據銷售明細，將餐廳一日內所發生的銷售收入以及現金收支情況加以記錄，並統計彙整各項列數據，成為開立每一張傳票之總報表，並將其轉交會計結帳。表單設計如以下表 4-10 釋例。

→ 表 4-10　營業日傳票開立總表

	香堤綜合餐廳 傳票總表												第一聯／共三聯
營業日期：　年　　月　　日				結帳出納：＿＿＿＿＿			排班時段：＿＿＿＿＿						
傳票編號	借方科目							貸方科目					
	現金	信用卡	應收帳款－會員簽帳	銷售折扣或讓價	應收票據	□□費用	購入□□	食品收入	飲料收入	服務費收入	訂金收入	其他收入	營業稅	應付帳款
570500	35,000							35,000						
570501		5,000						5,000						
合　計														

2. 每個營業日結帳出納繳款明細

　　櫃檯出納當日實際現金收入情況，以及根據表 4-10 之現金帳傳票明細，將餐廳一日內所發生的銷售收入以及現金收支情況加以記錄，並統計實際現金總額是否符合，最後將現金收支列為一總表，以及相關會計憑證表單一併轉交會計結帳。表單設計如以下表 4-11 釋例。

→ 表 4-11 營業日現金及其他單證結轉單

香堤綜合餐廳 營業現金及單證結轉單			第一聯／共三聯
營業日期： 年 月 日 結帳出納：_____		結轉會計：_____	
結轉明細表			
項 目	**金 額**	**附件單證**	**稽核**
1. 當日櫃檯零用金領用 ※總金額$_____	$500×□張＝$_____ $100×□張＝$_____ $50 ×□個＝$_____ $10 ×□個＝$_____ $5 ×□個＝$_____ $1 ×□個＝$_____	領用單___張	
2. 營業結帳 ※總金額$_____	$500×□張＝$_____ $100×□張＝$_____ $50 ×□個＝$_____ $10 ×□個＝$_____ $5 ×□個＝$_____ $1 ×□個＝$_____	結存單___張	
(2)−(1) 3. 今日現金收入	總金額 $_____		
4. 信用卡簽單 ※總金額$_____	_____卡 共□張簽單 共計$_____ _____卡 共□張簽單 共計$_____ _____卡 共□張簽單 共計$_____ _____卡 共□張簽單 共計$_____ _____卡 共□張簽單 共計$_____	信用卡簽單 總計___張	
5. 支票收入 ※總金額$_____	_____銀行 共□張 共計$_____ _____銀行 共□張 共計$_____	支票收入 總計___張	
6. 現金支出 ※總金額$_____	_____廠商單證 共□張 共計$_____ _____廠商單證 共□張 共計$_____ _____廠商單證 共□張 共計$_____ 開立支票影本總計___張 ※傳票號碼_____ ◎收款廠商簽收證明		
7. 支票開立	_____銀行共□張共計$_____ _____銀行共□張共計$_____	開立支票影本總計___張 傳票號碼◎付款發票號碼 收款廠商簽收證明	
8. 合計	實收現金核帳＝$_____ ＝(3) ＝（傳票總表 現金收入帳戶總計 ）－(6)		
備註		結轉單流水號	2704

三、稽核審計業務

餐廳前場出納人員以及後勤會計人員間的帳務結轉、報表製作列印、單證蒐集及傳票開立等作業之進行,皆為每日例行性工作,其間必須設立稽核的機制,以維護帳務的公平正義原則。

有些規模較小的營業事業單位會將採購業務及會計部門整合為一,其實若非可靠度高的人事配合,通常球員兼裁判的作業方法風險相當高,因此進行採買的人應該與審核單證及核銷帳務的人分離,各自以公正的立場執行自己的業務,或以設立稽核人員的方式檢驗各項流程,以避免監守自盜的情況發生。

稽核審計工作在一般人的刻板印象中以稽查不法行為為主,但在實務的操作上,不僅有此單一功能,以下將例述稽核人員的帳務工作。

1.採購流程的合法性檢視

採購部門的管理一向較為敏感,公開透明化的流程設計不可缺少。有些家族性企業可能僱用自己的親信來執行採購的業務,但是大型公司或採購業務龐大的公司可能必須在採購流程設計上多加用心,以杜絕弊端。採購所關心的議題上包括「所設計的採購流程是否符合實際使用」,「是否過於嚴苛影響整體作業進度」,或者「過於鬆懈,容易產生不法事件」。

2.採購市場價格訪視

通常規模較小的餐廳,在經營哲學上,比較強調一人分飾多角的方式作業,因此會計人員可能兼顧審計作業,事實上還是要由第三公正人士來執行稽核審計工作較佳。

稽核工作人員平日可以從事蒐集資料的工作,例如餐廳經常性採購產品市價資料,提供採購部門使用,了解採購部門所交易之廠商產品特性,協助採購作業迅速、合法、合理。

3.交易廠商合作模式研究

有時候餐廳採購人員受制於供應商的採購慣例,必須調整為較不理想的交易方式,因此稽核人員可以協助徵信各採購廠商交易慣例,了解每一家廠商作業程序,以公開透明方式呈現每一筆採購交易,協助採購人員清者自清。

4. 書面報表核對作業

　　出納作業及會計部門每日可能會製作大量的報表，除了相關作業人員自行製表校對外，稽核人員亦可從出納部門及會計部門所製作之各階段報表，查核是否有作業疏失及不合理之處，協助改進。

5. 會計相關憑證查驗

　　餐廳的經營與其他買賣業相類似，經常需要買賣物品，因此全餐廳工作人員及會計必須注意他人所提供的單證合法性，是否足以證明該筆買賣的合理性。而稽核人員可以不定期抽驗各筆帳務的原始單據憑證，除了解各部門運轉的情況外，可確保會計作業減少疏漏，降低餐廳營運的風險。

6. 餐廳前場作業流程改善

　　稽核人員亦可於餐廳前場觀察整體運作情形，針對櫃檯出納作業及帳務處理提出更好的見解或看法，並提報由出納及會計人員參考改進。

7. 會計制度及流程研究及提出改善建議

　　蒐集資料，研究其他餐廳的會計制度，經由徹底有效的研究後，提出改善經營的會計流程，促進公司帳務盡善盡美。

　　綜合稽核審計工作人員所負責的業務觀之，這樣的工作性質，似乎對於許多職場同仁造成心理上的壓迫感，但轉換工作立場及角度，有些會計帳務的進行必須依靠第三者的審視，才能了解每日例行作業上的盲點所在，例如有些大公司行之有年的會計制度，經常因為新進稽核人員的查核後，發現常用的會計帳戶誤用的情形，在三、四十年後才將其帳戶導正，其累計的借貸方金額數據實為驚人。因此只要所有從業人員心術端正，是不需要擔心查緝工作進行的，反之，應該會獲得莫大的助益。

應用題

1. 卡蜜兒藝廊複合簡餐 XXX 年 7 月份的銷售總額為$350,000，給予顧客的銷售折讓金額為$20,000，則當月份的銷售淨額為多少？請列舉銷售淨額還有哪些說法？銷售淨額的涵義為何？

2. 已知張大偉先生在 10 月 6 日向卡蜜兒餐廳預訂 14 日中午聚餐的席次，共訂 20 個座位及 20 份精緻套餐，10 月 6 日當天並以現金支付餐廳規定之訂金$3,000。結果 10 月 14 日上午，張大偉因故必須取消此次聚餐活動，且打電話給餐廳取消預訂之席次及餐點。請先作 10 月 6 日卡蜜兒餐廳收受訂金之分錄。

 (1) 茲因張大偉未能於最後規定時間內取消預訂，因此無法取回預繳訂金$3,000，而須將其視為對卡蜜兒餐廳的違約賠償。
  ① 請以卡蜜兒餐廳的立場作收受全額違約訂金之分錄。
  ② 試作過帳。

 (2) 假設卡蜜兒餐廳規定，顧客若未能於最後規定時限內取消預約，則必須支付半額之訂金作為違約之賠償。
  ① 請以卡蜜兒餐廳的立場作收受部分違約訂金之分錄。
  ② 試作過帳。

 (3) 假設卡蜜兒餐廳規定，顧客雖未能於最後規定時限內取消預約，餐廳仍退還全額預付訂金。
  ① 請以卡蜜兒餐廳的立場作收受部分違約訂金之分錄。
  ② 試作過帳。

 (4) 假設張大偉依照預約時間前來餐廳用餐，用餐完畢後，卡蜜兒餐廳櫃檯結帳項目包括精緻套餐食品收入$4,250、葡萄酒收入$3,000、其他飲料收入$1,000、其他食品收入$800，需加上一成服務費。已知張大偉以現金支付帳款。
  ① 請以卡蜜兒餐廳的立場作如期消費之訂金處理分錄。
  ② 試作過帳。

3. 朱利安於 1 月 31 日剛成為淺草日式料理餐廳之金卡會員，依照會員優惠項目規定之一，金卡會員可享有一年內消費九五折之福利，於是朱利安於 2 月 1 日攜帶全家老小前往淺草餐廳享用晚餐，用餐完畢後結算折扣前且未含一成服務費之消費金額為$5,500。

(1) 會員折扣包含服務費

　　① 請以淺草餐廳的立場作折扣分錄。

　　② 試作過帳。

(2) 會員折扣不包含服務費

　　① 請以淺草餐廳的立場作折扣分錄。

　　② 試作過帳。

4. 有關簽帳客戶之現金折扣

(1) 已知朱利安為淺草日式料理餐廳的簽帳會員，餐廳已經於1月31日交寄一月份消費對帳單予朱利安，帳款\$21,000經由朱利安本人簽認無誤後。

　　① 請說明何謂 ROG 及 EOM。

　　② 餐廳請朱利安依照2/1，n/10現金折扣條件付款，請問付款折扣期限為何？折扣後金額為何？最後付款日為何？

(2) 針對朱利安2月8日有一筆\$15,000的消費金額，淺草日式餐廳給朱利安的現金付款條件是依照 ROG 2/10，n/20的規定。

　　① 而已知朱利安在2月15日當天完成付款，請問朱利安支付多少帳款？而餐廳內部帳務分錄應該如何處理。

　　② 如果朱利安是在2月25日當天完成繳款，請問該付多少帳款？而餐廳內部帳務分錄應該如何處理。

(3) 維吉尼公司為菁華高級西餐廳的簽帳會員，而且消費即享有會員九折優惠，假設維吉尼公司在11月16日當天辦理員工聚餐，地點為菁華高級西餐廳的歐式自助餐廳，總消費金額為\$34,000。

　　① 會員折扣後的簽帳金額是？

　　② 如果菁華餐廳給予維吉尼公司的現金付款條件是依照 ROG 1/7，n/17的規定，而已知維吉尼公司在11月18日當天完成付款，請問該公司支付多少帳款？而餐廳內部帳務分錄應該如何處理。

　　③ 如果維吉尼公司是在11月30日當天完成繳款，請問該公司支付多少帳款？而餐廳內部帳務分錄應該如何處理。

(4) 請依照下表練習，各時段現金折扣後金額，以及最後折扣日期。

消費日期	8/7	6/30	5/14	2/17	7/16	3/12	12/1	9/9
消費金額	$5,000	$2,300	$7,600	$11,500	$8,400	$1,500	$6,700	$4,100
折扣條件	ROG	EOM	ROG	EOM	ROG	EOM	ROG	EOM
	2/1，n/10	1/3，n/14	2/5，n/30	1/7，n/12	1/14，n/30	2/1，n/10	2/3，n/12	2/6，n/30
折扣期限	8/7~8/8							
最　後付　款　日	8/17							
折扣金額								
折　扣　後付　款　額	$4,900							

(5) 已知十月份朱利安向菁華高級西餐廳的消費簽帳總額為$43,000，餐廳在十月底時寄發對帳單，餐廳給予朱利安的現金付款條件是依照 EOM 2/7，n/20 的規定。

　　① 若朱利安在11月6日當天完成付款，請問該支付多少帳款？而餐廳內部帳務分錄應該如何處理。

　　② 如果朱利安是在11月20日當天完成繳款，請問該支付多少帳款？而餐廳內部帳務分錄應該如何處理。

5. 總額法及淨額法的折扣帳務

(1) 何謂總額法？對應收帳款的記載認定有何要點？對於銷售折扣的記載如何認定？

(2) 何謂淨額法？對應收帳款的記載認定有何要點？對於銷售折扣的記載如何認定？

(3) 有關總額法－折扣期限。微偌娜義大利餐廳採用總額法記錄帳務，假設簽帳客戶安琪拉美容公司 XXX 年4月份前來消費，月底結帳金額為$35,000，微偌娜餐廳要求顧客付款條件為 EOM 2/10，n/20。

　　① 假設安琪拉公司在5月6日付款時，餐廳會計的記錄要如何執行？

　　② 如果安琪拉公司是在5月16日付款時，餐廳會計的記錄又應該如何執行？

(4) 有關淨額法－折扣期限。微偌娜義大利餐廳採用淨額法記錄帳務，簽帳客戶安琪拉美容公司 XXX 年5月份前來消費，月底結帳金額為$46,000，微偌娜餐廳要求顧客付款條件為 EOM 2/10，n/20。

　　① 假設安琪拉公司在6月6日付款時，餐廳會計的記錄要如何執行？

　　② 如果安琪拉公司是在6月16日付款時，餐廳會計的紀錄又應該如何執行？

(5) 試說總額法及淨額法的優缺點比較。

表單練習題

1. 櫃檯出納業務

(1) 餐廳每日銷售收入報告：請將各交易事項填入下列日銷售收入報告表內。

① 發票號碼 TY5988252，為第一次消費的顧客，尚未加入本餐廳會員，點菜服務人員12，點餐代號23.53.21.65.90.，原始消費金額$1,200，未提供任何折扣，以現金付款，收帳人員 UT。

② 發票號碼 TY5988253，為本餐廳會員，點菜服務人員15，點餐代號18.27.39.46.77.85，原始消費金額$2,400，提供會員九五折折扣，招待編號20×4份，以信用卡付款，提撥信用卡規費3%，收帳人員 UT。

③ 發票號碼 TY5988254，為本餐廳簽帳會員，點菜服務人員11，點餐代號34.27.36.49.71.76，原始消費金額$6,400，提供會員九折折扣，招待編號24×8份，以簽帳方式付款，簽帳單編號4868929，收帳人員 UT。

請將日銷售收入報告表所列三筆發票帳款加以合計於合計欄內。

日銷售收入報告表

				米蘭綜合餐廳 日銷售收入表							第一聯／共三聯		
日期： 年 月 日				櫃檯出納：＿＿＿＿					排班時段：＿＿＿＿				
發票號碼	會員編號	點菜服務人員編號	點餐代號明細	原始消費金額	折扣後金額	小費收入	招待菜點編號	實際付款金額	現金付款	信用卡付款	信用卡規費	簽帳單編號	收帳人編號
		NO.											NO.
合計欄													

(2) 每個營業日開立傳票之彙整總表：櫃檯工作人員根據餐廳一日內所發生的銷售收入以及現金收支情況加以記錄，並統計彙整各項列數據，成為開立每一張傳票之總報表，並將其轉交會計結帳。請將以下各傳票開立情況填寫入營業日傳票開立總表中。

① 傳票編號243，現金支付水電費$4,800。

② 傳票編號543，當日現金銷售收入$37,000（食品$35,000，飲料$2,000），另已扣除銷售折扣$1,900。

③ 傳票編號544，當日會員簽帳收入$3,300（食品$3,000，飲料$300），另已扣除銷售折扣$150。

④ 傳票編號546，當日信用卡收入$8,700（食品$8,000，飲料$700），另已扣除銷售折扣$174。

⑤ 傳票編號125，收到顧客應收帳款帳單70707的付款支票$12,700。

請將營業日傳票開立總表各欄位金額合計於合計欄。

營業日傳票開立總表

| 米蘭義式餐廳　傳票總表 | | | | | | | | | | | | | | 第一聯／共三聯 |

營業日期：　年　月　日　　結帳出納：＿＿＿＿＿　　排班時段：＿＿＿＿

傳票編號	借方科目							貸方科目								
	現金	信用卡	應收帳款—會員簽帳	銷售折扣或讓價	應收票據	□□費用	購入□□	食品收入	飲料收入	入優惠數	會員（食品·飲料）收	訂金收入	現金	營業稅	應收帳款	服務費收入
合計																

05
CHAPTER
★★★★★

旅館的收入會計

HOSPITALITY
MANAGEMENT
ACCOUNTING
PRACTICE

「發展觀光條例」中，對於旅館業的相關定義如下：對旅客提供住宿、休息及其他經中央主管機關核定相關業務之營利事業；觀光旅館業的經營範圍包括客房出租，附設餐飲、會議場所、休閒場所及商店之經營；經營旅館業者，除依法辦妥公司或商業登記外，並應向地方主管機關申請登記，領取登記證後，始得營業。

　　本章內容將以旅館的收入為主題，了解旅館的經營特色、各利潤中心所產生的收入項目，以及收入會計的原則性作業，並藉由交易事項的範例說明之。

第一節　旅館的經營特色

一、旅館的種類

　　早期的旅館定位是一個提供膳宿的公開營業場所，直到近代發展出豪華舒適的「星級飯店」，以及具有當地風土民情的「民宿旅館」，隨著人們的生活需求提升、變化，旅館業的發展已朝向多元化、精緻化及舒適化。

　　依照旅館設立的區位不同，可分為都市旅館、休閒遊憩旅館、公路旅館、鐵路旅館或機場旅館。

　　依照旅客住宿需求目的不同，可將旅館所提供的功能劃分為商務旅館、會議旅館、公寓旅館、療養旅館。

　　依照旅客住宿時日不同，可分為短期住宿用旅館、長期住宿用旅館、半長期住宿旅館、休息用旅館。

二、旅館的定價方式

　　依照旅館住房訂價方式有以下分類：

1. 歐洲式收費旅館：每日客房租賃收費僅供住房部分，早餐及其他餐飲消費則另外計價收費。時下多數旅館都採用此種定價方式。
2. 美國式收費旅館：每日客房租賃收費包含三餐或兩餐在內。

3. 修正美國式收費旅館：每日客房租金定價包含兩餐，住客若無法於館內用餐時亦不得要求退費或抵用。

4. 百慕達式收費旅館：每日客房房租的定價附贈美式早餐在內（提供早餐招待券）。台灣有些飯店、商務旅店、汽車旅館多採用此種收費方式。

三、一般旅館內的組織執掌

1. 總經理、副總經理：執行全旅館經營管理之責，與相關旅遊業界建立良好社交關係以確保客源，掌控各業務推廣部門之營運狀況，專業人才選任、培訓、適才適用，隨時透過財務報表了解現況。

2. 財務部門：館內所有結算報表彙編及審核、旅館內各部門成本分析及控制、協助編列各部門預算以及決算檢討分析、清點每日營收款項、現金流量預測及控制、所有稅捐之計算、申報及繳稅作業。

3. 客房部門：辦理房客住房、遷出之登記作業，並建立客戶個人資料檔案，負責接聽所有電話留言及轉送客房、外客交代之物品、提供旅客旅遊及商業資訊；底下設有接待組、話務組、服務組等單位。

4. 房務部門：提供各樓層之客房服務，底下通常設有公共清潔組、洗衣組、健身房等單位。掌管客房內之設備家具清潔工作、消耗品之請領補充、財產保護工作、布巾清點送洗等作業、健身相關設施之管理。

5. 餐飲部門：負責旅館中西式餐飲服務，館內大小宴會場所布置，制定菜單及酒單，餐具之供應、使用、清潔及保存，訂定年度餐飲活動推廣計畫，各節令促銷活動辦理。

6. 業務推廣部門：底下通常設有業務部、國際推廣組、國內推廣組、訂房中心等。主要是依據旅館各事業部門的設施需求加以分析，了解國內外市場之動態，訂定旅館的年度行銷企劃案。

7. 行銷公關部門：統籌所有客房、餐飲筵席、會議業務之接待事宜，媒體接觸與公共政商關係之建立，回應處理客訴抱怨。

8. 總務部門：負責旅館內部財產之保養、清點、採購、盤點及使用之總管理。

9. 工程部門：旅館內硬體設施之維修及定期養護工作。

10. 人力資源部門：負責旅館內人才招募、訓練、任用、考核、職等升遷及裁員等作業。

11. 安全室：計畫、執行及督導旅客、員工之生命財產安全。

第二節 旅館的利潤中心

　　旅館業的經營亦可以明顯劃分出前場及後場的區隔,其一是前場的接待顧客及服務作業,直接獲取來自顧客的營業收入,包括客房部門、餐飲部門;其他則是後場的物資補給、清潔、採購、儲備及維修作業,屬於後勤支援單位。藉由兩者相輔相成而完成銷售及服務的程序。本章重點在於前場收入部門之介紹。

　　依據 Educational Institute of the American Hotel & Lodging Association 美國飯店及住宿協會之教育機構所出版的 Uniform System of Accounts for the Lodging Industry(暫譯為「飯店住宿業之統一帳務系統」)所列舉之會計科目中,載明收入帳戶之分類,本節將依照旅館前場的主要收入部門,及次要收入部門的原則,將帳戶劃分如表5-1所列,並逐一說明各帳戶之功能。

→ 表 5-1　旅館主要收入部門及會計帳戶

部門類別	部門帳戶
Rooms Revenue 住房收入	Transient-Regular 短住－一般客房收入
	Transient-Corporate 短住－公司團體收入
	Transient-Package 短住－搭配計畫住房
	Transient-Preferred Customer 短住－優先客戶
	Day Use 白天使用
	Group-Convention 團體－會議
	Group-Tour 團體－遊覽
	Permanent 永久性使用
	Meeting Room Rental 會議廳租金
	Room Fridge Beverage Order 客房冰箱飲料
Food & Beverages Revenue 食品及飲料收入	Food Revenue 食品收入
	Food Sales 食品銷售 (中餐部門、西餐部門、日式餐廳部門、自助餐廳)
	Banquet Food 宴會食品
	Service Charges 服務費
	Meeting Room Rental 會議廳租金
	Other Food Revenue 其他食品收入
Food & Beverages Revenue 食品及飲料收入	Beverage Revenue 飲料收入
	Liquor Sales 酒精飲料銷售
	Wine Sales 葡萄酒銷售
	Other Beverage Revenue 其他飲料收入
	Allowance for Beverage Sales 飲料銷售折讓
	Service Charges 服務費
	Cash Discounts 現金折扣

一、主要收入部門

一般旅館的主要收入部門包括客房部門及餐飲部門兩大類,而這兩類收入利潤中心的會計帳戶以下所列之分項說明。

1. 客房部門收入

(1) 旅客租賃:包括一般客房租賃、公司團體、配套住房及優先客戶,主要以提供旅遊、度假,及短住需求的顧客住房所得之營業收入。

(2) 商務活動租賃:包括僅提供白天使用的租賃、公司行號會議廳、會客室、舉辦活動之場地租賃等等。

(3) 永久性租賃:與顧客簽訂永久使用的合約,提供長期性的房間租賃。

(4) 客房冰箱飲料:一般高級飯店的住房冰箱內會提供飲料、酒品,如果房客自行取用,則該帳務通常不要求顧客單獨以現金支付,以列入房帳一起結算之。

(5) 房客在旅館或飯店內的其他消費:在國外,許多國際型大飯店對於房帳的管理採用單一帳戶的方式,亦即房客一旦登記住房後,其在飯店或旅館內所有的購物、餐飲、設施使用皆根據房間號碼或者會員證號,以記帳方式消費,在結束住房時,全部的消費明細由單一櫃檯蒐集來自各部門的帳單同列於一張,一併結帳。這樣的帳務系統必須端賴完備可靠的電腦系統才能迅速確實達到,如果仍然以人工作業,或者僅能請顧客到各部門結帳繳款,實在有失服務之便利。

→ 表 5-2　旅館訂房價目範例

Room Type 客房種類	Room Rate 客房訂價	會員房價		非會員房價	
		假日	非假日	假日	非假日
		訂價七折	訂價四折	原訂價	訂價六折
Budget 經濟客房	$ 4200	$ 2940 ＋10% $ 3234	$ 1680 ＋10% $ 1848	$ 4200 ＋10% $ 4620	$ 2520 ＋10% $ 2772
Superior 標準客房	$ 6300	$ 4410 ＋10% $ 4851	$ 2520 ＋10% $ 2772	$ 6300 ＋10% $ 6930	$ 3780 ＋10% $ 4158
Deluxe 高級客房	$ 7000	$ 4900 ＋10% $ 5390	$ 2800 ＋10% $ 3080	$ 7000 ＋10% $ 7700	$ 4200 ＋10% $ 4620
Grand Deluxe 豪華客房	$ 7600	$ 5320 ＋10% $ 5852	$3040 ＋10% $ 3344	$7600 ＋10% $ 8360	$ 4560 ＋10% $ 5016

→ 表 5-2　旅館訂房價目範例（續）

Room Type 客房種類	Room Rate 客房訂價	會員房價		非會員房價	
		假日	非假日	假日	非假日
		訂價七折	訂價四折	原訂價	訂價六折
Junor Suite 商務客房	$9500	$6650 +10% $7315	$3800 +10% $4180	$9500 +10% $10450	$5700 +10% $6270
Executive Suite 高級套房	$16000	$11200 +10% $12320	$6400 +10% $7040	$16000 +10% $17600	$9600 +10% $10560
Grand Suite 豪華套房	$20000	$14000 +10% $15400	$8000 +10% $8800	$20000 +10% $22000	$12000 +10% $13200

- 本飯店房客每日每位提供一張早餐券，過期使用無效。
- 本飯店結帳收費時，另加一成服務費。
- 本價目表至 XXX 年 12 月 31 日止有效。

2. 餐飲部門收入

　　較為正式的旅館及飯店，通常餐飲部門扮演相當重要的利潤收入單位，甚至有些飯店以其餐飲部門的營運為主要收入來源。如同餐廳會計管理一樣，在提供顧客菜單的同時，也另外提供點酒單(alcohol and wine lists)，以及其他飲料的供應點選表單，將飲料的銷售作較為細節的劃分，以計算銷售量及成本的作法。

二、次要收入部門

　　在次要收入部門方面，依照所提供服務之功能劃分為電話收入、停車及停車場、其他場地及其他收入部門，茲分別說明如下。

1. 電話收入

　　包括區域電話收入、長途電話收入、接線服務費、佣金費用、付費電話亭收入以及其他電話服務收入。

2. 停車及停車場收入

　　有些飯店或旅館所附設之停車場之停車相關收入，以及代客停車之服務收入，大部分飯店若採開放式的停車場可能較難負保管之責，但如果較為嚴謹的飯店，派遣專人看守停車場者，可能會收取房客保管車輛之費用。

　　並非所有飯店皆自有停車場，有些都市型的商務旅館可能因為土地取得不易而採用租賃方式，向就近停車場營業者長期承租提供房客使用。

3. 其他場地租賃收入

排除飯店客房部門及餐廳部門的固定場所之外，包括飯店或旅館所附設的俱樂部、行政辦公室或倉儲空間之租賃收入。

4. 其他收入

(1) 利息收入：銀行存款所孳生的利息。
(2) 遊樂設施收入：飯店或旅館附設遊憩或遊樂設施的營業收入。
(3) 代客洗衣及燙衣收入。
(4) 行李搬運收入。
(5) 販賣機收入：飯店內設置自動販賣機的銷售收入。
(6) 禮品鋪收入：飯店或旅館內附設紀念品、禮品、食品之販售小店鋪所賺取之收入。
(7) 資源回收收入。
(8) 代客郵寄服務收入。
(9) 館內電影播放收入：一般客房內設有固定免費的電視頻道，通常另外設有付費的電影播放頻道，並列入房帳繳費。
(10) 接駁車收入：有些餐廳提供接駁顧客的車輛及載送服務，並收取費用。
(11) 外幣兌換利得：提供住房客人兌換外幣的服務，並收取同行業界一定比率的佣金。
(12) 其他設施收入：舞廳、酒吧、三溫暖、卡拉 OK、SPA 等等附加設施之營業收入。

三、各收入部門折讓帳戶

飯店或旅館各營業收入部門可能提供一般顧客、房客或會員消費的折扣或讓價，以建立良好的賓客關係，維繫穩定之客源，其相關會計帳戶如下表所述：

→ 表 5-3　旅館收入部門之折讓帳戶

部門類別	部門帳戶
Allowances 折讓	Rooms Allowance 住房折讓
	Food Allowance 食品折讓
	Beverage Allowance 飲料折讓
	Telephone Allowance 電話折讓
	Gift Shop Allowance 禮品鋪折讓
	Garage and Parking Allowance 停車場及停車折讓
	Other Allowance 其他折讓

四、旅館之淨額與毛利

1.淨額

於第四章餐廳收入曾提及淨額的觀念，主要是指「銷貨總額」或「銷售總額」減去折扣及讓價後的金額。

例如多潤飯店 XXX 年 11 月份的客房營業總額為$650,000，給予顧客的客房銷售折讓金額為$60,000，則當月份的客房營業淨額就是（營業總額$650,000－客房銷售折讓$60,000）＝$590,000。

2.毛利

旅館住房部門的銷售毛利之計算與其他買賣業有所差異，一般住房部門裡，銷售毛利的計算是以銷售淨額減去費用所得，因為一般住房服務收入的成本較難具體量化，與其他一般買賣業以銷貨收入減去成本，後續再將毛利減去管銷費用的支出、營業外收支、營業稅等項目的計算方法不相同。

第三節　客房的訂金管理

旅館及飯店業者的住房租賃具有很多特性，例如不能隔日再賣、無法臨時提供客房、無法易地出售，以及受到季節性及節慶影響等，因此淡季及旺季的營業成績差異相當懸殊，著實考驗經營者的經營頭腦。一般飯店為提高住房率，與旅行社進行策略聯盟的方式最為常見，經由旅行社取得飯店住房預訂單（表5-4）的方式，向所承攬的旅行團彰顯信用，以達到飯店住房率提高且旅行社帶團順利的雙贏局面。在飯店及旅館設立預付訂金的制度下，以下將舉例說明範例。

➔ 表 5-4　飯店或旅館住宿預訂單釋例

喬爾斯飯店住房預訂單		單證流水編號 04112
住房旅客姓名：　　　　　　公司電話：　　　　　　　行動電話：		
預定住房日期：自　　年　　月　　日至　　年　　月　　日　共　　　日		
預定客房種類：＿＿＿＿＿　數量：＿＿＿＿間　房號：＿＿＿＿＿		
＿＿＿＿＿　數量：＿＿＿＿間　房號：＿＿＿＿＿		
＿＿＿＿＿　數量：＿＿＿＿間　房號：＿＿＿＿＿		
發票抬頭：　　　　　　　　統一編號：		

→ 表 5-4　飯店或旅館住宿預訂單釋例（續）

需要本公司提供其他服務： □機場到飯店接駁（上午 8:00～下午 6:00 免費） □車站到飯店接駁（上午 8:00～下午 6:00 免費） □代客租車服務 □客房預定餐點或飲料＿＿＿＿＿＿＿＿＿＿＿＿ □morning call＿＿＿＿＿＿	※ 顧客消費記錄 ■ 偏好歐式風格，拒絕中國風格 ■ 家庭旅遊 5 次，商務旅遊 1 次

預付訂金：$＿＿＿＿＿　　□本飯店會員 No.＿＿＿＿＿　　□非本飯店會員 □現金　□即期支票　□信用卡（□普卡　□金卡　□白金卡） 　　　　　　　卡號 ＿＿＿＿＿＿＿＿＿＿＿＿＿ 　　　　　　　信用卡有效期限至＿＿＿年＿＿＿月止 　　　　　　　信用卡持有人簽名：＿＿＿＿＿＿（與信用卡簽名相同）
訂房人姓名：＿＿＿＿＿＿＿＿＿＿（請以正楷親自簽名）
訂房日期：　　年　　月　　日　最後取消預定期限：　　年　　月　　日

案例5-1　收受全額違約訂金

喬爾斯飯店在11月1日接受林大同先生預訂11月9日～10日兩天經濟客房3間，並且代為預定10日晚上歐式自助餐廳六人份，1日當天並以現金支付飯店住房規定之訂金$3,000，以及10日晚間自助餐訂位預定金$1,000，此預訂訂單最後取消預定的日期是11月9日上午十點。

結果11月9日中午，林大同因故必須取消預訂之住房及餐點，茲因未能於最後規定時間內取消預訂，因此無法取回預繳訂金$4,000，且須將其視為對喬爾斯飯店的違約賠償。

以下為喬爾斯飯店所作有關之訂金分錄：

記錄時間	帳戶	借貸分錄		類別	增減情形
XXX/11/1	借方	現金	4,000	資產	增加
	貸方	客房部門預收訂金－預訂單編號 04112	3,000	負債	增加
		自助餐廳預收訂金－預訂單編號 04112	1,000		
XXX/11/9	借方	客房部門預收訂金－預訂單編號 04112	3,000	負債	減少
		自助餐廳預收訂金－預訂單編號 04112	1,000		
	貸方	違約訂金收入	4,000	收入	增加

說明：

1. 喬爾斯飯店 XXX 年 11 月 1 日收受林大同支付之預訂訂金現金 4,000，飯店借記現金增加，資產項目增加；另外客房部門及自助餐廳部門先收受訂金，但實際上尚未提供服務，因此貸記預收訂金之負債項目增加。

2. XXX 年 11 月 9 日中午接到林大同取消預訂的消息，因飯店已經事先聲明取消預定的最後時間，故依照約定喬爾斯飯店可以不必退還訂金予林大同先生。分錄處理方面先借記客房及餐廳預收訂金共計$4,000 沖銷其負債項目，另一方面貸記違約訂金收入之收入項目。

📁 案例5-2 收受部分違約訂金

　　承上例，11月9日中午林大同先生取消此次住房及餐廳預訂，因此無法取回部分預繳訂金。假設喬爾斯飯店規定，顧客若未能於最後規定時限內取消預約，則住房部分預定金全數列為違約金不得退還，自助餐廳部分則可全數退還，以下為有關之訂金分錄：

記錄時間	帳戶	借貸分錄		類別	增減情形
XXX/11/1	借方	現金	4,000	資產	增加
	貸方	客房部門預收訂金－預訂單編號 04112	3,000	負債	增加
		自助餐廳預收訂金－預訂單編號 04112	1,000		
XXX/11/9	借方	客房部門預收訂金－預訂單編號 04112　3,000		負債	減少
		自助餐廳預收訂金－預訂單編號 04112　1,000			
	貸方	違約訂金收入	3,000	收入	增加
		現金－退還餐廳訂金	1,000	資產	減少

說明：

1. XXX 年 11 月 1 日收受林大同支付之預訂訂金現金$4,000，飯店借記現金增加，資產項目增加；另外飯店住房部門及自助餐廳部門先收受訂金，但尚未提供林大同先生服務，因此貸記預收訂金之負債項目增加。

2. XXX 年 11 月 9 日當天中午林大同取消預訂，依照約定喬爾斯飯店可以僅退還餐廳訂金$1,000 予林大同。分錄處理方面先借記預收訂金$4,000 沖銷其負債項目；另一方面貸記違約訂金收入$3,000 之收入項目，以及貸記現金$1,000 退還林大同之資產減少項目。

案例5-3 如期消費之訂金處理

承上例，11月9日上午十點以前，林大同先生攜帶親友依照預約時間前來登記住房及用餐，9日登記住房當天，飯店總櫃檯結帳項目包括住房費用（$1,848含一成服務費×3間×2天＝$11,088），歐式自助餐食品收入（$550含服務費×6份＝$3,300），共計消費金額為$14,388。

※顧客付費之附註說明：住房費用總計$11,088；原住房費用10,080，加住房服務費1,008得之。

自助餐費用總計$3,300；原用餐費用3,000，加上服務費300得之。

以下為有關之訂金分錄：

記錄時間	帳戶	借貸分錄		類別	增減情形
XXX/11/9	借方	現金	4,000	資產	增加
	貸方	客房部門預收訂金－預訂單編號 04112	3,000	負債	增加
		自助餐廳預收訂金－預訂單編號 04112	1,000		
XXX/11/10	借方	客房部門預收訂金－預訂單編號 04112	3,000	負債	減少
		自助餐廳預收訂金－預訂單編號 04112	1,000		
		現金	10,388	資產	增加
	貸方	住　房	10,080	收入	增加
		住房服務費	1,008		
		自助餐廳	3,000		
		自助餐廳服務費	300		

說明：

XXX 年11月9及10日林大同先生攜伴如期前往喬爾斯飯店消費，總金額為$14,388。分錄處理方面先借記預收訂金$4,000沖銷其負債項目，再借記扣除訂金剩餘的款項現金資產增加$10,388；另一方面貸記所有收入項目。

第四節 旅館或飯店之設施管理

旅館及飯店業者內部除了住房及餐廳供餐服務外，尚有其他設施的營業（如本章第二節利潤中心所述）。本節將以房客及非房客角度分別舉例收入帳務的處理方式，一般而言，房客在使用飯店內其他設施時，有些免費供應使用，有些斟

酌收取少數費用,並且以房號或房客會員編號記入房帳;非房客前來飯店消費其他設施時,飯店必須有另外一套的收費標準,以下將舉例說明範例。

📁 案例5-4 房客使用飯店或旅館三溫暖

林大同先生與親友一行六人於11月9日～10日兩天在喬爾斯飯店內住房,經濟客房3間,依照林大同先生住房的消費等級,飯店可以提供三溫暖設施優惠特價的招待,非房客原價$500,每位房客僅需再支付$100的費用即可使用三溫暖的設施。

結果11月9日晚間,林大同與兩位親友一行三人前往使用三溫暖設施,在此本案例將同時舉例喬爾斯飯店使用統一櫃檯收費方式,以及飯店採用各部門收費的方式處理。

飯店其他設施營業收入—統一櫃檯收費制度之分錄:

記錄時間	帳戶	借貸分錄		類別	增減情形
XXX/11/9	借方	應收帳款－三溫暖	300	資產	增加
		房客讓價－房號 232、231	1,200	抵減	
	貸方	三溫暖營業收入	1,500	收入	增加

說明:

1. 林大同先生與親友共三人前往使用飯店內的三溫暖設施,非房客之消費原價需要$1,500,但三人皆為房客,因此只需簽帳每人$100,三人$300的帳款。
2. 單一櫃檯統一收帳的關係,故將三溫暖消費列入房帳當中,飯店借記應收帳款增加,資產項目增加,以及借記房客讓價$1,200;另外貸記三溫暖營業收入之收入項目增加。
3. 有些飯店或旅館內各營業部門彼此間可能會有折讓價格上的計算協定,因此跨部門帳務統一帳單時,有些飯店可能會要求將各營業部門讓價部分詳列,以計算各部門的實際營業績效。

飯店其他設施營業收入—各部門收費制度之分錄:

記錄時間	帳戶	借貸分錄		類別	增減情形
XXX/11/9	借方	現金－房客房號 232、231	300	資產	增加
	貸方	三溫暖營業收入	300	收入	增加

說明：

承上例，飯店內的三溫暖設施，非房客之消費原價需要$1,500，但三人皆為房客，因此只需支付現金$300的帳款給三溫暖櫃檯，飯店三溫暖部門帳務直接借記現金300增加，資產項目增加；貸記三溫暖營業收入部分不需考量因住房產生之讓價，僅記錄實際收入即可。

案例5-5 非房客使用 SPA 設施

10月3日Susan和朋友一行五人前往喬爾斯飯店使用SPA設施，每人原價$1,200，因為Susan並非房客，但因Susan為飯店的健身設施消費會員，故可以享有八折優惠價。

飯店其他設施營業收入─統一櫃檯收費制度之分錄：

記錄時間	帳戶	借貸分錄		類別	增減情形
XXX/10/03	借方	現金－SPA	4,800	資產	增加
		健身會員讓價	1,200	抵減	
	貸方	SPA 設施營業收入	6,000	收入	增加

說明：

1. Susan 與朋友一行五人前往使用飯店內的 SPA 設施，非房客之消費原價需要$1,200，但因 Susan 是飯店健身設施會員，因此只需支付每人$960，五人$4,800的帳款。
2. 單一櫃檯統一收帳的關係，飯店借記現金增加，資產項目增加，以及借記會員讓價$1,200；另外貸記 SPA 營業收入之收入項目增加。

第五節 旅館或飯店之會員管理

飯店及旅館對於會員的招募及經營比餐廳更具有複雜度，原因是頗具規模的飯店旅館業內部的設施較多，如果從單一營業部門的角度來看，像飯店的餐廳、住房部、健身中心、游泳池、球場、SPA、三溫暖、遊藝場所、紀念品館等，如果經營得當，皆可以成為單獨的營業利潤中心，茲因營業的型態具有差異性，亦可以單獨設置個別的會員管理辦法及制度。

　　與顧客維繫長久且良好的關係是很重要的課題，因此飯店內的各營業部門為增加收益，皆可以設計一套屬於自己單位的會員管理辦法，例如入會資格、會員權益、等級與優惠項目、會員服務項目等等，然而請會員繳交會費並且提供優厚的消費折扣是最常見的作法，以下將分述該制度的優缺點。

1.繳交會費之優點以業者的立場

(1) 各項設施的營業收入得到基本保障。

(2) 會員常態性消費的維持。

(3) 與會員顧客建立深厚的友誼。

(4) 飯店內的各項設施能夠充分利用，提高資產週轉率。

2.繳交會費之缺點以消費者的立場

(1) 需要一次繳交大額保證金，使許多消費者裹足不前。

(2) 考量如果前往消費次數不多，繳交會費的可行性低。

　　以下將列舉兩個飯店設施的會員制度運作，以及提供會員顧客折扣案例，並且以會計分錄釋例之。

一、以飯店健身休閒中心為例

案例5-6 飯店內其他利潤中心會員折扣

　　Doreen 國際觀光大飯店內的健身休閒中心招募會員，其折扣認定以及簽帳制度只採取會員制度，除促銷期間的折扣招待券使用外，非會員者必須僅能依照原訂價消費，每位加入的貴賓必須先繳交會員年費$25,000，每次消費再依各種設施訂價三折收費。

　　文森在 XXX 年8月23日時，以非會員身分前往 Doreen 健身休閒中心嘗試消費一次，現金消費金額$1,000，文森決定自9月1日起加入年度會員貴賓，其9月份的五筆簽帳單總計為會員價$1,500，以下為健身中心對文森兩個月間消費之會計分錄：

記錄時間	帳戶	借貸分錄		類別	增減情形
XXX/8/23	借方	現金	1,000	資產	增加
	貸方	營業收入－非會員	1,000	收入	增加
XXX/9/1	借方	現金	25,000	資產	增加
	貸方	會員年費(No.2452)	25,000	收入	增加
XXX/10/1	借方	應收帳款－會員(No.2452)	1,500	資產	增加
	貸方	營業收入－會員(No.2452)	1,500	收入	增加

→ 表 5-5　會員請款帳單釋例

Doreen 國際觀光大飯店　　休閒健身中心　　客戶請款對帳單		
簽帳顧客姓名／公司 ＿＿＿＿＿＿＿＿＿　　　　統一編號：＿＿＿＿＿＿＿＿		
簽帳人姓名	<u>文森</u>	對帳單流水號	<u>20040924</u>
聯絡電話	<u>04-3853868</u>	對帳送單日期	<u>民國 XXX 年 10 月 1 日</u>
行動電話	<u>0912-334455</u>	顧客會員等級	<u>金卡會員 2004056</u>
通訊地址	高雄市	對帳單製作人員	<u>玫琪</u>
貴賓卡卡號	(No.2452)	送單人員	<u>米羅</u>
本帳款繳費期限	<u>XXX 年 10 月 10 日</u>	現金折扣條件	<u>2/1，n/10</u>
XXX 年 9 月份對帳明細				
簽帳日	簽帳單號碼	消費明細	簽帳金額
XXX/09/04	200409004	健身房＋SPA 按摩	$ 300
XXX/09/11	200409026	健身房＋三溫暖	$ 300
XXX/09/18	200409046	健身房＋SPA 按摩	$ 300
XXX/09/24	200409078	游泳＋SPA 按摩	$ 300
XXX/09/30	200409127	健身房＋SPA 按摩	$ 300
月底合計	本月帳款 $1,500			
發票金額				
顧客確認簽名欄：＿＿＿＿＿＿＿＿＿		□帳單當日現金繳款	
備註欄：		□期限內信用卡繳款	

說明：

1. 文森在 XXX 年 8 月 23 日以非會員身分所作的現金消費金額為$1,000，所以
   Doreen 健身休閒中心的帳務記錄借記現金增加，貸記營業收入增加，為了區別
   會員與非會員身分的消費，以利月份結束後統計，故在營業收入項目上加以註
   明區別之。

2. 文森在 XXX 年 9 月 1 日加入健身中心年度會員，並且繳交年費$25,000，該中
   心的帳務記錄除借記現金增加以外，貸記部分以會員年費收入為科目，且以會
   員編號方式加以鑑別。

3. 因為健身中心會員可用三折價格計算消費金額，且以月結帳單方式一併繳款，
   文森 9 月份的消費原價為$5,000，會員消費折扣後價格為$1,500，故健身中心
   直接借記應收帳款－會員編號，以利後續製作會員請款單（表 5-5）；另外再
   貸記會員的營業收入帳戶，直接以折扣金額列帳，不再提列會員折扣帳戶，以
   免浮報營業收入金額。

二、以旅行社會員管理為例

　　飯店或旅館業者與國內外旅行社進行策略聯盟的互利作法相當常見，但為了使雙方的交易能夠相互取信，飯店業者可用會員制度來管理旅行社的團體消費，為使相互間的合作關係長遠穩定，飯店業者必須慎選旅行社會員，考量的重點如下：

1. 旅行社的資金規模及歷史。

2. 旅行社目前的財務狀況及信用歷史。

3. 旅行社所招攬旅客的消費型態及層次是否與飯店經營吻合。

4. 旅行社近期的營業狀況及商譽。

　　另外，飯店或旅館可以啟用一些管理機制，以減少與旅行社交易所產生的應收帳款風險，考量的重點如下：

1. 收受旅行社委派領隊之信用卡。

2. 規定消費當天收受現金才給予會員現金折扣。

3. 如果旅行社要求使用簽帳制度帶團消費，則飯店可以要求對方提供酌量保證金，或以會員年費的方式加以正式化，減少應收帳款的呆帳風險。保證金或年費部分可以當作旅行社的預付住房費用來處理，飯店可以規定保證金額及最低安全存量，如果保證金低於安全存量時，則再請旅行社繳交。

　　飯店在選定優質旅行社相互配合的同時，提供給對方的優待項目可以包含下述：

1. 給予旅行社的佣金報酬。

2. 提供領隊或導遊的免費住宿。

3. 提供領隊或導遊的餐飲招對。

4. 提供旅行社公司成員的住宿優惠折扣或招待。

→ 表 5-6 旅行社會員申請表釋例

Doreen 國際觀光大飯店 旅行社團體住房會員申請表		
會員基本資料（黑框內資料請由顧客填寫）	申請表流水號	20040401
旅行社公司名稱	偉斯旅遊事業有限公司	會員編號	2004011
統一編號	×××××43	入會繳交保證金額	$ 50,000
成立時間	共計 5 年 6 個 月	貴賓卡等級	金卡
負責人及職稱	彼得潘總經理	申請日期	民國 XXX 年 4 月 1 日
聯絡電話	089-385386	審查日期	民國 XXX 年 4 月 3 日
行動電話	0912-334455	入會審查人員	雅妮塔 住房部經理
通訊地址	台東縣	本單作業人員	潔森
目前往來銀行	國際商銀－台東分行 台新銀行－台東分行	資格審查附件	公司登記證 營利事業登記證
旅行社公司大小章		信用徵信委託單位	本飯店稽核部門
貴賓卡卡號：23857075		領卡日期：＿＿＿年＿＿＿月＿＿＿日
※審查結果：通過		
※櫃檯寄發會員證書及貴賓卡時間：XXX 年 4 月 15 日以前		
※發卡負責人員：安琪拉		

案例5-7 旅行社會員消費管理

依照表5-6旅行社會員申請表釋例，Doreen 國際觀光飯店與偉斯旅遊公司所協議的往來方式是以會員制度的規則行之，偉斯公司於 XXX 年4月1日繳交入會保證金$50,000，可視同偉斯公司的預付住房費用，15日正式被授權為 Doreen 國際觀光飯店住房部會員，如果保證金低於$20,000，必須補繳至$50,000，否則無法享有會員簽帳的優惠。

已知偉斯旅遊公司在 XXX 年5月5日出團，包括團員20人、領隊1人至 Doreen 飯店住宿，共訂經濟客房五間（原訂價$3,000），導遊休息房1間（原訂價$2,000，招待），依照偉斯公司與 Doreen 飯店之約定，偉斯可取得八折會員價，每次消費額10%的佣金收入，Doreen 飯店以月結方式將佣金結算匯款，偉斯5月6日上午十點退房時，如果以現金方式結帳，可再享有消費金額2%現金折扣，但偉斯旅行團決定以簽帳方式消費。

有關偉斯旅遊公司的消費相關分錄如下：

記錄時間	帳戶		借貸分錄		類別	增減情形
XXX/4/1	借方	現金		50,000	資產	增加
	貸方		預收住房保證金－會員 2004011	50,000	負債	增加
XXX/5/5	借方	預收住房保證金－會員 2004011	10,800		負債	減少
		住房招待－會員 2004011	2,000		費用	增加
		佣金費用－會員 2004011	1,200		費用	增加
	貸方	客房銷售－會員 2004011		12,000	收入	增加
		導遊休息房－會員 2004011		2,000	收入	增加

說明：

1. 偉斯旅遊公司在 XXX 年 4 月 1 日正式繳交預付保證金，雙方協定該保證金可以視為預付住房費用，因此 Doreen 飯店的住房部記錄為借記現金$50,000，貸記預收住房保證金增加，因為偉斯先繳交住房預付金而尚未接受服務，因此必須視為負債項目。
2. XXX 年 5 月 5 日偉斯公司旅行團由領隊率團前來 Doreen 住房，其中旅客部分為經濟客房五間，每間原訂價$3,000，故原來總住房金額為$15,000，但因享有會員折扣八折，因此會員價為（$15,000×0.8＝$12,000），故直接以會員價載明會員編號入帳。
3. 導遊或領隊之休息房每間原訂價$2,000，Doreen 飯店只有會員身分的旅行團才有招待住宿。通常有些飯店或旅館視團客人數或者消費金額到達一定程度者，才有提供領隊導遊住房招待，若否，則該休息房仍必須繳費。
4. 一般旅行社率團前往飯店住宿者，有些飯店會反饋旅行社佣金，以示感謝旅行社，但並非每一家飯店或旅館業者皆有此項行規。

第六節　客戶帳款之折扣處理

一、簽帳客戶之現金折扣

　　飯店及旅館管理與第四章餐廳收入會計相同，對於使用簽帳消費的顧客，飯店亦必須定期累算每個顧客的應收帳款，為了爭取收款時效，對帳單的遞送方式可以用傳真對帳、電子郵件對帳或者線上對帳及電子簽章的方式完成。

（一）現金折扣

　　會員在收到飯店請款對帳單後，飯店希望顧客能盡早付款，於是有些飯店會提供現金折扣(cash discounts)，通常以「折扣百分比／提供折扣期限」、「n／不提供折扣的最後繳款期限」來表示，以下舉例說明。

📁 **案例5-8** 現金折扣釋例

　　Doreen 飯店已經於11月30日交寄 XXX 年11月份請款對帳單予偉斯旅遊公司，帳款共計$100,000經由偉斯旅遊公司簽認無誤後，請其依照1/2，n/10現金折扣條件付款。而已知偉斯旅遊公司在12月1日當天完成付款，請問該公司支付多少帳款？而飯店內部帳務分錄應該如何處理。如果偉斯公司是在12月8日當天完成繳款，請問該公司支付多少帳款？而飯店內部帳務分錄應該如何處理。

飯店分錄：

偉斯旅遊公司12月1日繳付

Doreen 飯店住房部之收入分錄

記錄時間	帳戶	借貸分錄		類別	增減情形
XXX/12/1	借方	現金	99,000	資產	增加
		現金折扣	1,000	抵減科目	增加
	貸方	應收帳款－會員 2004011	100,000	資產	沖抵減少

偉斯旅遊公司12月8日繳付

Doreen 飯店住房部之收入分錄

記錄時間	帳戶	借貸分錄		類別	增減情形
XXX/12/8	借方	現金	100,000	資產	增加
	貸方	應收帳款－會員 2004011	100,000	資產	沖抵減少

說明：

1. 意思是指當偉斯旅遊公司收到對帳單簽認無誤後，如果兩天內付款，則可享有 Doreen 飯店所提供的 1%現金折扣優惠，但從第三天開始到第十天付款無折扣優惠，而且最晚必須在十天內完成付款。

2. 如果偉斯公司在 11 月 30 日簽認對帳單，並且在當天繳付帳款$100,000，則實際上只需繳$100,000×(1−1%)＝$99,000，因為其享有 1%的現金折扣$1,000。

3. 如果偉斯公司在 12 月 2 日到 12 月 10 日其中一天繳付帳款,則必須繳全額 $100,000。而 12 月 10 日為繳付帳款的最後一天。

(二) ROG

ROG(receipt of good)是指收到貨品的那一天起算之付款日期,在旅館及飯店住房或其他營業設施的應用上,應該是指消費日的那一天起算付款及折扣期限。以下將列舉範例,並且考量到飯店內部的營業收入之分錄製作。

📁 案例5-9 ROG－折扣期限

已知偉斯旅遊公司在 Doreen 飯店8/4當天的消費簽帳金額為$24,000,如果 Doreen 給予偉斯公司該筆帳務的現金付款條件是依照 ROG 2/10,n/20的規定,而已知偉斯公司在8月8日當天完成付款,請問該公司支付多少帳款?而住房部帳務分錄應該如何處理。如果偉斯公司是在8月20日當天完成繳款,請問該公司支付多少帳款?而住房部內部帳務分錄應該如何處理。

說明:

1. Doreen 飯店給偉斯旅遊公司的付款條件是 ROG 2/10,n/20,也就是 8/4 日當天簽帳後,如果偉斯公司在十天內(8/14 以前)付款,則可享有 Doreen 所提供的 2%現金折扣優惠,但從第十一天開始到第二十天(以前)付款無折扣優惠,而且最晚必須在 8/24 內完成付款。
2. 如果偉斯公司在 8 月 8 日繳付帳款$24,000,則實際上只需繳$24,000×(1–2%) ＝$ 23,520,因為享有 2%的現金折扣$480。
3. 如果偉斯公司在 8 月 20 日當天繳付帳款,因為已經超過現金折扣期限,則必須繳全額$24,000。

飯店住房部分錄:

偉斯公司8月8日繳付

Doreen 飯店住房部之收入分錄

記錄時間	帳戶	借貸分錄		類別	增減情形
XXX/8/4	借方	應收帳款－會員 2004011	24,000	資產	增加
	貸方	住房銷售－會員 2004011	24,000	收入	增加
XXX/8/8	借方	現金－會員 2004011	23,520	資產	增加
		現金折扣	480	抵減科目	增加
	貸方	應收帳款－會員 2004011	24,000	資產	沖抵減少

偉斯公司8月20日繳付

Doreen 飯店住房部之收入分錄

記錄時間	帳戶	借貸分錄		類別	增減情形
XXX/8/4	借方	應收帳款－會員 2004011	24,000	資產	增加
	貸方	住房銷售－會員 2004011	24,000	收入	增加
XXX/8/20	借方	現金	24,000	資產	增加
	貸方	應收帳款－會員 2004011	24,000	資產	沖抵減少

（三）EOM

　　EOM(end of month)是指發票到本月底最後一天止，開始起算付款日期，在飯店及旅館各營業部門的應用上，可以將整月份的消費金額總計，並且交由客戶對帳完畢後，自下個月一日起算付款及折扣期限。使用 EOM 的方式收帳較 ROG 為便利，因為 EOM 可以方便賣方在月底前將當月份的顧客消費額整理成對帳單，然後再於下一個月份起收帳，如此對帳單才更有存在的意義。

　　如果採用 ROG 的方式計算折扣及收帳，那麼消費者一個月內每一筆帳的收款日期皆不相同，所以 ROG 比較適合買賣金額較大，買賣頻率比較不高的交易。

案例5-10 EOM－折扣期限

　　維吉尼公司為 Doreen 飯店高爾夫俱樂部的簽帳會員，消費即享有會員九折優惠，維吉尼公司九月份在 Doreen 高爾夫俱樂部僅有一筆消費，就是在9/16當天，總消費金額為$24,000，會員折扣後的簽帳金額是$21,600，如果 Doreen 飯店高爾夫俱樂部給予維吉尼公司的現金付款條件是依照 EOM 1/7，n/15的規定，而已知維吉尼公司在10月1日當天完成付款，請問該公司支付多少帳款？而俱樂部內部帳務分錄應該如何處理。如果維吉尼公司是在10月15日當天完成繳款，請問該公司支付多少帳款？而俱樂部內部帳務分錄應該如何處理。

說明：

1. 高爾夫俱樂部給維吉尼公司的付款條件是 EOM 1/7，n/15，到月底俱樂部會製作九月份對帳單，已知當月份維吉尼公司僅有一筆消費帳務$24,000，會員折扣後的簽帳金額是$21,600。9 月 30 日完成對帳後，如果維吉尼公司在下一個月（10 月 1 日起算）七天內（10 月 7 日以前）付款，則可享有高爾夫俱樂部所提供的 1%現金折扣優惠，但從第八天開始到第十五天（以前）付款無折扣優惠，而且最晚必須在 10 月 15 日內完成付款。

2. 如果維吉尼公司在10月1日繳付帳款，實際上只需繳 $21,600 × (1–1%) = $21,384，因為其享有1%的現金折扣$216。

3. 如果維吉尼公司在 10 月 15 日當天繳付帳款，因為已經超過現金折扣期限，則必須繳全額$21,600。

Doreen 飯店高爾夫俱樂部分錄：

維吉尼公司10月1日繳付

Doreen 高爾夫俱樂部之收入分錄

記錄時間	帳戶	借貸分錄		類別	增減情形
XXX/9/30	借方	應收帳款－會員 2004011	21,600	資產	增加
	貸方	營業收入－會員 2004011	21,600	收入	增加
XXX/10/1	借方	現金－會員 2004011	21,384	資產	增加
		現金折扣	216	抵減科目	增加
	貸方	應收帳款－會員 200401	21,600	資產	沖抵減少

維吉尼公司10月15日繳付

Doreen 高爾夫俱樂部之收入分錄

記錄時間	帳戶	借貸分錄		類別	增減情形
XXX/9/30	借方	應收帳款－會員 2004011	21,600	資產	增加
	貸方	營業收入－會員 200411	21,600	收入	增加
XXX/10/15	借方	現　金	21,600	資產	增加
	貸方	應收帳款－會員 2004011	21,600	資產	沖抵減少

第七節　旅館營業之內部控制

　　旅館及飯店經營者與餐廳經營者相同，必須制定一套有效管理每日經營績效的流程，而飯店內的收入利潤中心比餐廳更具複雜度，因此相關報表的設計成為執行管理指令的重要關鍵。

　　一般顧客前往飯店用餐、住房或其他消費時，可以觀察到飯店前場的相關工作，例如幫旅客下腳行李、櫃檯登記住房、結帳、安排旅遊服務等等；飯店櫃檯

的會計工作方面，則包括把當日的營業日報表整理列印、營業及現金收入的傳票彙整開單、當天現金支出傳票彙整單、當日櫃檯現金收支袋等，皆可協助會計在帳務處理上提供有效的數字佐證。

　　內控流程勢必因為飯店或旅館的規模大小不同而具有不同的複雜度，而且像國際級觀光大飯店、商務旅館、小型住宿旅店、最近相當熱門的民宿業、主題旅店、公教會館，甚至學人宿舍…等等不同型態的旅館或飯店，在硬體及軟體主客觀因素的影響之下，將呈現不同之會計需求及管理結果。

　　本節以下將探討飯店使用單一總櫃檯出納管理各利潤中心，以及各利潤中心獨立櫃檯作業，或者複合式櫃檯作業等狀況，並且列舉幾項會計上常用的表單供讀者參考使用。

一、單一總櫃檯出納

　　有些國際知名的飯店裡，對於前往消費的貴賓都給予最大的便利，他們除了設有會員制度外，電腦系統的完善使用更是不可或缺，如果大型飯店的各個利潤中心皆備有完善的電腦連線，一名前往飯店各營業單位消費的貴賓，或許只要告訴服務人員房間號碼，或者出示會員卡，或者房間鑰匙，就可以用簽帳的方式在飯店各個角落消費，最後準備退房時，總櫃檯會將這名顧客在飯店各部門的消費金額總結成一張帳單（表5-7），讓該顧客確認無誤後，以現金支付帳款、或刷卡付帳、或者記帳月結等，相當便利。

　　但使用單一總櫃檯的飯店有幾項優缺點必須考量，優點是對於客戶消費相當便利，增加對顧客服務的效率，以及飯店現金收支的管理較容易統整；缺點是顧客冒名在飯店內消費的風險、電腦系統故障時無法及時連結各利潤中心系統。

➔ 表 5-7　單一總櫃檯對帳單

Doreen 國際觀光大飯店　客戶請款對帳單			
簽帳顧客姓名／公司：＿＿＿＿＿＿＿		統一編號：＿＿＿＿＿＿＿	
簽帳人姓名	文森	對帳單流水號	20040924
聯絡電話	04-3853868	貴賓卡卡號	(No.2452)
行動電話	0912-334455	顧客會員等級	金卡會員 2004056
通訊地址	高雄市	對帳單製作人員	玫琪
身分證字號	P450275×××××	送單人員	米羅
住房期間	×××/9/22/~ ×××/9/23	現金折扣條件	2/1，n/10

→ 表 5-7　單一總櫃檯對帳單（續）

XXX 年 9 月 23 日消費對帳明細				
簽帳日	簽帳單號碼	消費部門及消費明細		簽帳金額
XXX/09/22	200409004	住房部	商務客房	$ 3,500
XXX/09/22	200409026	洗衣部	洗衣燙衣	$ 500
XXX/09/22	200409046	健身中心	健身房＋SPA	$ 300
XXX/09/23	200409078	住房部	商務客房	$ 3,500
XXX/09/23	200409127	西餐部門	排餐	$ 700
XXX/09/23	200409156	紀念品鋪	茶杯組	$ 1,200
帳單合計	$ 10,200			
發票金額				
顧客確認簽名欄：＿＿＿＿＿＿＿＿＿＿＿ 備註欄：			□帳單當日現金繳款 □期限內現金繳款 □期限內信用卡繳款	

二、採用複合式櫃檯之出納業務

　　綜合上述單一總櫃檯服務及個別營業單位櫃檯的優缺點，另有第三種複合式櫃檯的作業方式，就是將飯店內的營業單位櫃檯整合成幾個主要櫃檯，例如住房部門櫃檯可以包含洗衣、客房其他服務項目、使用健身房設施、停車費等帳務結算；餐廳部門櫃檯可以整合中餐廳、西餐廳、日式餐廳之出納帳務，由服務人員代為跑帳；其他像禮品鋪、郵務服務等可以整合一個櫃檯。

　　複合式櫃檯的作業方式可以使飯店減少設立出納櫃檯，對於飯店整體作業較不繁複，但是服務人員必須告知顧客結帳櫃檯的位置，或者以告示牌方式寫明，或由服務人員代顧客跑帳，否則僅流於飯店內部作業便利，而有些顧客消費不知所從。

三、帳務交接明細

　　飯店各營業單位櫃檯出納人員將每一天的營收狀況轉交後勤會計作業人員後，再由會計人員彙整為月報、年報、前後年比較分析等相關的表單，因此每日帳務交接必須清楚明瞭，並且由每位經手人確認簽章以示負責。以下將提出幾項出納櫃檯所必須交接給會計人員的基礎報表，提供飯店帳務之流程設計考量參考：

1. 每個營業日開立傳票之彙整總表

　　飯店內各營業單位櫃檯工作人員根據每日銷售明細，將飯店一日內所發生的銷售收入以及現金收支情況加以記錄，並統計彙整各項列數據，成為開立每一張傳票之總報表，並將其轉交會計結帳。表單設計如以下表 5-8 釋例。

→ 表 5-8　營業日傳票開立總表

Doreen 國際觀光大飯店　住房部門出納櫃檯傳票總表														第一聯／共三聯
營業日期：　　年　　月　　日					結帳出納：＿＿＿＿					排班時段：＿＿＿＿				
傳票編號	借方科目							貸方科目							
	現金	信用卡	應收帳款│會員簽帳	銷售折扣或讓價	應收票據	□□費用	購入□□	住房收入	洗衣部收入	停車部收入	訂金收入	其他服務收入	營業稅	應付帳款
570500	35,000							35,000						
570501		5,000						5,000						
合　計														

2. 每個營業日結帳出納繳款明細

　　飯店各營業櫃檯出納當日實際現金收入情況，與餐廳之現金結轉單相同，係根據表 5-8 之現金帳傳票明細，將各部門一日內所發生的銷售收入以及現金收支情況加以記錄，並統計實際現金總額是否符合，最後將現金收支列為一總表，以及相關會計憑證表單一併轉交會計結帳。表單設計如以下表 5-9 釋例。

→ 表 5-9　營業日現金及其他單證結轉單

Doreen 國際觀光大飯店　住房部櫃檯營業現金及單證結轉單　第一聯／共三聯			
營業日期：　年　月　日　　　結帳出納：＿＿＿＿＿＿　　　結轉會計：＿＿＿＿＿＿			
結轉明細表			
項目	金額	附件單證	稽核
1. 當日櫃檯零用金領用 ※總金額 $＿＿＿＿	$500×□張＝$＿＿＿＿＿＿ $100×□張＝$＿＿＿＿＿＿ $50 ×□個＝$＿＿＿＿＿＿ $10 ×□個＝$＿＿＿＿＿＿ $5　×□個＝$＿＿＿＿＿＿ $1　×□個＝$＿＿＿＿＿＿	領用單＿＿張	
2. 營業結帳 ※總金額 $＿＿＿＿	$500×□張＝$＿＿＿＿＿＿ $100×□張＝$＿＿＿＿＿＿ $50 ×□個＝$＿＿＿＿＿＿ $10 ×□個＝$＿＿＿＿＿＿ $5　×□個＝$＿＿＿＿＿＿ $1　×□個＝$＿＿＿＿＿＿	結存單＿＿張	
3. 今日現金收入 (2)-(1)	總金額$＿＿＿＿＿＿		
4. 信用卡簽單 ※總金額 $＿＿＿＿	＿＿＿＿卡　共□張簽單　共計$＿＿＿＿ ＿＿＿＿卡　共□張簽單　共計$＿＿＿＿ ＿＿＿＿卡　共□張簽單　共計$＿＿＿＿ ＿＿＿＿卡　共□張簽單　共計$＿＿＿＿ ＿＿＿＿卡　共□張簽單　共計$＿＿＿＿	信用卡簽單 總計＿＿張	
5. 支票收入 ※總金額 $＿＿＿＿	＿＿＿＿銀行　共□張　共計$＿＿＿＿ ＿＿＿＿銀行　共□張　共計$＿＿＿＿	支票收入 總計＿＿張	
6. 現金支出 ※總金額 $＿＿＿＿	＿＿＿＿廠商單證　共□張　共計$＿＿＿ ＿＿＿＿廠商單證　共□張　共計$＿＿＿ ＿＿＿＿廠商單證　共□張　共計$＿＿＿	■ 開立支票影本總計＿張 ■ 傳票號碼 ■ 收款廠商簽收證明	
7. 支票開立	＿＿＿＿銀行　共□張　共計$＿＿＿＿ ＿＿＿＿銀行　共□張　共計$＿＿＿＿	■ 開立支票影本總計＿張 ■ 傳票號碼 ■ 付款發票號碼 ■ 收款廠商簽收證明	
8. 合計	■ 實收現金核帳＝$＿＿＿＿　＝(3) 　＝（傳票總表現金收入帳戶總計）－(6)		
備　　　註		結轉單流水號	54958

四、帳務稽核作業

頗具規模的飯店或旅館，因為內部的營業利潤中心較多，在帳務處理及整合報表部分需要較多時間，即使已經電腦化連線作業，仍必須依照帳務流程循序漸進。例如總會計部門可能要等各部門當日帳務結清後，在次日才能結算全飯店的營業總額，如果未等待各部門處理完成即作結算，則數據的呈現可能不是最後的情況。

較為複雜的帳務工作代表需要更細心的稽核作業，了解整個飯店內的帳務作業是否流暢無誤，以下將提出旅館或飯店稽核人員所應執行的稽核工作：

1. 採購流程的合法性檢視

飯店各部門的採購管理較餐廳更為複雜，因此公開透明化仍是唯一重要原則。此時稽核人員可以研究飯店內各部門統一採購的優缺點，或者採取各部門獨立採購的可能性，或者依照採購金額大小決定各部門可以自行採購的權限。綜言之，採購必須掌握在公開、透明、廉潔、合理、效率這幾項原則。

2. 佣金制度研究

飯店或旅館業經常與旅行社或其他產業合作，以確保穩定客源，在合作過程中為使雙方受惠，可能會設計佣金制度，因此為避免佣金的發放流於檯面下作業，使公司權益受損，稽核人員必須協助公司建立一套透明有效的佣金管理制度。

3. 書面報表核對作業

飯店各部門出納作業及會計部門每日可能會製作大量的報表，除了相關作業人員自行製表校對外，稽核人員亦可從出納部門及會計部門所製作之各階段報表，查核是否有作業疏失及不合理之處，協助改進。

4. 會計相關憑證查驗

稽核人員不定期抽驗各筆帳務的原始單據憑證，除了解各部門運轉的情況外，可確保會計作業減少疏漏，降低餐廳營運的風險。

5. 飯店櫃檯前場作業流程改善

稽核人員亦可於飯店各營業單位前場觀察整體運作情形，針對櫃檯出納作業及帳務處理提出更好的見解或看法，並提報由出納及會計人員參考改進。

應用題

1. 收受全額違約訂金

　　雪福蘭飯店在 1 月 3 日接受林大同先生（會員編號 No.453）預訂 1 月 9 日及 10 日兩天商務客房 3 間，並且代為預定 10 日晚上歐式自助餐廳六人份，3 日訂房當天並以現金支付飯店住房規定之訂金$5,000，以及 10 日晚間自助餐訂位預定金$2,000，此預訂單最後取消預定的日期是 1 月 9 日上午十點以前。

　　結果 1 月 9 日中午，林大同因故必須消預訂之住房及餐點，茲因未能於最後規定時間內取消預訂，因此無法取回預繳訂金$7,000，且須將其視為對雪福蘭飯店的違約賠償。請作以下雪福蘭飯店住房部櫃檯之相關分錄。

(1) 收受顧客訂金。

(2) 未及時取消預訂。

2. 收受部分違約訂金

　　承上例，1 月 9 日中午林大同先生取消此次住房及餐廳預訂，因此無法取回部分預繳訂金。假設雪福蘭飯店規定，顧客若未能於最後規定時限內取消預約，則住房部分預定金全數列為違約金不得退還，自助餐廳部分則可全數退還，請作有關之訂金退還及沒收之分錄。

3. 如期消費之訂金處理

　　承上例，1 月 9 日上午十點以前，林大同先生攜帶公司客戶依照預約時間前來登記住房及用餐，9 日登記住房當天，飯店總櫃檯結帳項目包括住房費用（$3,850 含一成服務費×_____間×_____天＝$_____），歐式自助餐食品收入（$660 含服務費×6 份＝$_____），共計消費金額為$_____。

(1) 請計算住房費用及自助餐的服務費用分別是多少？

(2) 並寫出有關之訂金及結帳分錄。

4. 房客使用飯店或旅館健身房

　　林大同先生與客戶一行六人於 1 月 9 日～10 日兩天在雪福蘭飯店內住房，商務客房 3 間，依照林大同先生住房的消費等級，飯店可以提供健身房設施優惠特價的招待，非房客原價$700，每位房客僅需再支付$150 的費用即可使用健身房的設施。結果 1 月 9 日晚間，林大同與五位客戶一行六人前往使用健身設施。

(1) 請以飯店統一櫃檯收費方式作分錄。

(2) 請以飯店採用各部門收費的方式作分錄。

5. 非房客使用 SPA 設施

9 月 30 日 Anita 和朋友一行六人前往雪福蘭飯店使用 SPA 設施，每人原價$1,400，Anita 並非房客，但她是飯店的健身設施消費會員，故可以享有七折優惠價。

請作飯店其他設施營業收入—統一櫃檯收費制度之分錄。

6. 飯店內其他利潤中心會員折扣

雪福蘭大飯店內的健身休閒中心招募會員，其折扣認定以及簽帳制度只採取會員制度，除促銷期間的折扣招待券使用外，非會員者必須僅能依照原訂價消費，每位加入的貴賓必須先繳交會員年費$15,000，每次消費再依各種設施訂價三折收費。

Miller 在 XXX 年 4 月 3 日時，以非會員身分前往雪福蘭健身休閒中心嘗試消費一次，現金消費金額$900，Miller 決定自 5 月 1 日起加入年度會員貴賓，其 5 月份的七筆簽帳單總計為會員價$1,890。

(1) 請作健身中心對 Miller 之4月3日的消費分錄。

(2) 繳交年費之分錄。

(3) 會員消費之會計分錄。

7. 旅行社會員消費管理

已知 Doreen 國際觀光飯店與雪利旅遊公司所協議的往來方式是以會員制度的規則行之，雪利公司於 XXX 年 1 月 1 日繳交入會保證金$70,000，可視同雪利公司的預付住房費用，1 月 15 日正式被授權為 Doreen 國際觀光飯店住房部會員，會員編號 No.2434，如果保證金低於$30,000 時必須補繳至$70,000，否則無法享有會員簽帳的優惠。

已知雪利旅遊公司在 XXX 年 2 月 5 日出團，包括團員 29 人，領隊 1 人至 Doreen 飯店住宿，共訂經濟客房十間（原訂價$3,600），導遊休息房 1 間（原訂價$2,500，招待），依照雪利公司與 Doreen 飯店之約定，雪利可取得八折會員價，每次消費額 7%的佣金收入，Doreen 飯店以月結方式將佣金結算匯款，雪利旅行團 2 月 6 日上午十點退房時，但雪利旅行團決定以簽帳方式消費。請作以下有關雪利旅遊公司的消費相關計算及分錄。

(1) 雪利旅遊公司在 XXX 年1月1日正式繳交預付保證金，雙方協定該保證金可以視為預付住房費用，請作分錄。

(2) XXX 年2月5日雪利公司旅行團由領隊率團前來 Doreen 住房,其中旅客部分為經濟客房十間,請問原來總住房金額為何?享有會員折扣八折,因此會員價為何?請直接以會員價載明會員編號入帳並作分錄。

(3) 導遊或領隊之休息房每間原訂價$2,500,Doreen 飯店只有會員身分的旅行團才有招待住宿,請作分錄。

(4) 請作佣金分錄。

8. 現金折扣釋例

Doreen飯店已經於 2 月 28 日交寄 XXX 年 2 月份請款對帳單予雪利旅遊公司,帳款共計$150,000 經由雪利旅遊公司簽認無誤後,請其依照 1/2,n/10 現金折扣條件付款。

(1) 假設雪利旅遊公司在3月1日當天完成付款,請問該公司支付多少帳款?而飯店內部帳務分錄應該如何處理。

(2) 如果雪利公司是在3月8日當天完成繳款,請問該公司支付多少帳款?而飯店內部帳務分錄應該如何處理。

9. ROG－折扣期限

已知雪利旅遊公司在 Doreen 飯店 4 月 4 日當天的消費簽帳為$34,000,如果Doreen 給予雪利公司該筆帳務的現金付款條件是依照 ROG 2/5,n/20 的規定。

(1) 已知雪利公司在4月8日當天完成付款,請問該公司支付多少帳款?而住房部帳務分錄應該如何處理。

(2) 如果雪利公司是在4月20日當天完成繳款,請問該公司支付多少帳款?而住房部內部帳務分錄應該如何處理。

10. EOM－折扣期限

維吉尼公司為 Doreen 飯店高爾夫俱樂部的簽帳會員,消費即享有會員八折優惠,維吉尼公司 7 月份在 Doreen 高爾夫俱樂部僅有一筆消費,就是在 7 月 11 日當天,總消費金額為$14,000。

(1) 請問會員折扣後的簽帳金額是?

(2) 如果 Doreen 飯店高爾夫俱樂部給予維吉尼公司的現金付款條件是依照EOM 2/5,n/20的規定,而已知維吉尼公司在8月1日當天完成付款,請問該公司支付多少帳款?而俱樂部內部帳務分錄應該如何處理。

(3) 如果維吉尼公司是在8月15日當天完成繳款,請問該公司支付多少帳款?而俱樂部內部帳務分錄應該如何處理。

06
CHAPTER
★★★★★

餐旅館業的
費用管理

HOSPITALITY
MANAGEMENT
ACCOUNTING
PRACTICE

代進步，人們講求消費品味的要求提升，餐飲及飯店產業的經營模式越來越多元化發展，有效的掌控與管理又源自於不同的業者文化觀點，但仍有其一定的規則可循。本章內容將以餐飲業及旅館飯店業的費用管理為主題，了解餐旅館業的經營特色、各利潤中心所產生的費用項目，以及費用會計的原則性作業，並藉由交易事項的範例說明之。

第一節　餐旅館業的費用項目

一、餐廳業的費用項目

依據 National Restaurant Association 美國國家餐飲協會所出版的 Uniform System of Accounts for Restaurants（《餐廳統一帳務系統》）中，所列舉之費用類會計科目概可區分為管銷費用、營運費用（直接營運費用、行政及一般費用）、設備及維護費用三大類。

　　而根據 IAS 建議，若業者將費用劃分為「營業內」與「營業外」兩者，必須避免歸納錯置的情形。

（一）管銷費用類

帳戶類別	帳戶項目
Salaries and Wages 薪資及工資	服務費、場地預備、環境衛生、飲料、茶水、行政管理、採購及倉儲
Employee Benefits 員工福利	保險捐助、失業稅、團體保險、健保稅、福利計畫支用、退休計畫支用
	意外及健康保險津貼、住院治療、工人傷殘賠償、醫療費用
	員工伙食費、員工教育費、員工節慶聚會、婚喪喜慶、員工體能活動、獎品、獎金、交通及住宿
Occupancy Costs 場站成本	用地租金、設備租金、建築及內容物保險
Tax 稅賦	權利金稅務、資本稅、營利事業所得稅、法人或公司執照費用、不動產稅賦、個人財產稅賦
Depreciation 折舊	建築物、租賃權攤銷、家具、生財設備

1. 薪資及工資：依照餐廳內部工作執掌不同劃分薪資帳戶，這樣的作法可觀察一個階段期間內，各種功能執掌之員工薪資發放比例，檢驗其合理性。

2. 員工福利制度方面：主要以著重員工之保險、醫療、生活津貼三大項目。

3. 場站成本：租用不動產或生財設備之費用或稅賦。

4. 稅賦及折舊費用：各式稅務及不動產或硬體設備之耗損計費。

（二）營運費用類

1. 直接營運費用

帳戶類別	帳戶項目
Materials 耗材用品類	制服、洗衣及乾洗、布巾租用、布巾、瓷器及玻璃器皿、銀器、廚房用具、汽車及卡車用品費用、清潔備品、紙張備品、客戶用備品、酒吧備品、菜單及酒品目錄、清掃合約、花及裝飾品、執照及許可證
Music & Entertainment 音樂及娛樂	音樂工作者費用、專業表演者、音樂播放、鋼琴租賃及調音、影片、唱片、影帶及音樂、節目、專利版稅、音樂工作者伙食
Marketing 行銷	宣傳旅費、宣傳單、廣告及宣傳電話費、郵資、廣告、報紙稿、雜誌及期刊廣告、門外標示、簡介、明信片及其他郵寄品、收音機及電視廣告、名人錄及指南、影印本及照片資料、紀念品、廣告或促銷商佣金
Public Relations and Publicity 公共關係及政策	公民及社區計畫、捐贈
Research 研究費用	旅遊相關研究、外部研究機構、產品試銷
Utilities 設施	電流、電燈泡、水、垃圾清理、其他燃料、電纜電報服務合約

(1) 耗材用品類：餐廳營業場地服務顧客所需使用之物品、備用物品。

(2) 音樂及娛樂：一般餐廳為增添顧客用餐的情趣，通常會邀請音樂家、藝術表演者進行現場表演，這樣的作法有時候會形成一家餐廳的經營特色；餐廳如果未準備特別的表演秀時，基本上也會採取播放音樂的方式營造出有特色的用餐環境。

(3) 行銷及廣告：宣傳的工作相當重要，如何透過媒體、廣告、促銷策略等多種管道，將餐廳的知名度建立及提升，經營者皆必須定期編列一部分預算費用作此用途。

(4) 公共關係及政策：企業形象的營造是相當重要的生存課題之一，如何讓民眾覺得餐廳的經營形象是為大眾服務，對社會有助益的，平時必須注重社會公益的事業協助推展。

(5) 研究費用：通常是指市場調查，藉此了解目前同業競爭的情況、消費者對本餐廳供餐及服務態度的滿意程度、消費者的偏好是否轉變、新產品推出的反應情況，以及未來餐廳的策略制定等，皆必須透過有計畫性的專人研究，以確保市場方向的正確性。

(6) 設施：包括餐廳所有硬體的管線設施維護及汰換以及廢棄物處理。

2. 行政及一般費用

帳戶類別	帳戶項目
Administrative Expenses 行政管理費用	開辦費、辦公文具、印刷及備品、資料處理成本、郵資、電報及電話、刊物訂閱、差旅費用、保險費、呆帳備抵、雜項支出
Consulting Expenses 諮詢代理費用	佣金或信用卡抽佣、專業諮詢費用、避險及銀行選擇、銀行費用、訂房業務代表費用
Cash Flow Balance 現金流量管理	現金短溢

(1) 行政管理費用：開辦事業單位的相關費用、辦公室行政人員所使用的物品、設備耗材及維護費用，以及應收帳款的呆帳提撥費用。

(2) 諮詢代理費用：委託專業人士代為承辦公司業務的代辦費用，或者委託他人處理業務之佣金費用。

(3) 現金流量管理：面對每日櫃檯現金收支的管理，難免發生找零錯誤的事件，到每日營業結束後結帳完成，如果發生現金收支與帳面不符合時，就必須記錄現金短（少於帳面金額）或溢（多餘帳面金額）的帳戶。

（三）設備及維護費用

帳戶類別	帳戶項目
Repairs and Maintenance 設備修繕及維護	家具及設備、廚房設備、辦公設備、冷藏設備、空調、管線及冷氣、電器及機械、地板及地毯、汽車及卡車、其他設備及補給
Real Estate Maintenance 不動產設施維護	停車場、建築變更、庭園及地面造景維護、土地、建築物維護、粉刷、灰泥及裝潢

1. 設施修繕及維護

餐廳建築物主體、餐廳內所裝設、購置或訂作的硬體器材、設備或物件，必須定期進行保養，若有耗損或毀壞，則每年必須編列固定預算進行維修。

2.不動產設施維護

包括建築物、庭園造景及土地的維護。

二、旅館的費用類別

依據 Educational Institute of the American Hotel & Lodging Association 美國飯店及住宿協會之教育機構所出版的 Uniform System of Accounts for the Lodging Industry（《飯店住宿業之統一帳務系統》）所列舉之會計科目，可將旅館飯店之經營費用概略劃分為薪餉部門、其他費用、行政管理費用及固定費用類。

（一）薪餉部門科目

帳戶類別	帳戶項目
Salaries and Wages 薪資及工資	部門管理及幕僚、部門直線員工、薪資冊稅賦
Employee Benefits 員工福利	醫療保險、壽險、牙醫保險、殘障津貼、退休金及利潤分配、員工伙食費

1.薪資及工資

包括管理階層及其直線歸屬的員工薪資，以及與薪資所得稅有關的費用帳戶。

2.員工福利

飯店經營者所提供予內部工作人員的保險、醫療、津貼、營利分紅及退休退職等相關權益之費用帳戶。

（二）其他費用類

帳戶類別	帳戶項目
Operating Supplies 營運備品	清潔用備品、顧客用備品、紙張備品、郵資及電報、印刷及文具、菜單、器皿及用具、布巾、瓷器、玻璃器皿、制服
Laundry 洗衣費用	合約洗衣費用、洗衣部及乾洗費用、洗衣部備品
雜項費用	證照、廚房燃料、音樂及娛樂費用、預約費用
Information System Expenses 資訊系統費用	硬體維護、軟體維護、服務部門費用

1. **營運備品**：包括飯店客房內提供房客使用的清潔、文具、擺飾、菜單所有物品，以及服務人員制服費用等相關帳戶。
2. **洗衣費用**：飯店內部所設立的洗衣部營運費用，或者將洗衣業務外包給外面的洗衣公司，可採用論件計酬，或者契約承包的方式進行。
3. **資訊系統費用**：飯店或旅館內，整體管理、會計、訂房、訂位之電腦系統及硬體維護作業，實務上，通常是每年以固定談妥之合約金額外包給電腦公司進行維護的工作。

（三）行政管理費用

帳戶類別	帳戶項目
Human Resources Expenses 人力資源費用	刊物訂閱、員工住宿、員工關係、醫療、招募、人力重置、訓練、交通運輸津貼
Administrative Expenses 行政管理費用	開辦費、信用卡佣金、捐贈、保險、賒帳及收款費用、專業諮詢費用、損失及損壞、呆帳備抵、現金短溢、旅遊及娛樂
Marketing Expenses 行銷費用	佣金、傳單、館內圖表設計、戶外廣告、銷售點管理資材、印刷資材、收音機及電視、促銷、經銷權、加盟權利金
Property Operation Expenses 產物運作費用	建築物補給品、電氣及機械設備、電梯、工程用備品、家具、設備及裝潢、庭園造景及景觀規劃、粉刷及裝潢、垃圾清理、游泳池費用
Guest Transportation 旅客交通運輸	燃料及油資、保險、修繕及維護、其他費用
Utility Costs 設施成本	電力、燃料、蒸氣、水

1. **人力資源費用**：飯店需要招募好的人才進入服務，對於現有的人力必須加強培訓，唯有不停地學習新知，才能為公司創造更好的營運績效，因此在人力資源培育的相關預算必須定期編列。
2. **行政管理費用**：會計帳務所產生的呆帳費用提列、現金餘額平衡，以及開辦事業登記、行政業務上所產生的辦理費用。
3. **行銷費用**：除一般宣傳促銷活動費用外，尚包括加盟連鎖經營的權利金，銷售點管理設施的費用。
4. **產物運作費用**：硬體設施所需要的常態性維護、材料費、維持運作等費用。
5. **旅客交通運輸**：車輛的所有一切耗材、維修及稅賦開銷費用。
6. **設施成本**：能源使用及其硬體管線配備費用。

（四）固定費用類

帳戶類別	帳戶項目
Rent of Lease Expense 租賃契約費用	土地、建築物、設備、電信設備、資訊系統設備、軟體、交通工具
Tax Expenses 稅賦費用	不動產稅、個人財產稅、公共設施稅、商業及職業稅、所得稅
Building and Content Insurance 建築及產物保險	火險、竊盜險、風災、地震險
Interest Expense 利息費用	抵押利息、應付票據利息、資本借貸利息、遞延融資成本分攤
Depreciation and Amortization 折舊及攤提	建築及改善、租賃權及租賃權改善、家具及設備、機器及設備、資訊系統設備、汽車及卡車、資本借貸、開辦費
Gain or Loss on Sale of Property 財產出售損益	土地、建築物、設備

1. 租賃契約費用：飯店或旅館向其他單位承租之標的物，以作為營業目的使用者，如不動產、器材或設施等，皆必須簽訂正式租賃契約，並且依照契約上所規定的權利義務之行使，進行付款。
2. 稅賦費用：飯店營業所產生的各項稅賦費用，實務上可包含營業稅、土地稅、房屋稅、薪資所得稅、贈與稅、安全捐、環境保護稅、營業執照稅、土地增值稅等。
3. 建築及產物保險：陸上建築物及設施之火險、竊盜險、風災及地震險。
4. 利息費用：長短期借貸、融資、開立票據、銀行代墊款等財務處理產生的資金使用代價之相關費用。
5. 折舊及攤提：包括硬體設施、器材、設備之折舊，或者權利、執照使用年限之攤銷。
6. 財產出售損益：飯店或旅館出售公司所屬財產之收益或損失。

三、費用之劃分及預算編列

會計費用帳戶之劃分具有其實務處理上的複雜度，以下將說明兩項重要觀點：

（一）費用項目的歸屬

1. 部門科目的劃分

以具有規模的飯店為例，內部各部門之運作皆具有其業務上之獨特性，因此並非每一個部門所使用的會計科目皆相同，或許有些會計科目僅適用於某一個部門，而其他部門完全不適用，如以下表 6-1 所舉例。

2. 總合性會計科目的分攤計算

　　有一些會計科目所記錄的費用項目是總合性的，例如整個飯店水電的使用、土地及房屋稅捐、產物保險費等等，飯店的營運部門眾多，如果在實務上無法個別劃分時，可能必須各部門合議設計一套計算公式或參數值，將總合性的費用項目分攤到各營業部門的成本項下來計算之。

→ 表 6-1　各部門可能使用的會計帳戶釋例

科目名稱	客房部門	餐廳部門	營繕部門	保全部門	會計部門	行政管理部門	業務部門	工程部門
薪　　資	✓	✓	✓	✓	✓	✓	✓	✓
食材進貨		✓						
飲料進貨	✓	✓						
佣金費用							✓	
產物保險	✓	✓						
顧客用品	✓	✓						
清潔合約	✓	✓						
菜　　單	✓	✓						
廣　告　費							✓	
推　廣　費							✓	
差　旅　費						✓	✓	
交　際　費							✓	
培　訓　費	✓	✓			✓	✓	✓	
維　修　費			✓					✓
制　　服	✓	✓		✓			✓	
折　舊　費	✓	✓						
洗　衣　費	✓	✓						
呆帳費用					✓			
執　照　費		✓		✓	✓			✓
音樂及娛樂費用		✓						
利息費用					✓			
諮　詢　費					✓	✓		
電腦系統軟體維護費用	✓	✓		✓	✓	✓		

（二）年度預算的編列

表6-1所舉例之各部門費用帳戶中，其實具有一項重要的前提思考，無論是餐廳、旅館業者，或者其他型態之企業，在每一年運作的開始，皆必須事先將所有可能發生的費用作一預算的估計，才不會產生營運透支的突發狀況。在實務上的作法步驟包括：

1. 編列年度預算

透過公開正式的會議，請各部門主管與幕僚將下一年度可能發生的費用編列成表，費用的編列原則必須有採購價格的可靠依據，以及採購標的物的用途說明、保管及存放位置以及可以發揮的效益等，這樣才能取信於會議上的每一位具有決策權利的主管。

2. 決定年度費用預算

經過全體與會主管合議討論後，可能會對各部門所提出的預算金額加以增加或刪減。最後各部門再依據所決議的年度預算開始下一年度的業務運作，這樣在整體上的財務控制流程僅是一個開始而已，後續尚有許多控制的流程必須執行。

3. 過程稽查與透明化

財務稽核部門必須對於各部門每月所作的預算執行進度進行查核，並且了解每一筆支出費用的正當性及合理性。如果有不尋常的費用產生時，財務部門必須查證原因，並且請採購單位於公開會議上提出說明，一切以透明化為原則。

4. 各部門預算執行進度查證

期末時，財務稽核部門應該統整各部門費用執行的狀況，若有產生預算執行不力，或者預算透支過度的情事，將請執行單位公開說明原因。

5. 年度決算金額成為參考依據

在飯店的財務分析作業方面，所有預算執行的決算結果將成為下一年度編列預算的參考數值，以及計算各部門對整體企業貢獻的最佳參數。

第二節　固定資產之折舊費用

餐旅館業的營業資產項目眾多，本節將以固定資產之管理為主，介紹餐旅館業所建置的設備、設施之折舊計算範例。

IAS16提到一項重要規定，業者營業使用之資產耐用年限、資產殘值以及折舊方法等，需要在每一個會計年度結束日後進行重新評估。

一、固定資產的折舊

　　所謂的「折舊」是針對企業所購置的各項固定資產之效用分攤原則而言。企業在每個會計階段當中，皆有其成本與收益的計算，因此不可能將剛採購的固定資產全部記入一個階段的成本當中，因為這樣不符合該項資產對整體收益的貢獻情形，因此應該要視該項資產的使用時間，或者平均每一階段所作的貢獻程度，分別分攤在每一期的營業收入或受益當中，亦即責任與義務兼具的原則下作費用及成本之考量。

　　以下將介紹提列折舊的原因，以及資產購入不滿一年的時間，在慣例上，折舊時間要如何認定之，以及各種常用的折舊計算方法。

（一）提列折舊考量之原因

　　將固定資產提列「折舊」是考量到該設備或器材經年累月的使用，可能會日漸殘舊而至不堪使用的「實體因素」；以及該設備經歷多年，功能及效率可能也不及新型機器運作的「功能因素」。

（二）提列不滿一年的折舊期間認定

　　實務上經常採用以下的認定方法：
1. 就購置時間而言：每月 15 日之前購入者，提列當月全月折舊；16 日後購入者，當月不提列折舊。
2. 就處分時間而言：每月 15 日之前處分者，不提列當月折舊；16 日後處分者，提列當月全月折舊。

（三）折舊的方法

　　本節所介紹的折舊方法共分為三大類，分別是平均法、活動量法及加速折舊法，其中「活動量法」又可分「工作時間法」及「生產數量法」；加速折舊法又可劃分「年數合計法」、「定律遞減法」及「倍數餘額遞減法」，以下將舉例分述之。

案例6-1 平均法

1. 方法：平均法又稱為直線折舊法、固定折舊法。作法是將折舊成本平均分攤在資產所估計的耐用年限中，也就是每一期皆提列相同額度的折舊費用的作法，所使用到的計算變數是「資產成本」、「估計殘值」（該項資產最後剩餘價值），以及估計的「耐用年限」等三項。

2. 公式介紹：每年折舊額度＝（成本－殘值）÷估計耐用年限

3. 例題：喬爾斯飯店在 XXX 年 1 月 1 日以現金購置方式，汰換客房部門空調設備一批，共計花費$250,000，估計可用 8 年，期滿後的殘值為$10,000，請計算每年及每個月的折舊額，以及 XXX 年 8 月 31 日及 12 月 31 日所提列的折舊費用分錄。

4. 說明：

    (1) 先計算出喬爾斯飯店新購置的空調設備每一年之折舊額度為（空調購置成本$250,000－殘值$10,000）÷耐用年限8年＝每年$30,000。

    (2) 一年$30,000折舊費÷12個月＝$2,500（每個月的折舊費）。

    (3) 喬爾斯飯店購置空調設備的時間是在1月1日，則1月份依照慣例必須提列折舊費用。

    (4) 折舊費用的提列分錄通常是借記「折舊－□□（資產名稱）」，例如折舊－空調設備；貸記部分並非□□資產，而是一個資產的抵減科目「累計折舊－□□（資產名稱）」，例如「累計折舊－空調設備」。

    (5) 到 XXX 年8月31日為止，喬爾斯飯店的空調設備應該可以提列折舊（$2,500每個月的折舊費×8個月）＝$20,000；到 XXX 年12月31日為止，應該折舊一年$30,000的費用。以下為喬爾斯飯店 XXX 年所作的空調設備折舊分錄。

購入資產

記錄時間	帳戶	借貸分錄		類別	增減情形
XXX/1/1	借方	空調設備一批	250,000	資產	增加
	貸方	現金	250,000	資產	減少

若於 8 月 31 日提列折舊

記錄時間	帳戶	借貸分錄		類別	增減情形
XXX/8/31	借方	折舊－空調設備	20,000	費用	增加
	貸方	累計折舊－空調設備	20,000	資產抵減	增加

若於 12 月 31 日提列折舊

記錄時間	帳戶	借貸分錄		類別	增減情形
XXX/12/31	借方	折舊－空調設備	30,000	費用	增加
	貸方	累計折舊－空調設備	30,000	資產抵減	增加

案例6-2 活動量法－工作時間法

1. 方法：所謂工作時間法(work hours method)是以「固定資產總工時」作為折舊費用攤算的「分母」，然後計算出「每個單位時間的平均攤提費用」，之後再根據每年實際的工作時間乘以單位攤提費用，最後得到年度總折舊費用。本法所使用到的計算變數是「資產成本」、「估計殘值」（該項資產最後剩餘價值）以及估計的「總工作時間」等三項。

2. 公式：單位折舊額度＝（成本－殘值）÷估計的總工作時間

3. 例題：喬爾斯飯店在 XXX 年 1 月 1 日以現金購置方式，汰換客房部門空調設備一批，共計花費$250,000，總共運作時數可達 200,000 小時，期滿後的殘值為$10,000，請計算每小時的折舊額，假設到 XXX 年 7 月 31 日一共工作 10,000 小時，以及到 12 月 31 日一共工作 20,000 小時，請製作所提列的折舊費用分錄。

4. 說明：

   (1) 先計算出喬爾斯飯店新購置的空調設備每一單位之折舊額度為（空調購置成本$250,000－殘值$10,000）÷總工作時數200,000小時＝每小時$1.2元。

   (2) 到 XXX 年7月31日為止，喬爾斯飯店的空調設備應該可以提列折舊（每小時$1.2元×10,000小時）＝$12,000。

   (3) 到 XXX 年12月31日為止，應該折舊一年20,000小時的費用。（每小時$1.2元×20,000小時）＝$24,000。以下為喬爾斯飯店 XXX 年所作的空調設備折舊分錄。

購入資產

記錄時間	帳戶	借貸分錄		類別	增減情形
XXX/1/1	借方	空調設備一批	250,000	資產	增加
	貸方	現金	250,000	資產	減少

若於 7 月 31 日提列折舊

記錄時間	帳戶	借貸分錄		類別	增減情形
XXX/7/31	借方	折舊－空調設備	12,000	費用	增加
	貸方	累計折舊－空調設備	12,000	資產抵減	增加

若於 12 月 31 日提列折舊

記錄時間	帳戶	借貸分錄		類別	增減情形
XXX/12/31	借方	折舊－空調設備	24,000	費用	增加
	貸方	累計折舊－空調設備	24,000	資產抵減	增加

案例6-3 活動量法－生產數量法

1. 方法：所謂生產數量法(units of output method)是以「固定資產總生產量」作為折舊費用攤算的「分母」，然後計算出每個單位產品的平均攤提費用，之後再根據每年實際的生產數量乘以單位攤提費用，最後得到年度總折舊費用。本法所使用到的計算變數是「資產成本」、「估計殘值」（該項資產最後剩餘價值）以及「估計的總生產單位」等三項。

2. 公式：單位折舊額度＝（成本－殘值）÷估計的總生產單位

3. 例題：蜜琪餐廳在 XXX 年 1 月 1 日以現金購置方式，購買製作麵條的機器一部，共計花費$73,000，估計共可生產 36,000 公斤的麵條，期滿後的殘值為$1,000，請計算公斤麵條的折舊額，假設到 XXX 年 6 月 30 日一共生產 2,000 公斤的麵條，以及到 12 月 31 日一共生產 4,500 公斤的麵條，請製作所提列的折舊費用分錄。

4. 說明：

   (1) 先計算出蜜琪餐廳新購置的麵條機器每生產一公斤之折舊額度為（機器購置成本$73,000－殘值$1,000）÷總生產數量36,000公斤＝每公斤$2元。

   (2) 到 XXX 年6月30日為止，蜜琪餐廳的麵條機器應該可以提列折舊（每公斤$2元×2,000公斤）＝$4,000。

   (3) 到 XXX 年12月31日為止，折舊一年4,500小時的費用。（每公斤$2元×4,500公斤）＝$9,000。以下為蜜琪餐廳 XXX 年所作的麵條機器折舊分錄。

購入資產

記錄時間	帳戶	借貸分錄		類別	增減情形
XXX/1/1	借方	麵條機器一部	73,000	資產	增加
	貸方	現金	73,000	資產	減少

若於 6 月 30 日提列折舊

記錄時間	帳戶	借貸分錄		類別	增減情形
XXX/6/30	借方	折舊－麵條機器	4,000	費用	增加
	貸方	累計折舊－麵條機器	4,000	資產抵減	增加

若於 12 月 31 日提列折舊

記錄時間	帳戶	借貸分錄		類別	增減情形
XXX/12/31	借方	折舊－麵條機器	9,000	費用	增加
	貸方	累計折舊－麵條機器	9,000	資產抵減	增加

案例6-4 加速折舊法－年數合計法

IAS 並未提及年數合計法之使用，而實務上此法被視為有系統的分攤成本方法之一，故仍有多數業者應用。

1. 加速折舊法(accelerated depreciation method)的意義：是指在資產使用的最初幾年提列較多的折舊費用，到後期提列較少的折舊費用。因為時代進步快速，有些機械設施產品推陳出新速度很快，而且剛購入機械的生產效率也較高，所以盡量在早期將折舊費用提列完畢，後期耗損的機器提列較少的費用，其真正的生產能量及成本較能符合真實的效益比率。
2. 方法：所謂年數合計法(sum of years digit method)是以時間的觀念來作計算的基準，是以「該年所剩餘的使用年數」除以「每一年資產可使用**年數總計**」。
3. 公式：
   折舊率＝該年度開始所剩餘的使用年數÷每年資產可使用的年數總計
   折舊費用＝（成本－殘值）×折舊率

4. 例題：蜜琪餐廳在 XX1 年 1 月 1 日以現金購置方式，購買製作麵條的機器一部，共計花費$73,000，期滿後的殘值為$1,000，估計可以使用五年，請計算折舊率，以及分別計算 XX1、XX2、XX3、XX4 及 XX5 年的折舊費用，並製作 XX1 年所提列的折舊費用分錄。

5. 說明：

(1) 先計算出蜜琪餐廳新購置的麵條機器每年的折舊費率。其中資產購入成本減去殘值為$73,000－$1,000＝$72,000，且已知機器共可以使用五年的時間。

(2) 第一年開始共可用5年，第二年起可再使用4年，依此類推到第五年開始僅剩下1年可以使用，如此就推算出每一年的分子；之後再**將每一年可以使用的年限加總**，就獲得每一年分母的值為（共5＋4＋3＋2＋1＝15年）。

年度	成本－殘值	×該年度所剩餘的使用年數 ÷每年資產可用年數總計	該年度的折舊費用	分攤折舊比率
XX1	$72,000	×（共剩 5 年可以使用）÷15 年	$24,000	0.33
XX2	72,000	×（共剩 4 年可以使用）÷15 年	19,200	0.27
XX3	72,000	×（共剩 3 年可以使用）÷15 年	14,400	0.2
XX4	72,000	×（共剩 2 年可以使用）÷15 年	9,600	0.13
XX5	72,000	×（共剩 1 年可以使用）÷15 年	4,800	0.07
合　計			72,000	1.00

購入資產

記錄時間	帳戶	借貸分錄		類別	增減情形
XX1/1/1	借方	麵條機器 73,000		資產	增加
	貸方	現金	73,000	資產	減少

若於 12 月 31 日提列折舊

記錄時間	帳戶	借貸分錄		類別	增減情形
XX1/12/31	借方	折舊－麵條機器 24,000		費用	增加
	貸方	累計折舊－麵條機器	24,000	資產抵減	增加

📁 案例6-5 加速折舊法－定率遞減法

1. 方法：所謂定律遞減法(fixed rate declining balance method)是以資產每一期的期初帳面價值乘以固定的折舊率而言。

2. 公式：

$$折舊率(r) = 1 - \sqrt[n]{\frac{殘值}{資產購置成本}} \qquad (n\ 代表估計最長使用年限)$$

折舊費用＝每年期初帳面價值×折舊率(r)

3. 例題：卡薩家旅館在 XX1 年 1 月 1 日完工建造一小型雕塑噴水魚池，並開立一個月後付款的票據給廠商，共計花費$170,000，估計可以使用 4 年，期滿後的殘值為$30,000，請計算折舊率，以及分別計算 XX1、XX2、XX3 及 XX4 年的折舊費用，並製作 XX1 年所提列的折舊費用分錄。

4. 說明：

(1) 先計算出卡薩家旅館新建購的噴水魚池每年的固定折舊費率。其中資產購入成本減去殘值為$170,000－$30,000＝$140,000，且已知噴水魚池共可以使用4年的時間。

$$折舊率(r) = 1 - \sqrt[4]{\frac{\$30,000}{\$170,000}} = 0.3519 = 35.19\% \,(n\ 代表估計最長使用年限)$$

(2) 除了第一年的期初帳面價值等於資產購入成本外，之後每一年的期初帳面價值等於前一年價值減去該年折舊費用後，等於後一年的帳面價值，依此類推。實務上的計算方法可以用購入資產的成本減去每一年的累計折舊即可得到下一年的帳面價值。

年度	每年帳面價值之計算	×固定折舊率	當年度的折舊費用	累計折舊
XX1	$170,000	×35.19%	＝$59,823	$59,823
XX2	$170,000－$59,823＝$110,177 （購入資產成本－XX1 年累計折舊費用）	×35.19%	＝$38,771	$98,594
XX3	$170,000－$98,594＝$71,406 （購入資產成本－XX2 年累計折舊費用）	×35.19%	＝$25,128	$123,722
XX4	$170,000－$123,722＝$46,278 （購入資產成本－XX3 年累計折舊費用）	×35.19%	＝$16,278 （尾數省略）	$140,000 （保留殘值$30,000）

購入資產

記錄時間	帳戶	借貸分錄		類別	增減情形
XX1/1/1	借方	噴水魚池	170,000	資產	增加
	貸方	應付票據	170,000	負債	增加

若於 12 月 31 日提列折舊

記錄時間	帳戶		借貸分錄		類別	增減情形
XX1/12/31	借方	折舊－噴水魚池	59,823		費用	增加
	貸方	累計折舊－噴水魚池		59,823	資產抵減	增加

📁 案例6-6 加速折舊法－倍數餘額遞減法

1. 方法：所謂倍數餘額遞減法(double declining balance method)是以資產每一期的期初帳面價值乘以固定的折舊率而言。而折舊率的算法通常是直線折舊法的兩倍，而且優點是**不用考慮殘值的問題**。

2. 公式：

$$折舊率(r) = \frac{2}{n} \qquad （n 代表估計最長使用年限）$$

$$折舊費用 = 每年期初帳面價值 \times 折舊率(r)$$

3. 例題：以卡薩家旅館在 XX1 年 1 月 1 日完工建造一小型雕塑噴水魚池為例，完工後開立一個月後付款的票據給廠商，共計花費$170,000，估計可以使用 4 年，期滿後的殘值為$20,000，請計算折舊率，以及分別計算 XX1、XX2、XX3 及 XX4 年的折舊費用，並製作 XX1 年所提列的折舊費用分錄。

4. 說明：

   (1) 先計算出卡薩家旅館新建購的噴水魚池每年的固定折舊費率。其中資產購入成本減去殘值為$170,000 － $20,000 ＝ $150,000，且已知噴水魚池共可以使用4年的時間。

$$折舊率(r) = \frac{2}{n} = \frac{2}{4} = 50\% \qquad （n 代表估計最長使用年限，本題為4年）$$

   (2) 每年帳面價值的計算方法與定律遞減法相同。

年度	每年帳面價值之計算	×固定折舊率	當年度的折舊費用	累計折舊
XX1	$170,000	×50%	＝$85,000	$85,000
XX2	$170,000 － $85,000 ＝ $85,000 （購入資產成本－XX1 年累計折舊費用）	×50%	＝$42,500	$127,500
XX3	$170,000 － $127,500 ＝ $42,500 （購入資產成本－XX2 年累計折舊費用）	×50%	＝$21,250	$148,750
XX4	$170,000 － $148,750 ＝ $21,500 （購入資產成本－XX3 年累計折舊費用）	－$20,000 （必須保留之殘值）	＝$1,250	$150,000

由於本例的殘值為$20,000，故 XX4年依照折舊率所計算出來的折舊費用是$10,625，但僅能提列$1,250，因為需要保留殘值的部分。

購入資產

記錄時間	帳戶	借貸分錄		類別	增減情形
XX1/1/1	借方	噴水魚池	170,000	資產	增加
	貸方	應付票據	170,000	負債	增加

若於 12 月 31 日提列折舊

記錄時間	帳戶	借貸分錄		類別	增減情形
XX1/12/31	借方	折舊－噴水魚池	85,000	費用	增加
	貸方	累計折舊－噴水魚池	85,000	資產抵減	增加

第三節　無形資產之攤銷費用

無形資產在企業體的發展中逐漸受到重視，例如像專利權的獲得、商標權的使用、智慧財產權等，其原始成本的認定，以及各種攤銷(amortization)列入收益期間的成本計算的方式，以下將分項敘述之。

一、原始成本的認定原則

如果是企業向外部購買的無形資產（如權利金、專利權等），則以當時購買的價格列入原始成本；如果是企業內部自行創造出來無形資產，則成本的認定是以登記註冊、模型製作、律師費等列入有關成本，研究發展費用的支出部分則列入當期的費用內；但在實務操作面上，可能會再加上給予資產創造者的獎金或報酬部分，由企業內部認定該列入成本項目或研發費用當中。

二、攤銷方法及年限之原則

1. 一般無形資產是採用直線折舊法,而且不需要提列殘值。

$$公式:每年攤銷費用 = \frac{無形資產原始成本}{估計攤銷年限}$$

2. 以**法定年限**及**經濟年限**兩者較短者,擇其一採用。
3. **法定年限**是指法律所賦予的存續年限;**經濟年限**是指視未來經濟發展的趨勢,以及評估無形資產本身的特質所衡量出來的時間。
4. 依照我國公認會計原則規定,攤銷年限不得超過 20 年,而且攤銷過程中若有年限或成本增減變動的情形發生,則採不溯及既往的原則處理。
5. 無形資產的攤銷分錄採用**直接沖銷法,直接借記攤銷費用－□□資產項目,貸記無形資產－□□資產項目**,不再另外設立一項抵減科目。
6. 天然資源的攤銷則必須在貸方設立一個抵減科目為**累計折耗**。

三、無形資產之帳務處理範例

以下將以無形資產中,最常見的專利權、租賃權益及租賃改良等四項作為說明的範例。

以往將開辦費列為無形資產為不適當作法,茲因開辦費為企業創始之初所投入的必要支出,項目包含創業人薪酬、事業單位的登記規費等等,故開辦費應認列為當期費用而非無形資產。

(一)專利權的帳務處理

1. 專利權

政府保障發明者,對於所發明的標的物在法定時間限制內,可以擁有製造、銷售及處分的權利,而且可以排除他人仿冒或使用該項發明的權利,並且享有其帶來的獨占利潤。

2. 帳務處理

案例6-7 購買

丹迪觀光酒店向廠商購買一套 SPA 健身設備，翌日，丹迪酒店對於該項產品之投資製造有興趣，故想向原發明人購買專利權，進行該項產品生產之投資，雙方談妥的交易價格是300萬元，丹迪酒店開立一個月的票據支付之。

說明：

向他人購買專利權時，以實際購買的價格作為入帳成本。

分錄：

帳戶	借貸分錄		類別	增減情形
借方	專利權 3,000,000		資產	增加
貸方	應付票據	3,000,000	負債	增加

案例6-8 企業自行研發

丹迪觀光酒店自行研發釀造新品種酒，過程當中共計花費材料費$78,000，以現金支付；而為了申請該項釀酒配方的專利權，過程中再繳交登記費、規費及律師費等共計$12,000，以現金支付之。

說明：

企業自行研發而申請的專利權僅能就申請過程中所發生的費用列入專利權的資產價格，對於研發過程中所投入的材料或人事開銷必須列入當期的費用帳戶中。

分錄：

帳戶	借貸分錄		類別	增減情形
借方	研發材料費 78,000		費用	增加
貸方	現金	78,000	資產	減少

帳戶	借貸分錄		類別	增減情形
借方	專利權 12,000		資產	增加
貸方	現金	12,000	資產	減少

案例6-9 向他人租用

丹迪觀光酒店向一名藝術家租用畫作設計專利權一年，每個月需以現金支付$8,000。

說明：

企業向他人租用專利權時，就各期租賃支付權利金時認列費用。

分錄：

帳戶	借貸分錄		類別	增減情形
借方	權利金費用	8,000	費用	增加
貸方	現金	8,000	資產	減少

案例6-10 專利權之攤銷

接續案例6-7丹迪觀光酒店購買專利共計花費$3,000,000，原本使用年限可長達20年，但因考量到產業技術升級快速的關係，於是將攤提費用年限縮短為15年，試作每年年底攤提之分錄。

說明：

企業向他人租用專利權時，就各期租賃支付權利金時認列費用。

計算：$3,000,000 \div 15 = \$200,000$

每年專利費用攤提分錄：

帳戶	借貸分錄		類別	增減情形
借方	攤銷費用	200,000	費用	增加
貸方	專利權	200,000	資產	減少

（二）租賃權益的帳務處理

租賃權益：根據租賃契約上所規定的租賃期間及付費方式，承租人必須履行付費義務才能享有對租賃標的物的使用權利。

案例6-11 付費及攤銷

蜜琪餐廳自 XXX 年5月1日起開始向他人租用空地作為餐廳專用停車場,並訂定租賃契約,每年租金為$120,000,蜜琪餐廳先繳交六年的空地租金,以開立一個月期票支付;預計六年後再加$100,000萬將該空地購買之,請作 XXX 年5月1日之付費分錄及12月31日之攤銷分錄。

說明:

租賃期間約滿,租賃標的物移轉給承租人者稱為「資本租賃」,而且承租人享有租賃標的物的優先承購權利。

計算6年總租賃費用:$120,000×6年＝$720,000。

XXX 年自5月到12月止,共計8個月的攤銷費用$120,000×$\frac{8}{12}$＝$ 80,000

XXX 年 5 月 1 日

帳戶	借貸分錄		類別	增減情形
借方	租賃權益－土地　　　720,000		資產	增加
貸方	應付票據	720,000	負債	增加

XXX 年 12 月 31 日　期末攤銷

帳戶	借貸分錄		類別	增減情形
借方	攤銷費用　　　　　80,000		費用	增加
貸方	租賃權益－土地	80,000	資產	減少

(三)租賃改良的帳務處理

租賃改良:是指承租人在所承租的標的物上所投入的長期改良費用,而且無法回收,因為承租人只有使用權而沒有所有權,因此必須將改良費用分攤到各期。

例如:承租人租賃房屋長期使用,期間為改善使用品質,而進行牆壁裝修,水電管線更換等修繕工程,當租賃期約滿時,無法將所投入的裝修資產回收,因此必須將投入的費用分攤在各期的費用當中。

📁 案例6-12 付費及攤銷

承案例6-11蜜琪餐廳自 XXX 年5月1日起開始向他人租用空地作為餐廳專用停車場，並訂定租賃契約六年，同一年6月1日蜜琪餐廳進行土地整理填平工程共花費$100,000，預計可以使用五年；又7月1日加裝照明設備共花費$20,000，預計可以使用五年。請作 XXX 年5月1日之付費分錄及12月31日之攤銷分錄。

說明：

租賃改良的年限計算必須比較剩餘租賃的時間，以及租賃改良物的耐用年限，取時間較短者作為攤銷年限。

因為土地改良可以使用五年，而租賃土地的時間還有六年，因此以較短的五年作為攤銷的基礎。計算土地改良五年平均每年攤銷費用：$100,000 \div 5年 = $20,000。XXX 年自6月到12月止，共計7個月的攤銷費用 $20,000 \times \dfrac{7}{12} = $11,667。

計算加裝照明設備，五年平均每年攤銷費用：$20,000 \div 5年 = $4,000。XXX 年自7月到12月止，共計6個月的攤銷費用 $4,000 \times \dfrac{6}{12} = $2,000。

XXX 年 6 月 1 日　土地改良花費

帳戶	借貸分錄		類別	增減情形
借方	租賃改良－填地	100,000	資產	增加
貸方	現金	100,000	資產	減少

XXX 年 7 月 1 日　照明設備花費

帳戶	借貸分錄		類別	增減情形
借方	租賃改良－照明設備	20,000	資產	增加
貸方	現金	20,000	資產	減少

XXX 年 12 月 31 日土地改良期末攤銷

帳戶	借貸分錄		類別	增減情形
借方	攤銷費用	11,667	費用	增加
貸方	租賃改良－填土	11,667	資產	減少

XXX 年 12 月 31 日照明設備期末攤銷

帳戶	借貸分錄		類別	增減情形
借方	攤銷費用	2,000	費用	增加
貸方	租賃改良－照明設備	2,000	資產	減少

第四節　呆帳費用的提列

　　餐廳及飯店的經營一般都以現金收入為主要的交易方式，但有時候為增加營業收入及客戶數量，有部分的銷售會採用賒銷的方式進行，例如往來很久的老顧客、與公司關係良好的企業單位，或者是公司所篩選過的會員。而同意部分顧客可以採用記帳方式消費，固定一段時間收一次帳款，如果業者對於賒帳的顧客缺少事先徵信的動作，可能會發生帳款無法回收的窘況，這就形成會計上所謂的「呆帳」(bad debt)或稱壞帳，呆帳的發生可能來自應收帳款或是應收票據的未收帳戶。一般估計及處理呆帳的方法有「備抵法」及「直接沖銷法」兩大類，以下將分別舉例說明之。

　　依據會計恆等式的原理與精神，資產負債的評價與業者所或收益費損應同步認定以衡量之。

一、備抵法(allowance method)

1. 是指業主根據以往的公司會計作帳經驗，衡量目前及評估未來的發展情勢，估計公司內部未來一年可能發生呆帳的額度。
2. 採取事先提列備用的方式，通常在期末調整時進行估列的動作。
3. 有備抵呆帳的會計科目，其涵義是指預備用來抵用呆帳的科目，因此屬於抵減科目。
4. 為一般公認會計原則所認可的呆帳處理方式。
5. 包括營業收入百分比法、應收帳款餘額百分比法以及帳齡分析法三種。

備抵法一：營業收入百分比法(percentage of sales)或稱為損益表法

1. 營業收入百分比法

計算過去公司每年實際發生的呆帳額度及營業額之間的關係，以及參考目前的營業發展狀況，找出一個參數值，以作為年度預計提列呆帳的比率。

2. 原則

一般認為公司允許顧客賒銷才會發生呆帳，因此原則上應該以賒銷淨額，為計算的基礎，但如果賒銷及現銷的比例穩定，一般是採用**營業收入淨額**（扣除營業讓價及折扣）代替賒銷淨額。

➔ 表 6-2　損益表釋例

會計科目	XX2 年 06 月 30 日	XX1 年 06 月 30 日
銷貨收入總額	$9,512,521.00	$9,432,936.00
銷貨退回	-75,171.00	42,778.00
銷貨折讓	-31,964.00	17,613.00
銷貨收入淨額	9,405,386.00	9,372,545.00
營業收入合計	9,405,386.00	9,372,545.00
銷貨成本	8,836,112.00	8,727,609.00
營業成本合計	8,836,112.00	8,727,609.00
營業毛利（毛損）	569,274.00	644,936.00
推銷費用	115,561.00	109,758.00
管理及總務費用	121,111.00	87,521.00
研究發展費用	27,724.00	13,969.00
營業費用合計	264,399.00	211,248.00
營業淨利（淨損）	304,875.00	433,688.00
營業外收入		
利息收入	3,491.00	6,137.00
兌換利益	10,134.00	21,177.00
什項收入	1,281.00	7,193.00
營業外收入及利益	14,906.00	34,507.00
營業外費用及損失		

→ 表 6-2　損益表釋例（續）

會計科目	XX2 年 06 月 30 日	XX1 年 06 月 30 日
利息費用	12,052.00	41,701.00
採權益法認列之投資損失	7,588.00	37,783.00
投資損失	7,588.00	37,783.00
存貨跌價及呆滯損失	2,925.00	14,916.00
什項支出	819.00	2,849.00
營業外費用及損失	23,384.00	97,249.00
營業部門稅前淨利（淨損）	296,397.00	370,946.00
所得稅費用（利益）	78,446.00	92,779.00
營業部門淨利（淨損）	217,951.00	278,167.00

3. 計算公式

(1) 營業收入淨額×呆帳率＝當年應提列呆帳

(2) 調整前備抵呆帳餘額＋呆帳費用＝資產負債表上備抵呆帳金額

4. 缺點

　　僅強調損益表內收入與費用的配合，忽略應收帳款折現率及變現值的評價問題。

📁 案例6-13

　　丹迪觀光大飯店 XXX 年年底的部分帳戶餘額如下，假如丹迪飯店現金營業及賒銷收入的比例一向管控穩定，而且根據以往會計部門的經驗計算，以按照飯店營業收入淨額的2%估計該公司當年度的呆帳費用、備抵呆帳餘額，以及資產負債表上的數據最為適當，請計算之。

XXX 年 12 月 31 日丹迪飯店的部分帳戶

營業收入總額	$5,060,000	應收帳款	$650,000
備抵呆帳	75,000	銷售讓價	10,000
銷售折扣	50,000		

計算過程：

(1) 本年度呆帳費用提列

營業收入淨額＝$5,060,000－$10,000－$50,000＝$5,000,000

呆帳費用＝$5,000,000×0.02＝$100,000

(2) 分錄

先認列今年度所提列的呆帳費用，同時紀錄備抵呆帳；備抵呆帳視為應收帳款的抵減科目。

帳戶	借貸分錄		類別	增減情形
借方	呆帳費用　100,000		費用	增加
貸方	備抵呆帳　　　100,000		抵減項目	增加

(3) 上一年度及今年度備抵呆帳的餘額計算

將前期餘額加上本期增列的呆帳費用可得到調整後的備抵呆帳金額。

備抵呆帳

前期餘額	$ 75,000
本期調整	100,000
調整後餘額	175,000

(4) 資產負債表上的紀錄

流動資產：		
應收帳款	$650,000	
減：備抵呆帳	($175,000)	$475,000

(5) 發生呆帳的沖銷作法

假設確實發生一筆應收帳款的呆帳$5,000時，其沖銷作法如下：

帳戶	借貸分錄		類別	增減情形
借方	備抵呆帳　　5,000		抵減科目	減少
貸方	應收帳款　　　5,000		資產	減少

(6) 說明：

確實發生呆帳費用時的沖銷紀錄與呆帳費用無關，因為呆帳費用早已認列，實際上，因為確定帳款收不回來，所以應該將應收帳款減少該筆帳款，並且用事先提列的備抵呆帳來沖抵這筆呆帳。

基於 IFRS 對於財務報表的衡量相對重視資產與負債項目，故若企業採用 IFRS 精神者，通常較少採用營業收入／銷貨收入百分比法進行呆帳備抵。

備抵法二：應收帳款餘額百分比法(percentage of outstanding receivables)或稱為資產負債表法

1.應收帳款餘額百分比法

計算過去公司每年實際發生的「呆帳額度」及「應收帳款」之間的關係，以及參考目前的營業發展狀況，找出一個參數值，以估計期末的呆帳額度。

2.計算公式

(1) 期末應收帳款餘額×呆帳率＝調整後應有之備抵呆帳餘額

(2) 當期應該提列的呆帳金額＝調整後應收之備抵呆帳餘額－調整前備抵呆帳之貸餘（或＋調整前備抵呆帳之借餘）

3.缺點

使用此法的應收帳款及備抵呆帳都是經年累月的逐漸累計，因此再計算當期應提列呆帳費用時，往往無法使收入及費用配合。

案例6-14

承上例，丹迪觀光大飯店 XXX 年年底的部分帳戶餘額如下，假如丹迪飯店現金營業及賒銷收入的比例一向管控穩定，而且根據以往會計部門的經驗計算，以按照飯店應收帳款的8%估計該公司當年度的呆帳費用、備抵呆帳餘額，以及資產負債表上的數據最為適當，請計算之。

XXX 年 12 月 31 日丹迪飯店的部分帳戶

營業收入總額	$5,060,000	應收帳款	$650,000
備抵呆帳	25,000	營業讓價	10,000
銷售折扣	50,000		

計算過程：

(1) 本年度呆帳費用提列

呆帳費用＝$650,000×0.08＝$52,000

本期應提列的呆帳費用＝$52,000－$25,000＝$27,000

(2) 分錄

已用應收帳款及呆帳提列比例計算出本年度應有的呆帳費用額度，茲因上一期帳面餘額尚有貸餘備抵呆帳$25,000，所以本期應該提列的費用是貸記$27,000。

帳戶	借貸分錄		類別	增減情形
借方	呆帳費用 27,000		費用	增加
貸方	備抵呆帳 27,000		抵減項目	增加

(3) 上一年度及今年度備抵呆帳的餘額計算

　　　將本年度所估算出來的呆帳額度減去前一期餘額就可得到本期所因提列的備抵呆帳金額。

備抵呆帳

前期餘額	$25,000
本期調整	27,000
調整後餘額	52,000

(4) 資產負債表上的紀錄：

流動資產：		
應收帳款	$650,000	
減：備抵呆帳	($52,000)	$598,000

備抵法三：應收帳款帳齡分析法(aging of accounts receivable)

　　若使用帳齡分析法者先決定應收帳款之帳面金額，但也相對同步決定呆帳費用的金額。

1. 應收帳款帳齡分析法

(1) 將公司每一筆應收帳款明細列出並分析，按照每一筆帳賒欠時間長短分類歸納。

(2) 賒欠**時間越長**的帳款，發生呆帳的**風險越高**，提列**較高比率**的呆帳費用。

(3) 反之，賒欠時間相對較短者，發生呆帳機率可能較低，則提列較少比率的呆帳費用。

(4) 將每一筆帳款所提列的備抵呆帳金額加總，即得到本年度應該持有的備抵呆帳。

(5) 視上一期備抵呆帳餘額的情況，以本期調整的方式，將備抵呆帳額度調整成本年度應有的量。

2. 計算公式

(1) 不同帳齡應收帳款金額×估算之呆帳率＝每一帳齡應收帳款所應提列的備抵呆帳額度

(2) 將每一期應提列的備抵呆帳額度加總，即成為今年度應有的備抵呆帳

(3) 當期應該提列的呆帳金額＝調整後應收之備抵呆帳餘額－調整前備抵呆帳之貸餘（或＋調整前備抵呆帳之借餘）

3. 缺點

帳戶眾多時，必須花費較多時間整理，增加帳戶整理的成本。不同帳齡有不同的呆帳率，計算方式及考量現實的因素並非絕對客觀。

案例6-15

丹迪觀光大飯店 XXX 年年底的應收帳款之帳戶依照帳齡整理結果如下，並且依照各帳戶帳齡不同而提列不同比率的呆帳額度，試計算該飯店當年度的呆帳費用、備抵呆帳餘額，以及資產負債表上的數據。

XXX 年 12 月 31 日丹迪飯店應收帳款帳戶

帳　　齡	帳款金額	呆帳提列比率	備抵呆帳金額
未超過信用期	$105,000	2%	$2,100
過期 1 個月	50,000	4%	2,000
過期 2 個月	40,000	15%	6,000
過期 3 個月	30,000	35%	10,500
過期 3 個月以上	15,000	65%	9,750
合　　計	$240,000		$30,350

XXX 年 12 月 31 日丹迪飯店的部分帳戶

營業收入總額	$5,060,000	應收帳款	$650,000
備抵呆帳	25,000	銷售讓價	10,000
銷售折扣	50,000		

計算過程：

(1) 本年度呆帳費用提列

本期應提列的呆帳費用＝$30,350－$25,000＝$5,350

(2) 分錄

　　已用應收帳款帳齡分類及呆帳提列比率計算出本年度應有的呆帳費用額度，茲因上一期帳面餘額尚有貸餘備抵呆帳$25,000，所以本期應該提列的備抵呆帳是貸記$5,350。

帳戶	借貸分錄		類別	增減情形
借方	呆帳費用	5,350	費用	增加
貸方	備抵呆帳	5,350	抵減項目	增加

(3) 上一年度及今年度備抵呆帳的餘額計算

　　將本年度所估算出來的呆帳額度減去前一期餘額就可得到本期所應提列的備抵呆帳金額。

備抵呆帳

前期餘額	$25,000
本期調整	5,350
調整後餘額	30,350

(4) 資產負債表上的紀錄

流動資產：		
應收帳款	$650,000	
減：備抵呆帳	($30,350)	$619,650

第五節 其他管銷費用之管理

　　餐廳及飯店的經營費用項目繁雜，以下將整合常見的管銷費用帳務處理範例。

一、開辦費的帳務處理

　　開辦費：企業自籌備期間到正式成立止，所花費的各種辦理規費、營業執照費用或者是諮詢費用。

開辦費為企業創始之初所投入的必要支出，項目包含創業人薪酬、事業單位的登記規費等等，故開辦費應認列為當期費用而非無形資產。

📁 案例6-16 花費及攤銷

蜜琪餐廳自去年5月1日起開始籌備設立，過程中為申請營利事業登記證、公司登記證、簽證費及各項營業執照等總計花費$150,000。餐廳自 XXX 年於1月1日起正式成立，所有辦理成立之相關費用皆在當天轉為開辦費用。

說明：

認列開辦費

帳戶	借貸分錄		類別	增減情形
借方	開辦費	150,000	資產	增加
貸方	現金	150,000	資產	減少

二、信用卡手續費

1. 一般服務業給予消費顧客信用卡付費的方便時，信用卡公司會收取其佣金費用，一般稱為收帳費。
2. 每日櫃檯帳務結算時，當天的值班出納必須將各家信用卡公司簽單金額加總列帳，以下將舉例說明銀行發行的信用卡，以及非銀行發行的信用卡，在收帳費用的帳務處理有何差異。

📁 案例6-17 銀行發行的信用卡

1. 銀行發行的信用卡：一般消費大眾所使用的信用卡種類之一是由銀行所發行的信用卡，例如□□銀行 VISA 卡、□□銀行 VISA 白金卡、消費直接從銀行扣款的消費金融卡，或者是三合一 COMBO 卡，將信用卡、金融卡、現金卡三者功能整合成一張卡，卡類五花八門，提供消費者選擇辦理使用。
2. 範例：
   (1) 雷比斯高級酒店 XXX 年8月20日當天的銀行信用卡簽單加總金額為$235,000，請作該筆帳務入帳時分錄。

雷比斯高級酒店信用卡帳務分錄

記錄時間	帳戶	借貸分錄		類別	增減情形
XXX/08/20	借方	銀行存款	235,000	資產	增加
	貸方	客房銷售	235,000	收入	增加

說明：

　　直接將信用卡收帳總金額記入銀行存款增加，貸記部門收入帳戶。

(2) 假設得知8月31日發卡銀行將信用卡對帳單交由飯店對帳，並且同時扣除信用卡簽帳總金額的3%作為收帳費用，試作此一分錄。

雷比斯高級酒店信用卡收帳費分錄

記錄時間	帳戶	借貸分錄		類別	增減情形
XXX/08/31	借方	客房部信用卡收帳費	7,050	費用	增加
	貸方	銀行存款	7,050	收入	減少

說明：

　　信用卡收帳總金額$235,000×0.03收帳費率＝$7,050收帳費用，借記□□部門信用卡收帳費。

📁 案例6-18 非銀行發行的信用卡

1. 非銀行發行的信用卡：是由銀行以外的公民營機構所發行的信用卡。
2. 範例：
   (1) 雷比斯高級酒店 XXX 年8月20日當天的非銀行信用卡簽單加總金額為$85,000，請作該筆帳務入帳時分錄。

雷比斯高級酒店信用卡帳務分錄

記錄時間	帳戶	借貸分錄		類別	增減情形
XXX/08/20	借方	應收帳款－信用卡	85,000	資產	增加
	貸方	客房銷售	85,000	收入	增加

說明：

　　直接將信用卡收帳總金額記入銀行存款增加，貸記部門收入帳戶。

(2) 假設得知8月31日信用卡發行單位將對該月份帳款入雷比斯酒店銀行帳戶,並且帳單交由飯店對帳,同時從中扣除信用卡簽帳總金額的3%作為收帳費用,試作此一分錄。

雷比斯高級酒店信用卡收帳費分錄

記錄時間	帳戶	借貸分錄		類別	增減情形
XXX/08/31	借方	銀行存款	82,450	資產	增加
		客房部信用卡收帳費	2,550	費用	增加
	貸方	應收帳款－信用卡	85,000	資產	減少

說明:

　　8月31日當天發卡單位將顧客簽帳款匯入酒店帳戶,同時已經扣除收帳費用。信用卡收帳總金額$85,000×0.03收帳費率＝$2,550收帳費用。

　　借記□□部門信用卡收帳費,沖銷貸記信用卡的應收帳款。

三、營業稅的會計處理

　　根據我國營業稅法的規定,於境內銷售貨物、勞務或進口貨物者,有義務繳納營業稅金,但實際上最終負擔營業稅額的人是消費者。在會計帳務上的營業稅金有以下的處理慣例:

1. 業主在銷售貨物時,必須代政府向消費者徵收營業稅,稱為**銷項稅額**。

2. 業主在進貨採購時,也必須代付消費時的營業稅,稱為**進項稅額**。

3. 代收與代付稅額相互抵銷後,假設代收較多於代付,則須補繳稅金。

4. 代收與代付稅額相互抵銷後,假設代付較多於代收,則可將代付餘額留到次月抵繳。

案例6-19 稅外加:代收(銷項稅額)＞代付(進項稅額)

　　田村日式料理餐廳 XXX 年8月份共採購食材及其他商品$150,000,採購貨款中另外加5%的進項營業稅額;而當月共計銷貨收入為$300,000,代收的營業稅率也是外加5%,以下將計算進貨、銷售及繳納營業稅額時的相關分錄。

1. 進貨分錄

田村日式料理－進項稅額

記錄時間	帳戶	借貸分錄		類別	增減情形
XXX/08	借方	食材進貨 150,000		費用	增加
		進項稅額 7,500		資產	增加
	貸方	現金	157,500	資產	減少

說明：

　　餐廳進貨食材時，外加支付購物稅額，為預付的稅金，因此視為流動資產的增加。

2. 銷貨分錄

田村日式料理－銷項稅額

記錄時間	帳戶	借貸分錄		類別	增減情形
XXX/08	借方	現金 315,000		資產	增加
	貸方	銷售	300,000	收入	增加
		銷項稅額	15,000	負債	增加

說明：

　　餐廳營業銷貨時，外加代徵之銷貨稅額，為預收的稅金，因此視為流動負債的增加。

3. 繳納營業稅時

田村日式料理－收付稅款相抵

記錄時間	帳戶	借貸分錄		類別	增減情形
XXX/08	借方	銷項稅額 15,000		負債	減少
	貸方	進項稅額	7,500	資產	減少
		本期應付稅款	7,500	負債	增加

說明：

　　田村餐廳繳納營業稅款時，將代收的銷項稅額與代付的進項稅額相抵，發現代收的比代付的多$7,500，因此本期必須要再補繳稅額$7,500。

案例6-20 稅內含：代收（銷項稅額）＞代付（進項稅額）

同案例6-19，田村日式料理餐廳 XXX 年8月份共採購食材及其他商品 $150,000，採購貨款中內含5%的進項營業稅額；而當月共計銷貨收入為 $300,000，代收的營業稅率也是內含5%，以下將計算進貨、銷貨，及繳納營業稅額時的相關分錄。

1. 進貨分錄

田村日式料理－進項稅額

記錄時間	帳戶	借貸分錄		類別	增減情形
XXX/08	借方	食材進貨	142,857	費用	增加
		進項稅額	7,143	資產	增加
	貸方	現金	150,000	資產	減少

說明：

餐廳進貨食材時，總共發票金額是$150,000，因為稅內含的關係，所以反推計算為$150,000÷1.05＝$142,857，為未稅貨款，稅額是$150,000－$142,857＝$7,143，為預付的稅金，因此視為流動資產的增加。

2. 銷貨分錄

田村日式料理－銷項稅額

記錄時間	帳戶	借貸分錄		類別	增減情形
XXX/08	借方	現金	300,000	資產	增加
	貸方	銷售	285,714	收入	增加
		銷項稅額	14,286	負債	增加

說明：

餐廳營業銷貨時，總共開立的發票金額是$300,000，因為稅內含的關係，所以反推計算為$300,000÷1.05＝$285,714，為未稅貨款，稅額是$300,000－$285,714＝$14,286，為預收的稅金，因此視為流動負債的增加。

3. 繳納營業稅時

田村日式料理－收付稅款相抵

記錄時間	帳戶	借貸分錄		類別	增減情形
XXX/08	借方	銷項稅額 14,286		負債	減少
	貸方	進項稅額	7,143	資產	減少
		本期應付稅款	7,143	負債	增加

說明：

　　田村餐廳繳納營業稅款時，將代收的銷項稅額與代付的進項稅額相抵，發現代收的比代付的多$7,143，因此本期必須要再補繳稅額$7,143。

📂 **案例6-21 稅外加：代收（銷項稅額）＜代付（進項稅額）**

　　田村日式料理餐廳 XXX 年9月份共採購食材及其他商品$500,000，採購貨款中另外加5%的進項營業稅額；而當月共計銷貨收入為$300,000，代收的營業稅率也是外加5%，以下將計算進貨、銷貨，及繳納營業稅額時的相關分錄。

1. 進貨分錄

田村日式料理－進項稅額

記錄時間	帳戶	借貸分錄		類別	增減情形
XXX/09	借方	食材進貨 500,000		費用	增加
		進項稅額 25,000		資產	增加
	貸方	現金	525,000	資產	減少

說明：

　　餐廳進貨食材時，外加支付之營業稅額$25,000，為預付的稅金，因此視為流動資產的增加。

2. 銷貨分錄

田村日式料理－銷項稅額

記錄時間	帳戶	借貸分錄		類別	增減情形
XXX/09	借方	現金 315,000		資產	增加
	貸方	銷售	300,000	收入	增加
		銷項稅額	15,000	負債	增加

說明：

　　餐廳營業銷貨時，外加代徵之銷貨稅額$15,000，為預收的稅金，因此視為流動負債的增加。

3. 繳納營業稅時

田村日式料理－收付稅款相抵

記錄時間	帳戶	借貸分錄		類別	增減情形
XXX/08	借方	銷項稅額	15,000	負債	減少
		本期留抵稅額	10,000	資產	增加
	貸方	進項稅額	25,000	資產	減少

說明：

　　田村餐廳繳納營業稅款時，將代收的銷項稅額與代付的進項稅額相抵，發現已付的比代收的多$10,000，列入本期留抵稅額，視為下期預備抵用之稅額資產。

📁 案例6-22 稅內含：代收（銷項稅額）＜代付（進項稅額）

　　同案例6-21，田村日式料理餐廳 XXX 年9月份共採購食材及其他商品$500,000，採購貨款中內含5%的進項營業稅額；而當月共計銷貨收入為$300,000，代收的營業稅率也是內含5%，以下將計算進貨、銷貨，及繳納營業稅額時的相關分錄。

1. 進貨分錄

田村日式料理－進項稅額

記錄時間	帳戶	借貸分錄		類別	增減情形
XXX/08	借方	食材進貨	476,190	費用	增加
		進項稅額	23,810	資產	增加
	貸方	現金	500,000	資產	減少

說明：

　　餐廳進貨食材時，總共發票金額是$500,000，因為稅內含的關係，所以反推計算為$500,000÷1.05＝$476,190，為未稅貨款，稅額是$500,000－$476,190＝$23,810，為預付的稅金，因此視為流動資產的增加。

2. 銷貨分錄

田村日式料理－銷項稅額

記錄時間	帳戶	借貸分錄		類別	增減情形
XXX/08	借方	現金 300,000		資產	增加
	貸方	銷售	285,714	收入	增加
		銷項稅額	14,286	負債	增加

說明：

　　餐廳營業銷貨時，總共開立的發票金額是$300,000，因為稅內含的關係，所以反推計算為$300,000÷1.05＝$285,714，為未稅貨款，稅額是$300,000－$285,714＝$14,286，為預收的稅金，因此視為流動負債的增加。

3. 繳納營業稅時

田村日式料理－收付稅款相抵

記錄時間	帳戶	借貸分錄		類別	增減情形
XXX/08	借方	銷項稅額	14,286	負債	減少
		本期留抵稅額	9,524	資產	增加
	貸方	進項稅額	23,810	資產	減少

說明：

　　田村餐廳繳納營業稅款時，將代收的銷項稅額與代付的進項稅額相抵，發現已付的比代收的多$9,524，列入本期留抵稅額，視為下期預備抵用之稅額資產。

四、應付帳款的費用折扣

　　一般買賣業者在會計上，結算應付帳款時，對於折扣有兩種記帳方式，總額法(gross recording method)及淨額法(net purchases recording method)。以下將分述兩種方法使用在應付帳款的原理及範例解釋。

（一）總額法

總額法的思考邏輯就是將每一筆帳務先以未折扣金額加以記錄，在即業者設定以原始交易金額來作帳，如果業主採購付款真的依照所約定的折扣期限內履行，才會取得現金折扣的收益，對業主而言，是把現金折扣當作偶發性的收益或利得，並非必然發生，因此在會計帳務的處理上，不預先將折扣列入應付帳款的計算，等到真正發生後，再記入應付帳款的沖抵項目之一。

案例6-23 總額法－折扣期限

馬尼拉商務旅館採用總額法記錄帳務，假設馬尼拉旅館 XXX 年9月1日向安琪拉美容公司訂購房客用沐浴用品，月底結帳金額為$45,000，安琪拉公司要求顧客付款條件為 EOM 2/10，n/20，假設馬尼拉旅館在10月6日付款時，旅館會計的紀錄要如何執行？如果馬尼拉旅館是在10月16日付款時，旅館會計的紀錄又應該如何執行？

說明：

1. 安琪拉公司給馬尼拉旅館的付款條件是 EOM 2/10，n/20，也就是 9/30 日當天對帳完成後，如果馬尼拉旅館在消費月份（9 月份）的下一個月初（10 月 1 日起算），十天內（10 月 10 日以前）付款，則可享有安琪拉公司所提供的 2% 現金折扣優惠，但從第十一天開始到第二十天（以前）付款無折扣優惠，而且最晚必須在 10 月 20 日內完成付款。
2. 如果馬尼拉旅館在 10 月 6 日繳付 9 月份帳款$45,000，則實際上只需繳$45,000 ×(1–2%)＝$ 44,100，因為其享有 2%的現金折扣$900。
3. 如果馬尼拉旅館在 10 月 20 日當天繳付帳款，因為已經超過現金折扣期限，則必須繳全額$45,000。

總額法，將現金折扣當作偶發事件。

馬尼拉旅館應付帳款 10 月 6 日繳付分錄

記錄時間	帳戶	借貸分錄		類別	增減情形
XXX/9/30	借方	客房沐浴用品 45,000		費用	增加
	貸方	應付帳款－安琪拉公司	45,000	負債	增加
XXX/10/6	借方	應付帳款－安琪拉公司 45,000		負債	沖抵減少
	貸方	現金	44,100	資產	減少
		現金折扣	900	利得	增加

馬尼拉旅館應付帳款 10 月 20 日繳付分錄

記錄時間	帳戶	借貸分錄		類別	增減情形
XXX/9/30	借方	客房沐浴用品	45,000	費用	增加
	貸方	應付帳款－安琪拉公司	45,000	負債	增加
XXX/10/20	借方	應付帳款－安琪拉公司	45,000	負債	沖抵減少
	貸方	現金	45,000	資產	減少

（二）淨額法

　　淨額法的思考邏輯與總額法相反，就是將每一筆帳務先以折扣金額後加以記錄，即業主設定每在一筆採購進貨皆會取得折扣優惠的方式來作帳，如果業主真的依照所約定的折扣在期限內付款，則可直接沖銷應付帳款金額；如果業主在非折扣期限內付款，則把採購的折扣喪失當作偶發性的損失視之。因此在會計帳務的處理上，必須預先將折扣自應收帳款扣除，將現金折扣視為必然，等到真實情況發生後，再作沖抵項目的處理。

案例6-24 淨額法－折扣期限

　　同案例6-23，馬尼拉旅館改採用淨額法記錄帳務，假設向安琪拉美容公司採購用品金額仍為$45,000，付款條件仍為 EOM 2/10，n/20，假設馬尼拉旅館在10月6日付款時，會計的紀錄要如何執行？如果是在10月16日付款時，會計的紀錄又應該如何執行？

說明：

1. 馬尼拉旅館的付款條件是 EOM 2/10，n/20，也就是 9/30 日當天對帳完成後，如果旅館在消費月份（9月份）的下一個月初（10月1日起算），十天內（10月 10 日以前）付款，則可享有安琪拉公司所提供的 2%現金折扣優惠，但從第十一天開始到第二十天（以前）付款無折扣優惠，而且最晚必須在 10 月 20 日內完成付款。

2. 依照淨額法的處理，如果馬尼拉旅館在 10 月 6 日繳付 9 月份帳款$45,000，則實際上只需繳$45,000×(1–2%)＝$44,100，因為其享有 2%的現金折扣$900，所以應付帳款金額即直接記錄為$44,100。

3. 如果馬尼拉旅館在 10 月 20 日當天繳付帳款，因為已經超過現金折扣期限，則必須繳付（$ 44,100＋折扣損失$900）＝全額$45,000。

餐廳分錄：

　　淨額法，將現金折扣當作必然發生，並且自應付帳款直接扣除。

馬尼拉旅館應付帳款 10 月 6 日繳付分錄

記錄時間	帳戶	借貸分錄		類別	增減情形
XXX/9/30	借方	客房沐浴用品　　44,100		費用	增加
	貸方	應付帳款－安琪拉公司	44,100	負債	增加
XXX/10/6	借方	應付帳款－安琪拉公司　44,100		負債	沖抵減少
	貸方	現金	44,100	資產	減少

馬尼拉旅館應付帳款 10 月 20 日繳付分錄

記錄時間	帳戶	借貸分錄		類別	增減情形
XXX/9/30	借方	客房沐浴用品　　44,100		費用	增加
	貸方	應付帳款－安琪拉公司	44,100	負債	增加
XXX/10/20	借方	應付帳款－安琪拉公司　44,100		負債	沖抵減少
		現金折扣喪失　　　900		損失	增加
	貸方	現金	45,000	資產	減少

（三）總額法與淨額法－應付帳款的應用比較

　　以餐廳經營者的角度而言，在應付帳款的付款紀錄上，採用總額法及淨額法各有其優缺點，以下將分述之：

1. 總額法的優點

(1) 將向廠商採購進貨所產生的應付帳款之現金折扣視為偶發性利得，因此在分錄紀錄上，都以採購的原始金額作記錄，所以在費用或成本的累算上，金額較多，利潤估計較為保守。

(2) 等到業主真正付清帳款後，再以現金及現金折扣利得帳戶將應付帳款沖銷，所以了解業主所獲得的優惠折扣價格數字。

2. 總額法的缺點

在記錄應付帳款的同時，因為未扣除供應廠商現金折扣的部分，所以應付帳款的紀錄恐有浮報之嫌。

3. 淨額法的優點

(1) 業主將應付帳款的現金折扣視為必定會發生，因此在分錄記錄的時候要注意，需從應付帳款上直接扣除折扣金額，所以在應付帳款的累計上，金額估算可能較實際少。

(2) 等到業主真正付清帳款後，再以現金及折扣喪失帳戶將應付帳款沖銷。

4. 淨額法的缺點

(1) 因為在一開始分錄記錄時，應付帳款的金額就以折扣金額的方式記錄，所以屬於流動負債的應付帳款恐有少於帳面的情形。

(2) 如果業主取得折扣的機率不高時，則額外因為折扣喪失所產生的損失可能會增多，增加帳務處理的困擾。

應用題

1. 固定資產的折舊

(1) 平均法

　　喬爾斯飯店在 XXX 年7月1日以現金購置方式，汰換餐廳部門餐桌椅四十組，共計花費$160,000，估計可用6年，期滿後的殘值為$20,000。

問題：

① 請問平均法又稱直線折舊法的計算公式為何？

② 喬爾斯飯店新購置的餐桌椅每一年之折舊額度為何？

③ 換算成每個月的折舊費是多少？

④ 假設喬爾斯飯店採購餐桌椅的時間是在7月16日以後，則7月份折舊費用應該如何處置。

⑤ 若於 XXX 年10月31日為止，喬爾斯飯店的新購餐桌椅應該可以提列多少折舊的費用？

⑥ 到 XXX 年12月31日為止，應該提列多少折舊的費用？

⑦ 請作以上⑤⑥項問題的設備折舊分錄。

⑧ 試說明用直線折舊法的優點。

(2) 活動量法－工作時間法

　　喬爾斯飯店在 XXX 年7月1日以開立支票購置方式，汰換客房部門衛浴設備一批，共計花費$450,000，總共運作時數可達40,000小時，期滿後的殘值為$30,000。

問題：

① 請問工作時間法的計算公式為何？

② 請計算新購衛浴設備每小時的折舊額。

③ 假設到 XXX 年7月31日一共工作300小時，新購衛浴設備應該提列多少折舊的費用？

④ 假設到 XXX 年12月31日為止，一共工作2,000小時，新購衛浴設備應該提列多少折舊的費用？

⑤ 請作以上③④項問題的設備折舊分錄。

⑥ 試說明工作時間法提列折舊的優點為何？

(3) 活動量法－生產數量法

蜜琪餐廳在 XXX 年6月1日以應付帳款方式購買蒸餾淨水機器三部，含施工費用共計花費$103,000，估計共可過濾6,000公升的水，期滿後的殘值為$3,000。

問題：

① 請問生產數量法的計算公式為何？

② 請計算每公升乾淨用水的折舊額。

③ 假設到 XXX 年6月30日一共生產40公升的乾淨用水，則新購蒸餾水機器應該提列多少折舊的費用？

④ 假設到 XXX 年12月31日一共生產500公升的乾淨用水，則新購蒸餾水機器應該提列多少折舊的費用？

⑤ 請作以上③④項問題的設備折舊分錄。

⑥ 試說明以生產數量法提列折舊的優點為何？

(4) 加速折舊法－年數合計法（例1）

蜜琪餐廳在 XX1年1月1日以應付票據購置方式，採購廚房流理台設備一組，共計花費$130,000，期滿後的殘值為$3,000，估計可以使用十年。

問題：

① 請問年數合計法的計算公式為何？

② 請先計算折舊率。

③ 請列表分別計算 XX1~X10年的折舊費用。

④ 請作以上 XX2年的設備折舊分錄。

⑤ 試說明以年數合計法提列折舊的優點為何？

年度	成本－殘值	×該年度所剩餘的使用年數÷每年資產可用年數總計	該年度的折舊費用	分攤折舊比率
XX1		×（共剩？年可以使用）÷？年		
XX2		×（共剩？年可以使用）÷？年		

(5) 加速折舊法－年數合計法（例2）

米花日式餐廳在 XX1年1月1日以現金購置方式，購買納豆壽司生產機器一部，（含施工及裝配）共計花費$350,000，期滿後的殘值為$5,000，估計可以使用8年。

問題：

① 請先計算出折舊率。

② 請列表分別計算 XX1~XX8年的折舊費用。

③ 請作以上 XX2年的設備折舊分錄。

(6) 加速折舊法－定率遞減法（例1）

　　英代爾高級酒店在 XX1年1月1日完成建造一座溫室花園，聘請植栽專家種植多種薰香草、自動灑水設施以及溫度調節器等，並開立一個月後付款的票據給廠商，共計花費$3,200,000，估計可以使用10年，期滿後的殘值為$80,000。

問題：

① 請問定率遞減法的計算公式為何？

② 請先計算折舊率。

③ 請列表分別計算 XX1~X10年的折舊費用。

④ 請作 XX1年底的設備折舊分錄。

⑤ 試說明以生產數量法提列折舊的優點為何？

年度	每年帳面價值之計算	×固定折舊率	當年度的折舊費用	累計折舊
XX1				
XX2	購入資產成本－XX1 年累計折舊費用			

(7) 加速折舊法－定率遞減法（例2）

　　英代爾高級酒店經過前年公司的經費預算審查後，XX1年11月1日開始施工，在 XX2年1月1日完工裝設一批三溫暖設施，並開立一個月後付款的票據給廠商，共計花費$400,000，估計可以使用8年，期滿後的殘值為$10,000。

問題：

① 請先計算折舊率。

② 請列表分別計算 XX2~XX9年的折舊費用。

③ 請作 XX3年底的設備折舊分錄。

(8) 加速折舊法－倍數餘額遞減法（例1）

　　丹迪餐廳在 XX1年1月1日，頂樓完成空中樓閣飲茶園的加蓋施工，以後將當作貴賓包廂使用，之後開立一個月後付款的票據給廠商，共計花費$350,000，估計可以使用8年，期滿後的殘值為$20,000。

問題：

① 請問年數合計法的計算公式為何？

② 請先計算折舊率。

③ 請列表分別計算 XX1~XX8年的折舊費用。

④ 請作 XX2年的設備折舊分錄。

⑤ 試說明以年數合計法提列折舊的優點為何？

年度	每年帳面價值之計算	×固定折舊率	當年度的折舊費用	累計折舊
XX1				
XX2	購入資產成本－XX1年累計折舊費用			

2. 無形資產之攤銷費用

(1) 請問無形資產的成本認定標準為哪些？

(2) 攤銷費用的計算公式為何？

(3) 專利權的帳務處理：

① 購買

　　華德綜合高級餐廳向美國廠商購買一批頂級的白蘭地，華德餐廳對於該項產品之投資製造有興趣，故想向原釀酒配方發明者購買專利權，進行該項產品生產之投資，雙方談妥的專利權交易價格是台幣400萬元，華德餐廳開立一個月的票據支付之，請作相關分錄。

② 企業自行研發

　　華德餐廳後來自行研發釀造新品種白蘭地酒，過程當中材料費共計$97,000，以現金支付；而為了申請該項釀酒配方的專利權，過程中再繳交登記費、規費及律師費等共計$15,000，以現金支付之。

問題：

A. 請作專利權的相關分錄。

B. 請作研發材料費的相關分錄。

③ 向他人租用

　　華德餐廳為進一步研發其他種類葡萄酒，於是向美國釀酒廠商租用其他配方專利權，共計三年，每年必須花費台幣$500,000，請作年度專利費用相關分錄。

④ 專利權之攤銷

　　承①：購買，華德餐廳購買專利共計花費$4,000,000，原本使用年限可長達10年，但因考量到產業技術升級快速的關係，於是將攤提費用年限縮短為6年，試作每年年底攤提之分錄。

(4) 租賃權益的帳務處理

◎ 付費及攤銷

　　夏洛特餐廳自 XXX 年3月1日起開始向他人租用空地作為露天咖啡館，並訂定租賃契約，每年租金為$150,000，夏洛特餐廳先繳交三年的空地租金，以開立一個月期票支付；預計三年後再加$200,000萬將該空地購買之，請作 XXX 年3月1日之付費分錄及12月31日之攤銷分錄。

(5) 租賃改良的帳務處理

◎ 付費及攤銷

　　承上題，夏洛特餐廳自 XXX 年3月1日起開始向他人租用空地作為露天咖啡館，同一年4月1日夏洛特餐廳開始進行土地整理及地板裝修工程共花費$150,000，預計可以使用4年；又6月1日加裝照明設備共花費$26,000，預計可以使用5年。請作 XXX 年4月1日及6月1日之付費分錄及12月31日之攤銷分錄。

3. 呆帳費用的提列

(1) 一般公認會計原則所認可的呆帳處理方式為哪一種？

(2) 備抵法包括哪三種處理帳務的方法？

(3) 備抵法一：營業收入百分比法或稱為損益表法

　　米契而休閒度假中心 XXX 年年底的損益表部分帳戶餘額如下，已知米契而休閒度假中心現金營業及會員賒銷收入的比例一向管控穩定，而且根據以往會計部門的經驗計算，以按照營業收入淨額的3%估計該公司當年度的呆帳費用。

XXX 年 12 月 31 日米契而休閒度假中心的部分帳戶

營業收入總額	$3,350,000	應收帳款	$250,000
備抵呆帳	15,000	銷售讓價	8,000
銷售折扣	10,000		

問題：

① 營業收入百分比法的定義為何？

② 請列計算公式。

③ 請計算米契而本年度呆帳費用提列。

　　A. 營業收入淨額。

　　B. 呆帳費用。

④ 請先認列 XXX 年度所提列的呆帳費用，同時記錄備抵呆帳。

⑤ 上一年度及今年度備抵呆帳的餘額計算：將前期餘額加上本期增列的呆帳費用，可得到調整後的備抵呆帳金額。

備抵呆帳

	前期餘額
	本期調整
	調整後餘額

⑥ 資產負債表上的紀錄：

流動資產：
應收帳款
減：備抵呆帳

⑦ 假設確認發生一筆應收帳款的呆帳 $1,000 時的沖銷作法。

帳戶	借貸分錄	類別	增減情形
借方			
貸方			

⑧ 請分析營業收入百分比法的優缺點。

(4) 備抵法二：應收帳款餘額百分比法或稱為資產負債表法（例1）

　　承上題，米契而休閒度假中心 XXX 年年底的損益表，部分帳戶餘額如下，已知米契而休閒度假中心現金營業及會員賒銷收入的比例一向管控穩定，而且根據以往會計部門的經驗計算，以按照應收帳款餘額的9%估計該公司當年度的呆帳費用。

XXX 年 12 月 31 日米契而休閒度假中心的部分帳戶

營業收入總額	$3,350,000	應收帳款	$250,000
備抵呆帳	15,000	銷售讓價	8,000
銷售折扣	10,000		

問題：

① 應收帳款餘額百分比法的定義為何？

② 請列計算公式。

③ 請計算米契而本年度呆帳費用提列。

④ 呆帳費用：

　　A.本期應提列的呆帳費用。

　　B.已用應收帳款及呆帳提列比例計算出本年度應有的呆帳費用額度，茲因上一期帳面餘額尚有多少？所以本期應該提列的費用為何？

⑤ 本期所應該提列的備抵呆帳金額？請用 T 字帳表示。

備抵呆帳
	前期餘額
	本期調整
	調整後餘額

⑥ 資產負債表上的紀錄：

流動資產
應收帳款
減：備抵呆帳

⑦ 請分析應收帳款餘額百分比法的優缺點。

(5) 備抵法二：應收帳款餘額百分比法或稱為資產負債表法（例2）

　　承上題，米契而休閒度假中心 XXX 年年底的損益表部分帳戶餘額更動如下，而且根據以往會計部門的經驗計算，以按照應收帳款餘額的11%估計該公司當年度的呆帳費用。

XXX 年 12 月 31 日米契而休閒度假中心的部分帳戶

營業收入總額	$3,350,000	應收帳款	$250,000
備抵呆帳	−10,000	銷售讓價	8,000
銷售折扣	10,000		

問題：

① 請計算米契而每本年度呆帳費用提列。

　A. 呆帳費用。

　B. 本期應提列的呆帳費用。

② 已用應收帳款及呆帳提列比例計算出本年度應有的呆帳費用額度，茲因上一期帳面餘額為何？所以本期應該提列的費用是多少？

③ 本期所應該提列的備抵呆帳金額？請用 T 字帳表示。

④ 資產負債表上的紀錄

流動資產
應收帳款
減：備抵呆帳

(6) 備抵法三：應收帳款帳齡分析法(aging of accounts receivable)

　　米契而休閒度假中心 XXX 年年底的應收帳款之帳戶，依照帳齡整理結果如下，並且依照各帳戶帳齡不同而提列不同比率的呆帳額度，試計算該飯店當年度的呆帳費用、備抵呆帳餘額以及資產負債表上的數據。

XXX 年 12 月 31 日米契而休閒度假中心應收帳款帳戶

帳齡	帳款金額	呆帳提列比率	備抵呆帳金額
未超過信用期	$65,000	2%	
過期 1 個月	20,000	3%	
過期 2 個月	10,000	10%	
過期 3 個月	8,000	33%	
過期 3 個月以上	3,000	64%	
合　計			

XXX 年 12 月 31 日米契而休閒度假中心的部分帳戶

營業收入總額	$3,350,000	應收帳款	$250,000
備抵呆帳	15,000	銷售讓價	8,000
銷售折扣	10,000		

問題：

① 請列出計算公式：

　A. 每一帳齡應收帳款所應提列的備抵呆帳額度。

　B. 應有的備抵呆帳。

　C. 時期應該提列的呆帳金額。

② 應收帳款帳齡分析法的優點及缺點為何？

③ 分錄。

④ 資產負債表上的紀錄：

流動資產：	
應收帳款	
減：備抵呆帳	

4. 其他管銷費用之管理

(1) 信用卡手續費

　◎ 銀行發行的信用卡

　　　葛來分多庭園餐廳 XXX 年7月4日當天的銀行信用卡簽單加總金額為 $35,000。

　　① 請作7月4日當天簽單總金額入帳時分錄。

　　② 假設得知8月1日發卡銀行將信用卡對帳單交由飯店對帳，並且同時扣除信用卡簽帳總金額的3%作為收帳費用，試作此一分錄。

　◎ 非銀行發行的信用卡

　　　葛來分多庭園餐廳 XXX 年7月4日當天的非銀行發卡信用卡簽單加總金額為 $25,000。

　　① 請作7月4日當天簽單總金額入帳時分錄。

　　② 假設得知8月1日發卡單位將信用卡對帳單交由飯店對帳，並且同時扣除信用卡簽帳總金額的3%作為收帳費用，試作此一分錄。

(2) 營業稅的會計處理

◎ 稅外加：代收（銷項稅額）＞ 代付 （進項稅額）

　　米花大飯店客房部門 XXX 年11月份共採購陶瓷及玻璃器皿共計$180,000，採購貨款中另外加5%的進項營業稅額；而當月共計客房部門營業收入為$250,000，代收的營業稅率也是外加5%，以下將計算進貨、銷貨及繳納營業稅額時的相關分錄。

①進貨分錄。

②銷貨分錄。

③繳納營業稅時之分錄。

◎ 稅內含：代收（銷項稅額）＞代付（進項稅額）

　　承上例，米花大飯店客房部門 XXX 年11月份共採購陶瓷及玻璃器皿共計$180,000，採購貨款中內含5%的進項營業稅額，而當月營業收入為$250,000，代收的營業稅率也是內含5%，以下將計算進貨、銷貨及繳納營業稅額時的相關分錄。

①進貨分錄。

②銷貨分錄。

③繳納營業稅時之分錄。

◎ 稅外加：代收（銷項稅額）＜ 代付 （進項稅額）

　　米花大飯店客房部門 XXX 年11月份共採購陶瓷及玻璃器皿共計$260,000，採購貨款中另外加5%的進項營業稅額；而當月共計客房部門營業收入為$150,000，代收的營業稅率也是外加5%，以下將計算進貨、銷貨及繳納營業稅額時的相關分錄。

①進貨分錄。

②銷貨分錄。

③繳納營業稅時之分錄。

◎ 稅內含：代收（銷項稅額）＜代付（進項稅額）

　　同上例，米花大飯店客房部 XXX 年11月份的採購改為貨款中內含5%的進項營業稅額；代收的營業稅率也是內含5%，以下將計算進貨、銷貨及繳納營業稅額時的相關分錄。

(3) 應付帳款的費用折扣

◎ 總額法－折扣期限

依姜緬式料理餐廳採用總額法記錄帳務，假設餐廳在 XXX 年3月1日起向農會生鮮超市訂購食材，月底結帳金額為$25,000，農會要求顧客付款條件為 EOM 2/10，n/20。

①假設依姜餐廳在4月3日付款時，會計的紀錄要如何執行？

②如果依姜餐廳是在4月17日付款時，會計的紀錄又應該如何執行？

◎ 淨額法－折扣期限

同上例，依姜餐廳改採用淨額法記錄帳務，假設向農會生鮮超市採購用品金額仍為$25,000，付款條件仍為 EOM 2/10，n/20。

①假設依姜餐廳在4月3日付款時，會計的紀錄要如何執行？

②如果依姜餐廳是在4月17日付款時，會計的紀錄又應該如何執行？

07
CHAPTER
★ ★ ★ ★ ★

餐旅館業的採購管理

HOSPITALITY
MANAGEMENT
ACCOUNTING
PRACTICE

※本章重點提示

參考資料來源：正風聯合會計師事務所彙整

　　國際會計準則第2號「存貨」（以下簡稱 IAS2）之目的，係訂定存貨之會計處理。存貨係指符合下列任一條件之資產：

1. 持有供正常營業過程出售者。
2. 正在製造過程中以供前述銷售者。
3. 將於製造過程或勞務提供過程中消耗之原料或物料（耗材）。

　　IAS2適用於所有存貨，但下列情況除外：

4. 建造合約產生之在製品，包含直接相關之勞務合約（見國際會計準則第11號「建造合約」）。
5. 金融工具（見國際會計準則第32號「金融工具：表達」、國際會計準則第39號「金融工具：認列與衡量」及國際財務報導準則第9號「金融工具」）。
6. 農業活動相關生物資料及收成點之農產品（見國際會計準則第41號「農業」）。

　　根據 IAS2「存貨」之原則，本單與存貨帳務處理原則包括以下重點：

1. 存資成本：存貨成本應包含所有購買成本、加工成本及為存貨達到目前之地點及狀態所發生之其他成本。
   購買成本：存貨之購買成本包含購買價格、進口稅損與其他稅捐（企後續自稅捐主管機關可回收之部分除外）以及運輸、處理與直接可歸屬於取得製成品、原料及勞務之其他成本。
2. 存貨應以成本與淨變現價值孰低衡量，惟若生產之製成品預期以等於或高於成本之價格出售，則供生產該製成品存貨使用之原料及其他物料不宜沖減至低於成本。存貨通常逐項沖減至淨變現便宜。但在某些情況下亦可將類似或相關之項目歸為同一類。但當原料之價格下跌顯示製成品之成本超過淨變現價值時，該原料宜沖減至淨變現價值。企業應於各後續期間重新評估淨變現價值。若先前導致存貨價值沖減至低於成本之情況已消失，或有明顯證據顯示經濟情況改變而使淨變現價值增加時，沖減金額應予迴轉。
3. 成本公式：通常不可替換之存貨項目及依專案計畫生產且能區隔之商品或勞務，其存貨本之計算應採用成本個別認定法。除此之外，存貨成本應採用先進先出或加權平均成本公式分配。企業對性質及用途類似之所有存貨，應採用相同成本公式。對性質或用途不同之存貨，得採用不同成本公式。
4. 認列為費用：當存貨出售時，其帳面金額應於相關收入認列之當期認列為費用。任何存貨沖減至淨變現價值之金額及所有存貨損失，均應於沖減或損失發生之認列為費用。任何存貨沖減因淨變現價值增加而迴轉之金額，應於迴轉發生之當期減少認列為費用之存貨金額。

在 各行業的帳務處理當中,所採購的物資屬於流動資產中用品盤存 (supplies on hand)或存貨(inventory)的項目,對於餐飲及旅館業者而言亦同,經營業主在平日進行物資採購、耗用,並放置存貨備品(supplies),其目的是為應付臨時性的銷售、製造及服務之需求,因此備品及存貨的帳務管理、盤存制度以及成本基礎的評價等,皆是本章內容相當重要的議題。

第一節　餐旅館業的備品管理

一、餐旅館業的備品科目

依據美國餐旅館業會計系統的統一帳戶內容當中,屬於餐旅館業的備品會計科目如下所述,可將其概分為食品飲料類及營運補給品類。

Supplies or Inventories　備品或存貨	
食品及飲料類	營運補給品
Beverages 飲料	Cleaning Supplies 清潔用備品
Liquor 酒精飲料	Paper Supplies 紙張備品
Wine 葡萄酒	Disposable Tableware 免洗餐具
Coffee 咖啡	Paper Towel 紙巾
Tea 茶品	Guest Stationary 顧客用文具
Other 其他	Bathing Supplies 沐浴用品
Food 食品	China 陶瓷
Dry Goods 乾貨	Glassware 玻璃器皿
Dairy Products 乳製品存貨	Sliver 銀器
Fish and Seafood 魚貨及海鮮	Linen 布巾
Fresh Fruit and Vegetable 新鮮蔬果	Uniforms 制服
Frozen Fruit and Vegetable 冷凍蔬果	Unopened Stock 未開包裝備品
Meats 肉類	
Poultry 家禽類	
Candies 糖果	
Tobacco 菸草	

二、用品盤存(utility inventory)的調整

餐廳及旅館業者所採購的物資部分屬於消耗形資材，備品供應業主每日營業時大量使用，這種存貨特質是屬於消耗快速者，比較適合資產遞延項目的記帳方式。本書第三章所介紹的期末調整會計帳務中，曾經介紹過用品盤存的帳務處理，將是本章介紹餐旅館業在採購備品時，對於消耗形資材的處理方式。

以下範例以 IAS 所重視的應計基礎【先實後虛原則】為例。應計基礎的方式是指業主在剛採購時，先借記實帳戶「用品盤存－□□」資產科目，貸記現金或應付帳款科目，經過一段時間的耗用，到期末盤點庫存的時候，將已發生的虛帳戶「□□用品」費用科目借記入帳，並且將已消耗的部分貸記實帳戶的「用品盤存－□□」資產科目減少。

📁 案例7-1 用品盤存－魚貨及海鮮

Verona 義式餐廳與魚貨供應廠商採用記帳月結的方式交易，餐廳於 XXX 年8月1日採購魚貨及海鮮\$20,000，8月16日採購\$12,000，9月5日開立一個月銀行支票支付帳款，XXX 年8月31日餐廳盤點魚貨時，尚餘\$5,000的存貨，以下為本交易事件的相關分錄。

採購分錄：

記錄時間	帳戶	借貸分錄		類別	增減情形
XXX/8/1	借方	用品盤存－魚貨及海鮮20,000		資產	增加
	貸方	應付帳款	20,000	負債	增加
XXX/8/16	借方	用品盤存－魚貨及海鮮12,000		資產	增加
	貸方	應付帳款	12,000	負債	增加

說明：

1. XXX 年 8 月 1 日及 8 月 16 日餐廳採購魚貨及海鮮，在尚未使用時，先借記實帳戶資產增加，同時貸記應付帳款負債增加。
2. Verona 餐廳 8 月份兩次的魚貨採購共計\$32,000，採購費用及應付帳款皆累計為\$32,000。

盤存分錄：

記錄時間	帳戶	借貸分錄		類別	增減情形
XXX/8/31	借方	魚貨及海鮮	27,000	費用	增加
	貸方	用品盤存－魚貨及海鮮	27,000	資產	沖銷減少

說明：

1. 經過一個月的耗用期間，XXX 年 8 月 31 日盤點餐廳魚貨及海鮮的庫存情況，尚餘$5,000 的魚貨，也就是用掉約$27,000 的數量，此時，先借記虛帳戶的費用增加$27,000，同時貸記沖銷已使用的用品盤存資產實帳戶$27,000。

2. 採購分錄與盤存分錄合計後，帳戶為用品盤存－魚貨及海鮮$5,000，魚貨及海鮮費用共計$27,000，以及應付帳款$32,000。

付款分錄：

記錄時間	帳戶	借貸分錄		類別	增減情形
XXX/9/5	借方	應付帳款－魚貨及海鮮　32,000		負債	沖銷減少
	貸方	應付票據－□□銀行	32,000	負債	增加
XXX/10/5	借方	應付票據－□□銀行　32,000		負債	沖銷減少
	貸方	□□銀行存款	32,000	資產	減少

說明：

1. XXX 年 9 月 5 日 Verona 餐廳開立為期一個月的支票支付魚貨及海鮮的帳款，此時，先借記沖銷原先的應付帳款帳戶，轉換成貸記付款銀行的應付票據帳戶。

2. XXX 年 10 月 5 日 Verona 餐廳所開立付款的支票到期，借記應付票據的負債減少，貸記銀行存款的資產帳戶減少。

過 T 字帳：

用品盤存－魚貨及海鮮【資產】

8/1	$20,000	8/31	$27,000
8/16	12,000		
8/31	5,000		

應付帳款【負債】

9/5	$32,000	8/1	$20,000
		8/16	12,000
			0

應付票據【負債】

10/5	$32,000	9/5	$32,000
			0

魚貨及海鮮【費用】

8/31	$27,000		
8/31	$27,000		

銀行存款【資產】

		10/5	$32,000

說明：

　　自 XXX 年8月1日至 XXX 年10月5日，Verona 餐廳所開立的支票兌現帳款為止，最後 T 字帳所呈現的是用品盤存－魚貨及海鮮資產庫存尚有$5,000，而銀行存款扣除$32,000。

📁 **案例7-2** 用品盤存－房客沐浴用品（盤虧）

　　丹迪觀光飯店於 XXX 年7月1日向安琪美體公司訂購房客用沐浴系列用品一批，共計總價$25,000以現金支付帳款，同一年12月21日再加採購$20,000，先以記帳方式交易。

　　XXX 年12月31日飯店盤點時，帳面上尚餘$19,500的存貨，但倉庫盤點結果為$19,300的存貨，以下為本交易事件的相關分錄。

採購分錄：

記錄時間	帳戶	借貸分錄		類別	增減情形
XXX/7/1	借方	用品盤存－沐浴系列用品 25,000		資產	增加
	貸方	現金	25,000	資產	減少
XXX/12/21	借方	用品盤存－沐浴系列用品 20,000		資產	增加
	貸方	應付帳款	20,000	負債	增加

說明：

1. XXX 年 7 月 1 日及 12 月 21 日丹迪觀光飯店採購沐浴用品，在尚未使用時，先借記實帳戶用品盤存資產增加，同時分別貸記現金資產減少以及應付帳款的負債增加。
2. 丹迪觀光飯店 XXX 年 7 月份及 12 月份兩次的房客沐浴用品採購共計$45,000，採購費用累計為$45,000。

盤存分錄：

記錄時間	帳戶	借貸分錄		類別	增減情形
XXX/12/31	借方	房客沐浴用品 22,500		費用	增加
	貸方	用品盤存－房客沐浴用品	22,500	資產	沖銷減少
XXX/12/31	借方	房客沐浴用品【盤虧】 200		費用	增加
	貸方	用品盤存－房客沐浴用品	200	資產	減少

說明：

1. 經過 6 個月的耗用期間，XXX 年 12 月 31 日盤點庫存情況，發現客房部門用掉$25,500 的數量，但盤點餘數為$19,300 的沐浴用品，但依據倉管部門帳面上的登記應該剩餘$19,500 的數量，故短少$200 的數量。

2. 此時，先依據沐浴用品帳面存貨量入帳，先借記虛帳戶的客房沐浴用品費用增加，同時貸記沖銷已耗用的帳面用品盤存$25,500 資產。

3. 倉庫存貨比帳面少的$200，借記客房沐浴用品盤點虧損（費用增加），同時貸記用品盤存的資產減少$200。

4. 採購分錄與盤存分錄合計後，帳戶為用品盤存－沐浴用品$19,300，費用（客房沐浴用品＋盤虧）共計$25,700，以及應付帳款$20,000。

過 T 字帳：

用品盤存－沐浴系列用品【資產】

7/1	$25,000	12/31	$25,500
12/21	20,000	12/31	$ 200
12/31	19,300		

現金【資產】

| | | 7/1 | $25,000 |

應付帳款【負債】

| | | 12/21 | $20,000 |
| | | 12/31 | 20,000 |

客房沐浴用品【費用】

| 12/31 | $25,500 | | |
| 12/31 | $25,500 | | |

客房沐浴用品【盤虧－費用增項】

| 12/31 | $200 | | |

說明：

　　自 XXX 年7月1日至 XXX 年12月31日，丹迪飯店客房部有關沐浴系列用品的採購，最後 T 字帳所呈現的是用品盤存－沐浴用品庫存資產尚有$19,300，費用總計$25,700，應付帳款尚餘$20,000。

三、結　論

　　餐旅館業各利潤中心的營業備品管理相當複雜，依本節前述可概分為飲食用品及其他非飲食類的營運用品，因為備品的性質屬於營業時使用的材料或消耗

品,並非買賣業直接提供門市銷售的物品,因此並無銷貨成本及銷貨收入的帳戶項目產生。

發生盤點盈餘時,通常經由查明並無重大違失者,直接在帳面上更正即可;如果發生盤點虧損時,除查明真相外,最好能在帳面註記,以作為日後之觀察紀錄。

各營業單位的備品可採用統一倉庫管理的方式保存及記帳,亦可以分別由各利潤中心保存記帳,但是盤點庫存的紀錄必須詳實,才能確實估算營業的盈虧狀況。

第二節 銷售貨品之管理

餐旅館業的經營範疇中,仍舊存在部分商品的銷售行為,例如紀念商品、裝飾品、酒製品、菸草等,這些物品的銷售行為與買賣業會計的處理方式相同。本節將介紹定期盤存制及永續盤存制度兩種制度,並藉由餐旅館業銷售商品的進、銷、存貨之操作,呈現實務範例及比較。

期末存貨金額=數量×單位成本

永續盤存制	成本基礎
定期盤存制	非成本基礎

一、定期盤存制(periodic inventory system)

又稱為實地盤存制(physical inventory system)。業主在固定的週期時間,或者會計期間終了後,進行倉庫存貨的數量盤點,再經由與採購時的單位成本計算後,得到期末的存貨價值,其相關的帳務要點如下:

1. 採購銷售用商品時借記進貨科目。

2. 銷售貨品時,不同時記錄存貨減少及成本增加。

3. 平時存貨數量之增減並未加以記錄。

4. 存貨數量及成本於期末盤點時計算列入帳戶。

5. 銷貨成本=本期可供銷售商品成本-期末存貨金額。

二、永續盤存制(perpetual inventory system)

又稱為帳面結存制(book inventory system)。業主對於平時所採購的商品之銷貨及結存皆隨時加以記錄，因此可以直接自帳面上了解存貨增減變動及結存的情況。相關的帳務要點如下：

1. 設置存貨科目及存貨統制帳，採購商品時借記存貨。
2. 隨時可自存貨明細帳簿中，了解銷貨成本及期末存貨金額。
3. 銷貨時，除記載銷貨收入及帳款收入情形外，必須同時扣除存貨及記入銷貨成本中。
4. 長期帳面控制下，仍須進行倉庫實地盤點，以核對報表數字及實地商品是否吻合。
5. 盤點後，如果實際存量＞帳面存量＝存貨盤盈（或貸記銷貨成本減少）。
6. 盤點後，如果實際存量＜帳面存量＝存貨盤虧（或借記銷貨成本增加）。

三、兩種制度之功能比較

定期盤存制度及永續盤存制度兩者對於採購商品及存貨記錄的方式不同，因此適用的對象亦不同，以下將作一比較：

制度	定期盤存（實地盤存）	永續盤存（帳面結存）
功能特點	1. 經由期末實地盤存後，得到期末存貨金額，再反推計算出銷貨成本。 2. 實地存貨管理過程中，若發生偷竊、損壞時，將損失記入銷貨成本當中。 ※3. 適用於單價低或交易次數多的買賣商品。 4. 獨立設置進貨及相關加減帳戶。	1. 平時銷售貨品時，即刻記錄銷貨成本，再決定期末存貨。 2. 可隨時檢查存貨數量的差異，發現是否被盜竊，以及存貨數量是否過多或太少。 ※3. 適用於單價高或交易次數少的買賣商品。 4. 採購時僅設立存貨科目記載相關交易事項。

四、兩種盤存制度之實務操作

以下將以各種交易情況為範例，呈現定期盤存制度及永續盤存制度兩者在會計實務操作上的差異。

📂 **案例7-3** 賒購商品

丹迪觀光休閒度假村於 XXX 年8月15日採購高級紅葡萄酒40瓶，每瓶$2,000，共計$80,000。

定期盤存制度

記錄時間	帳戶	借貸分錄		類別	增減情形
XXX/8/15	借方	進貨　80,000		費用	增加
	貸方	應付帳款	80,000	負債	增加

定期盤存制之採購商品是先借記費用項目進貨列帳，本交易條件是貸記應付帳款負債增加。

永續盤存制度

記錄時間	帳戶	借貸分錄		類別	增減情形
XXX/8/15	借方	存貨　80,000		資產	增加
	貸方	應付帳款	80,000	負債	增加

永續盤存制之採購商品是先借記資產項目存貨列帳，本交易條件是貸記應付帳款負債增加。

兩種制度說明：

1. 定期盤存制度在採購商品的帳務處理上是先以進貨費用列入帳務，無論是否在短期間內完成商品的銷售，在損益表上會先呈現全部的採購費用以及銷貨成本，因此在收入與費用相減後的利潤估計較為保守。
2. 永續盤存制度的採購帳務是先以存貨列帳，在一定的存續期間後，再進行商品實際銷售的調整分錄，屆時才會產生銷貨成本的科目。

📂 **案例7-4** 現銷商品

丹迪觀光休閒度假村餐廳部門於 XXX 年8月20日以現金銷售高級紅葡萄酒10瓶，每瓶售價$3,000，共計$30,000。

定期盤存制度

記錄時間	帳戶	借貸分錄		類別	增減情形
XXX/8/20	借方	現金　　　　　　　　　　30,000		資產	增加
	貸方	飲料銷售－高級紅酒　　　　　　　30,000		收入	增加

定期盤存制之銷售商品是採貸記銷貨之收入帳戶。

永續盤存制度

記錄時間	帳戶	借貸分錄		類別	增減情形
XXX/8/20	借方	現金　　　　　　　　　　30,000		資產	增加
		銷貨成本－高級紅酒　　20,000		費用	增加
	貸方	飲料銷售－高級紅酒　　　　　　　30,000		收入	增加
		存貨　　　　　　　　　　　　　　20,000		資產	減少

永續盤存制之採購商品是先借記資產項目存貨列帳，本交易條件是貸記應付帳款負債增加。

兩種制度說明：

1. 定期盤存制度在銷售商品的帳務處理上是先列入收入帳戶，銷貨成本尚未進行帳務作業。

2. 永續盤存制度的銷售帳務是在交易發生時，同時將收入、商品成本費用、以及存貨減少等帳戶一起列入計算。在銷貨成本的計算方面，以度假村在8月15日當天的採購價格每瓶$2,000計算，銷售10瓶，共計$20,000，因此，倉庫裡紅酒的存貨價值也同時減少$20,000。

案例7-5 採購退貨

丹迪觀光休閒度假村餐廳部門於 XXX 年8月21日發現，8月15日所採購的高級紅葡萄酒40瓶當中，其中有5瓶的廠牌錯誤，故擬向供應商辦理退貨。每瓶採購成本價$2,000，共計退貨金額$10,000。

定期盤存制度

記錄時間	帳戶	借貸分錄		類別	增減情形
XXX/8/21	借方	應付帳款　　　　　　　10,000		負債	減少
	貸方	進貨退回－高級紅酒　　　　　　10,000		費用	抵減

定期盤存制之採購商品退回是採用貸記進貨退回的抵減帳戶；在8月15日採購所產生的應付帳款，則需在借方加以沖抵退貨的金額$10,000。

永續盤存制度

記錄時間	帳戶	借貸分錄		類別	增減情形
XXX/8/21	借方	應付帳款	10,000	負債	減少
	貸方	存貨	10,000	資產	減少

永續盤存制之採購商品退回是採貸記存貨科目，表示紅酒之庫存減少$10,000的價值。

兩種制度說明：

1. 定期盤存制度在採購商品的退回帳務處理上，以進貨減少的觀念進行，尚未在存貨科目上有任何紀錄。
2. 永續盤存制度的退貨帳務則是直接在採購應付貨款及存貨上作扣除。

📁 案例7-6 銷貨退回

丹迪觀光休閒度假村餐廳部門於 XXX 年8月27日，因品牌錯誤被顧客退貨高級紅葡萄酒3瓶，當日銷售時，以每瓶售價$3,000現金出售，總售貨金額為$9,000；餐廳採購成本價為每瓶$2,000，共計成本金額為$6,000。

定期盤存制度

記錄時間	帳戶	借貸分錄		類別	增減情形
XXX/8/27	借方	銷貨退回－高級紅酒	9,000	收入	減少
	貸方	現金	9,000	資產	減少

定期盤存制之銷貨商品退回是採用借記銷貨退回的抵減帳戶進行，貸記現金資產或負債減少。

永續盤存制度

記錄時間	帳戶	借貸分錄		類別	增減情形
XXX/8/27	借方	銷貨退回－高級紅酒	9,000	收入	減少
		存貨	6,000	資產	增加
	貸方	現金	9,000	資產	減少
		銷貨成本	6,000	費用	減少

　　永續盤存制之銷售商品退回是採借記銷貨退回及存貨，表示紅酒之銷貨減少$9,000，庫存收回$6,000的價值；在貸記帳戶除退給客戶現金$9,000以外，銷貨成本應該減少。

案例7-7 期初存貨

　　已知丹迪度假村 XXX 年1月1日，高級紅葡萄酒的期初存貨量為5瓶，每瓶採購價格為$2,000，總期初存貨金額為$10,000。

定期盤存制度

記錄時間	
XXX/1/1	存貨－高級紅葡萄酒$10,000

　　定期盤存制之期初存貨只需列出存貨金額，不需要列出存貨數量。

永續盤存制度

記錄時間	存貨明細			
	品名	數量／單位	單價	總金額
XXX/1/1	高級紅葡萄酒	5 瓶	2,000	10,000

　　永續盤存制之期初存貨是採用存貨明細帳的方式載明存貨品目、數量、單價以及總金額。

案例7-8 期末盤點－盤虧

　　丹迪度假村餐廳部門於 XXX 年9月1日進行盤點，帳面上所列的高級紅酒數量為33瓶，但期末盤點的存貨數量卻僅有32瓶。

定期盤存制度

記錄時間	帳戶	借貸分錄		類別	增減情形
XXX/9/1	借方	期末存貨－高級紅酒	64,000	資產	增加
		銷貨成本	16,000	費用	增加
		進貨退回	10,000	費用	沖抵
	貸方	期初存貨	10,000	資產	沖抵
		進貨	80,000	費用	沖抵

定期盤存制之期末盤點有幾項重點需要注意：

1. 將期末實際盤點結果 32 瓶高級紅酒以成本價$2,000 計算，列入期末存貨共計$64,000。
2. 案例 7-5 發生採購退貨的部分，在期末盤存時以借記進貨退回方式將其沖銷。
3. 案例 7-3 得知本期進貨共計$80,000，案例 7-7 得知上期期末存貨尚有$10,000，兩者合計為本期可供銷貨商品價值$90,000，但在期末盤存後，原先兩者都在借記科目者，必須以貸記方式加以沖抵，因為最後僅剩下$64,000 的期末存貨。
4. 本期可供銷貨商品的價值是$90,000，扣除期末盤點所剩下的存貨$64,000，以及採購退回的$10,000，本期的銷貨成本則為$16,000 。
5. 帳面上所剩下的期末存貨價值為 33 瓶，共計價值$66,000，但實際盤算時少了一瓶，在定期盤存制的作法上，則將這一瓶酒的損失直接記入銷貨成本中。

永續盤存制度

記錄時間	帳戶	借貸分錄		類別	增減情形
XXX/9/1	借方	存貨盤虧	2,000	資產減項	增加
	貸方	存貨	2,000	資產	減少

永續盤存制之經過期末實地的盤點後，如果實際存貨數量少於存貨明細帳上者，則以借記存貨盤虧，貸記存貨減少的方式記帳。

案例7-9 期末盤點－盤盈

假設丹迪度假村餐廳部門於 XXX 年9月1日進行盤點，帳面上所列的高級紅酒數量為33瓶，但期末盤點的存貨數量卻竟有34瓶。

定期盤存制度

記錄時間	帳戶	借貸分錄		類別	增減情形
XXX/9/1	借方	期末存貨－高級紅酒	68,000	資產	增加
		銷貨成本	12,000	費用	增加
		進貨退回	10,000	費用	沖抵
	貸方	期初存貨	10,000	資產	沖抵
		進貨	80,000	費用	沖抵

定期盤存制之期末盤點有幾項重點需要注意：

1. 將期末實際盤點結果 34 瓶高級紅酒以成本價$2,000 計算，列入期末存貨共計$68,000。

2. 本期可供銷貨商品的價值是$90,000，扣除期末盤點所剩下的存貨$68,000，以及採購退回的$10,000，本期的銷貨成本則為$12,000 。

3. 帳面上所剩下的期末存貨價值為 33 瓶，共計價值$66,000，但實際盤算時多了一瓶，在定期盤存制的作法上，則將這一瓶酒的盤盈直接記入銷貨成本減少中。

永續盤存制度

記錄時間	帳戶	借貸分錄		類別	增減情形
XXX/9/1	借方	存貨	2,000	資產	增加
	貸方	存貨盤盈	2,000	資產增項	增加

永續盤存制經過期末實地的盤點後，如果實際存貨數量多於存貨明細帳上者，則以借記存貨增加，貸記存貨盤盈的方式記帳。

📂 案例7-10 期末結帳

根據上述案例(7-3)~(7-8)（盤虧）的交易事項，假設丹迪度假村餐廳部門於XXX 年9月1日盤點後進行結帳，則分錄及說明分別如下述。

定期盤存制度

記錄時間	帳戶	借貸分錄		類別	增減情形
XXX/9/1	借方	銷貨	30,000	收入	沖抵
	貸方	銷貨成本	16,000	費用	沖抵
		銷貨退回	9,000	收入減項	沖抵
		本期損益	5,000	收入	增加

定期盤存制之期末結帳有幾項重點需要注意：

1. 期末結帳時，主要是計算出本期損益科目，在案例 7-4 中銷貨收入貸記$30,000，因此在結帳時將以借記科目將其沖銷。

2. 本結帳工作依照案例7-8存貨盤虧的計算，得知最後的銷貨成本是借記$16,000，因此在結帳時，以貸記科目將其沖銷。

3. 本結帳工作依照案例 7-6 是借記銷貨退回$9,000，因此在結帳時，以貸記科目將其沖銷。

4. 本期銷貨收入減去銷貨成本及銷貨退回可得到本期損益為$5,000。

永續盤存制度

記錄時間	帳戶	借貸分錄		類別	增減情形
XXX/9/1	借方	銷貨	30,000	收入	沖抵
	貸方	銷貨成本	14,000	費用	沖抵
		存貨盤虧	2,000	存貨減項	沖抵
		銷貨退回	9,000	銷貨減項	沖抵
		本期損益	5,000	收入	增加

永續盤存制之期末結帳有幾項重點需要注意：

1. 本結帳工作依照案例 7-4 銷售紅酒 10 瓶及案例 7-6 銷貨退回紅酒 3 瓶兩者相減的結果計算，得知最後的銷貨成本是 7 瓶$14,000，借記金額累算是$14,000，因此在結帳時，以貸記科目將其沖銷。

2. 依照案例 7-8 發生存貨較帳面短少的情況，是借記期末盤虧$2,000，因此在結帳時，以貸記科目將其沖銷。

3. 案例 7-6 銷貨退回紅酒 3 瓶，原來是借記科目，以貸記科目將其沖銷。

4. 本期銷貨收入減去銷貨成本、存貨盤虧及銷貨退回，可得到本期損益為$5,000。

五、兩種盤存制度之比較釋例

以下將另舉範例，比較定期盤存制度及永續盤存制度兩者在會計操作上的差異。

📁 案例7-11 採購商品

蜜琪西餐廳代理海鮮罐頭之銷售業務，於 XXX 年5月15日及10月30日分別以現金採購海鮮罐頭40打及60打，每打價格$1,200，分別共計採購成本為$48,000及$72,000。

分錄比較

記錄時間	帳戶	定期盤存制		永續盤存制	
XXX/5/15	借方	進貨 48,000		存貨 48,000	
	貸方		現金 48,000		現金 48,000
XXX/10/30	借方	進貨 72,000		存貨 72,000	
	貸方		現金 72,000		現金 72,000

共計採購商品100打，採購成本總金額為$120,000。

📁 案例7-12 現銷商品

蜜琪西餐廳於 XXX 年6月30日以現金銷售海鮮罐頭50打，每打售價$2,000，共計$100,000。

分錄比較

記錄時間	帳戶	定期盤存制		永續盤存制	
XXX/6/30	借方	現金 100,000		現金 100,000 銷貨成本 60,000	
	貸方		銷貨收入 100,000		銷貨收入 100,000 存貨 60,000

共計銷售商品50打，銷貨成本總金額為$1,200×50打＝$60,000。

📁 案例7-13 採購退貨

蜜琪西餐廳部門於 XXX 年8月21日發現，日前所採購的海鮮罐頭，其中有5打的有效期限將屆，故當天向供應商辦理退貨及退費。

分錄比較

記錄時間	帳戶	定期盤存制		永續盤存制	
XXX/8/21	借方	現金 6,000		現金 6,000	
	貸方		進貨退回 6,000		存貨 6,000

每打採購成本價$1,200，共計退貨金額$6,000。

📁 案例7-14 銷貨退回

蜜琪西餐廳部門於 XXX 年8月27日，因海鮮罐頭有效期限快到，被顧客退貨2打，當日銷售時，以每打售價$2,000現金出售，共計銷貨退回金額為$4,000；餐廳採購成本價為每瓶$1,200，兩打共計退貨成本金額為$2,400。

分錄比較

記錄時間	帳戶	定期盤存制		永續盤存制	
XXX/8/27	借方	銷貨退回	4,000	銷貨退回 存貨	4,000 2,400
	貸方	現金	4,000	現金 銷貨成本	4,000 2,400

📁 案例7-15 期初存貨

已知蜜琪西餐廳 XXX 年1月1日，海鮮罐頭的期初存貨量為5打，每瓶採購價格為$1,200，總期初存貨金額為$6,000。

分錄比較

記錄時間	定期盤存制	永續盤存制－存貨明細帳	
XXX/1/1	存貨－海鮮罐頭$6,000	品　名	海鮮罐頭
		數量／單位	5 打
		單　價	$1,200
		總金額	$6,000

📁 案例7-16 期末盤點－盤虧

蜜琪西餐廳部門於 XXX 年12月31日進行期末盤點，帳面上所列的海鮮罐頭數量為52打，但期末盤點的存貨數量卻僅有51打。

分錄比較

記錄時間	帳戶	定期盤存制		永續盤存制	
XXX/12/31	借方	期末存貨 銷貨成本 進貨退回	61,200 58,800 6,000	存貨盤虧	1,200
	貸方	期初存貨 進貨	6,000 120,000	存貨	1,200

期初存貨＋本期進貨＝\$126,000為本期可供銷售商品價值，扣除期末存貨及進貨退回則可得到本期的銷貨成本為\$58,800。

📁 案例7-17 期末盤點－盤盈

蜜琪西餐廳部門於 XXX 年12月31日進行期末盤點，帳面上所列的海鮮罐頭數量為52打，假設期末盤點的存貨數量卻有53打。

分錄比較

記錄時間	帳戶	定期盤存制		永續盤存制	
XXX/12/31	借方	期末存貨	63,600	存貨	1,200
		銷貨成本	56,400		
		進貨退回	6,000		
	貸方	期初存貨	6,000	存貨盤盈	1,200
		進貨	120,000		

期初存貨＋本期進貨＝\$126,000為本期可供銷售商品價值，扣除期末存貨及進貨退回則可得到本期的銷貨成本為\$56,400。

📁 案例7-18 期末結帳

根據上述案例(7-12)~(7-16)的交易事項，假設蜜琪西餐廳部門於 XXX 年12月31日盤點後進行結帳，則分錄及說明分別如下述。

分錄比較

記錄時間	定期盤存制		永續盤存制	
XXX/12/31	銷貨	100,000	銷貨	100,000
	銷貨成本	58,800	銷貨成本	57,600
	銷貨退回	4,000	存貨盤虧	1,200
	本期損益	37,200	銷貨退回	4,000
			本期損益	37,200

定期盤存制之期末結帳，有幾項重點需要注意：

1. 期末結帳時，主要是計算出本期損益科目，在案例 7-12 中銷貨收入貸記 \$100,000，因此在結帳時將以借記科目將其沖銷。

2. 本結帳工作依照案例 7-16 存貨盤虧的計算，得知最後的銷貨成本是借記 $58,800，因此在結帳時，以貸記科目將其沖銷。

3. 本結帳工作依照案例 7-14 是借記銷貨退回$4,000，因此在結帳時，以貸記科目將其沖銷。

4. 本期銷貨收入減去銷貨成本及銷貨退回可得到本期損益為$37,200。

　　永續盤存制之期末結帳，有幾項重點需要注意：

1. 本結帳工作依照案例 7-11 銷售紅酒 50 打及案例 7-14 銷貨退回紅酒 2 打兩者相減的結果計算，得知最後的銷貨成本是 48 打$57,600，借記金額累算是$57,600，因此在結帳時，以貸記科目將其沖銷。

2. 依照案例 7-16 發生存貨較帳面短少的情況，是借記期末盤虧$1,200，因此在結帳時，以貸記科目將其沖銷。

3. 案例 7-14 銷貨退回海鮮罐頭 2 打售價$4,000，原來是借記科目，以貸記科目將其沖銷。

4. 本期銷貨收入減去銷貨成本、存貨盤虧及銷貨退回，可得到本期損益為$37,200。

第三節　成本基礎之存貨評價

一、採購成本之攤算

　　談論到存貨價值的評估時，涉及到兩個與存貨相關的重要名詞，其一是**存貨原始評價**，其二是**存貨成本**。所謂**存貨原始評價**是指業主所採購的商品原始成本價值而言；而真正**存貨成本**的決定，是指業主所採購的商品達到可供銷售的狀態前，所有合理且必要的支出皆須列入存貨成本，例如業主可能要負擔運輸費用、產物保險費用、稅捐、場站費用，以及倉儲的費用等附加費用成本。

　　所以綜言之，存貨成本＝原始成本價值＋附加成本。以下將列舉範例說明業主在進行多種商品採購時，根據附加成本的內含及外加兩種情況，討論如何將適切成本分攤計算在每一件商品上，或另有更簡便的作法。

案例7-19 採購商品之成本攤算－附加成本費用內含於商品價格

賈西雅觀光藝術飯店中設立有藝術紀念品販售廣場，已知賈西雅飯店向國外採購一批藝術紀念品，情況如下：

1. 預計在 XXX 年 2 月 3 日交貨，付款條件是運費、保險、倉儲、稅務以及產品在飯店販賣中心上架等作業費用，全數包含在商品價格當中。

2. 貨到後當場盤點，並且買方以現金票付款。

3. 因為賈西雅公司與賣方以往的交易關係良好，因此本次採購總金額經過賣方折扣後是$230,000。

品名	訂購數量／單位	單價（含作業費用）
可愛動物木雕漆器	200 組	$500
西方古典藝術畫冊	50 套	$1,000
巴洛克風格銀製燭台	30 座	$3,000

4. 賈西雅採購的商品細目如上，以下每一件商品之成本攤算。

品名	數量	單價	總金額	總價比例	分攤總成本	單位分攤成本
可愛動物木雕漆器	200 組	$500	200 組×$500 ＝$100,000	$\frac{\$100,000}{\$240,000}$ 約為 42%	$230,000×42% ＝$96,600	$96,600 ÷ 200 組 ＝$483
西方古典藝術畫冊	50 套	$1,000	50 套×$1,000 ＝$50,000	$\frac{\$50,000}{\$240,000}$ 約為 21%	$230,000×21% ＝$48,300	$48,300÷50 套 ＝$966
巴洛克風格銀製燭台	30 座	$3,000	30 座×$3,000 ＝$90,000	$\frac{\$90,000}{\$240,000}$ 約為 37%	$230,000×37% ＝$85,100	$85,100÷30 座 ＝$2836.6 取$2837
合　計			$240,000	100%	$230,000	

說明：

供應商對於賈西雅飯店所採購的藝術紀念品是採全部內含的報價方式，而且所提供的折扣也是針對總金額為之，因此在攤算每一種商品採購總金額後，再以相對價格的計算方式，了解每一項商品的總金額占全部採購金額的比例，之後再根據此一比例與實際折扣後的總貨價相乘，可得到每一項商品真正的採購總金額，再將其除以每項商品的採購數量，最後可以得到每一項商品的採購單價。

📁 **案例7-20** 採購商品之成本攤算－附加成本費用外加

　　Doreen 高級西餐廳向日本採購高級食材四種，總價是$125,000，交貨條件如下所述：

1. 日本供應商預計在 XXX 年 5 月 31 日交貨，付款條件是除商品價格外，運費$3,000、保險$3,000、倉儲$1,000、稅務$2,500 以及產品放置在 Doreen 西餐廳倉庫等作業費用$500 等不包含在食材產品報價中，須另外計算。

2. 貨到後當場盤點，並且買方以現金票付款。

品名	訂購數量/單位	單價
高級壽司米	50 包	$500
（真空包裝）鮭魚卵	20 包	$3000
（真空包裝）烏魚子	30 包	$1000
（真空包裝）芥末	20 包	$500

3. Doreen 西餐廳採購的商品細目如上，先將食材總價加上所有附加成本費用可得到真正的採購花費，為$125,000＋$3,000＋$3,000＋$1,000＋$2,500＋$500＝$135,000。以下將進行每一件商品之成本攤算。

品名	數量	單價	總金額	總價比例	分攤總成本	單位分攤成本
高級壽司米	50 包	$500	50 包×$500 ＝$25,000	$\frac{\$25,000}{\$125,000}$ 約為 20%	$135,000×20% ＝$27,000	$27,000 ÷ 50 包＝$540
鮭魚卵 （真空包裝）	20 包	$3000	20 包×$3,000 ＝$60,000	$\frac{\$60,000}{\$125,000}$ 約為 48%	$135,000×48% ＝$64,800	$64,800 ÷ 20 包＝$3,240

品名	數量	單價	總金額	總價比例	分攤總成本	單位分攤成本
（烏魚子） 真空包裝	30 包	$1000	30 座×$1,000 ＝$30,000	$\frac{\$30,000}{\$125,000}$ 約為 24%	$135,000×24% ＝$32,400	$32,400÷30 包 ＝$1,080
（芥末） 真空包裝	20 包	$500	20 包×$500 ＝$10,000	$\frac{\$10,000}{\$125,000}$ 約為 8%	$135,000×8% ＝$10,800	$10,800÷20 包 ＝$540
合　　計			$125,000	100%	$135,000	

說明：

1. 日本供應商對於 Doreen 所採購的四種食材是採產品及附加費用分開計算的方式。

2. 將食材商品原始價格合計為$125,000，加上其他附加費用共計為$135,000。

3. 用$125,000 攤算每一種商品相對價格之總價比例，了解每一項商品的總金額占全部採購金額的百分比例。

4. 之後，每項商品再根據總價比例與實際支出總金額$135,000 相乘，可得到每一項商品真正的採購總金額，即分攤總成本。

5. 再將其除以每項商品的採購數量，最後可以得到每一項商品的採購單價。

📂 案例7-21 採購商品之成本攤算－附加成本費用另列帳戶

　　採購商品的附加成本應該如案例7-19及案例7-20的方式，納入存貨成本當中，並且經由分攤比例計算出每一單位商品的真正成本。但實務上，如果要將每一批採購皆攤算成本，除經常要修改商品的真正單價，而且可能出現小數的情形，明顯增加帳務處理的負擔及成本。因此在慣例上，有兩項常用的原則：

1. 僅將買方需負擔的運費以進貨運費的科目記錄，且列入存貨成本的加項。

2. 其他附加成本如保險費、稅捐、倉儲及上架費用等，則列入營業費用當中。

二、採購貨品之現金折扣

　　業主採購商品後，因為提早付款而取得現金折扣，以進貨折扣科目記錄，列為進貨成本之減項，以下將以先前介紹過的總額法及淨額法釋例說明。

📂 案例7-22 進貨折扣－總額法及淨額法

1. 賈西雅藝術飯店在 XXX 年 6 月 27 日賒購一批藝術品總價為$500,000，付款條件是 EOM 5/15，n/45。

2. 賈西雅飯店在 XXX 年 7 月 10 日先付款 5 成。

3. 賈西雅飯店在 XXX 年 7 月 31 日將尾款付清。

（一）總額法

採購進貨時，先以商品原始總價格入帳，如果業主能夠提早付款取得折扣時，再另設進貨折扣科目，一般實務上較常採用此法，可以減少進貨單價調節的人事成本。

進貨

記錄時間	帳戶	借貸分錄		類別	增減情形
XXX/6/27	借方	進貨　　　　500,000		費用	增加
	貸方	應付帳款	500,000	負債	增加

折扣期限內付款

記錄時間	帳戶	借貸分錄		類別	增減情形
XXX/7/10	借方	應付帳款　　250,000		負債	減少
	貸方	進貨折扣	12,500	費用減項	增加
		現金	237,500	資產	減少

賈西雅飯店在折扣期限內付5成的貨款，即$250,000，已知付款條件規定，7月1日～7月15日付款者，可享有5%的現金折扣，所以賈西雅飯店所付5成的貨款可享有$250,000×5%＝12,500的折扣優惠。

折扣期限後付款

記錄時間	帳戶	借貸分錄		類別	增減情形
XXX/7/31	借方	應付帳款　　250,000		負債	減少
	貸方	現金	250,000	資產	減少

賈西雅飯店在折扣期限後支付剩餘5成的貨款$250,000，已知付款條件規定，7月16日～8月14日付款者，未享有任何的現金折扣。

（二）淨額法

採購進貨時，先以商品原始折扣價格入帳，如果業主未能夠提早付款取得折扣時，再另設進貨折扣損失科目，採用此法可以避免將折扣之利息一起記入存貨成本之中，帳務較接近事實。

進貨

記錄時間	帳戶	借貸分錄		類別	增減情形
XXX/6/27	借方	進貨	475,000	費用	增加
	貸方	應付帳款	475,000	負債	增加

　　賈西雅飯店藝術品的採購帳務，依照淨額法是將應付帳款以折扣後金額計算，即$500,000×(1–5%)＝$475,000，亦即將採購貨品之折扣視為必然取得。

折扣期限內付款

記錄時間	帳戶	借貸分錄		類別	增減情形
XXX/7/10	借方	應付帳款	237,500	負債	減少
	貸方	現金	237,500	資產	減少

　　7月10日付款時，已知付款條件規定，7月1日～7月15日付款者，可享有5%的現金折扣，所以賈西雅飯店所付5成的貨款是$475,000÷2＝237,500。

折扣期限後付款

記錄時間	帳戶	借貸分錄		類別	增減情形
XXX/7/31	借方	應付帳款	237,500	負債	減少
		進貨折扣損失	12,500	費用加項	增加
	貸方	現金	250,000	資產	減少

　　賈西雅飯店在折扣期限後支付剩餘5成的貨款，依照帳面上為$237,500，已知付款條件規定，7月16日～8月14日付款者，未享有任何的現金折扣，因此必須支付5成貨款的總額而非折扣價格，帳面上損失的$12,500折扣，則列入進貨折扣損失科目，作為進貨成本的加項。

第四節　存貨成本之管理與評價

　　經營業主在採購商品的過程當中，所發生的實務操作變數很多，例如商品種類繁多、同一種商品不同的進貨價格以及一段長期時間內進貨、銷貨、存貨

過程的流動關係等，皆是會計人員必須考量的問題，如何將倉庫裡的存貨用最正確的方式評價，並且計算出存貨金額及銷貨成本金額。

> 　　根據本章前述之 IAS2的精神，存貨成本的評價以個別認定法、平均法、先進先出法三者較為合乎成本與收益認定原則，不鼓勵採用後進先出法，故以下例題將以前三種原則為基準，以同一題例的方式進行演算及比較。

案例7-23 三種評價方法

健雅休閒健身度假中心採購進貨 ABC 品牌的健康食品供販賣部銷售，以下為 XXX 年9月份的進貨及銷貨資料。

進貨記錄			銷貨記錄	
日期	數量	單價	日期	數量
9/1（8 月底存貨）	20 組	$1,000	9/19	40
9/18	50 組	$1,100	9/25	20
9/30	60 組	$1,200		
九月份可供銷售商品總計＝$147,000				

一、個別認定法(specific identification method)

1. 作法：依照商品採購時所得到的實際成本為基準，銷售出去的商品則將實際成本列作銷貨成本，未銷售的庫存商品則以實際成本列作存貨成本。
2. 優點：配合電腦系統管理使用較為簡便，而且永續盤存制及定期盤存制皆適宜配合使用。
3. 缺點：損益認定較為主觀。
4. 適合條件：業主採購交易量較少，成本較容易辨識，而且採購金額單價較高者，例如古董、藝術商品、珠寶、車輛等等，比較適合將每一件商品的成本單一個別認定。

5. 解題計算：

(1) 依照健雅度假村在9月份的 ABC 健康食品採購情形得知，8月底的結存是20組，遞延到9月1日，9月份真正的採購數量是110組，因此共計130組的可供銷售商品。

(2) 9月份的兩次銷售記錄中，共計銷售60組的健康食品，剩餘的存貨是70組。

(3) 假設已知9月份銷售剩餘的70組存貨中，9月1日期初存貨有20組，9月18日所採購的有50組。

(4) XXX 年9月份的健康食品存貨成本金額是（20組×$1,000）+（50組×$1,100）＝$75,000。

(5) XXX年9月份的健康食品銷貨成本金額是用「可供銷售商品總金額」減去已算出來的「存貨成本金額」。

① （20組×$1,000）+（50組×$1,100）+（60組×$1,200）＝$147,000。

② $147,000－$75,000＝$72,000。

(6) 永續盤存及定期盤存兩制度下，所計算出的金額皆相同。

二、平均法(average method)

通常可再劃分為簡單平均法(simple average method)、加權平均法(weighted average method)及移動平均法(moving average method)三種，以下將分別介紹之。

1. 簡單平均法(simple average method)

(1) 作法：將期初存貨的單位成本與本期採購商品的每一次單位成本全部加總後，求平均單位成本。

(2) 優點：單位成本之計算認定方法簡單。

(3) 缺點：只適用定期盤存制度。

(4) 適用條件：業主所採購的商品價格變動情形少者適用。如果同一種商品的採購價格起伏差異太大者，使用簡單平均法估算，則容易發生成本嚴重錯置的情況。

(5) 題解計算：

① 先計算出平均單價 $= \dfrac{存貨\$1000+9/18採購\$1100+9/30採購\$1200}{3}$

$= \$1,100$

② XXX 年9月份的健康食品存貨成本金額是（70組×$1,100）＝$77,000。

③ XXX 年9月份的健康食品銷貨成本金額是用「可供銷售商品總金額」減去已算出來的「存貨成本金額」，即$147,000－$77,000＝$70,000。

2. 加權平均法(weighted average method)

(1) 作法：以存貨商品的數量作為權數，將每一種存貨商品的價格乘上數量再除以總商品數量，即可得到加權平均單位成本。

(2) 優點：考慮全年度的商品進貨單價及數量的情況計算成本。

(3) 缺點：僅有定期盤存制度才適用。

(4) 公式：$\dfrac{\text{加總（每一次採購商品價格} \times \text{商品數量）}}{\text{本期全部商品總數量}} = \dfrac{\text{可供銷售商品總價}}{\text{商品總數量}}$

(5) 解題計算：

① 先計算出加權平均單價 $= \dfrac{\$147,000}{20+50+60} = \$1,130.7$。

② XXX 年9月份的健康食品存貨成本金額是70組×$1,130.7＝$79,149。

③ XXX 年9月份的健康食品銷貨成本金額是用「可供銷售商品總金額」減去已算出來的「存貨成本金額」，即$147,000－$79,149＝$67,851。

3. 移動平均法(moving average method)

(1) 作法：業主在採購進貨時，將本期進貨的商品單價與前期結存的商品單價作加權平均，計算出新的成本單價。

(2) 優點：隨著商品的價格起伏，調整出最新的單價費率。

(3) 缺點：僅有永續盤存制適用。

(4) 公式：$\dfrac{\text{本期進貨商品總額} + \text{前期結存商品總額}}{\text{未銷售商品總數量}}$

(5) 解題計算：

XXX 年	進（存）貨記錄			銷貨成本記錄			結存記錄		
日期	數量	單價	合計	數量	單價	合計	數量	單價	合計
9/1（存）	20 組	$1,000	$20,000				20 組	$1,000	$20,000
9/18	50 組	$1,100	$55,000				70 組	③①$1,071.43	$75,000
9/19				40 組	$1,071.43	$42,857	30 組	$1,071.43	$32,143
9/25				20 組	$1,071.43	$21,429	10 組	$1,071.43	$10,714
9/30	60 組	$1,200	$72,000				70 組	②$1,181.63	$82,714
合　計	130 組		$147,000	60 組		$64,286			

① 依照時間的流程計算表格內的數字。

② 首先已知9月1日~9月17日期間並無進貨及銷貨的記錄，因此直接將20組健康食品之單價及總價挪移到結存記錄。

③ 9月18日當天有進貨50組，而且單價與先前不同，所以要將前後兩組貨品作一加權平均單價之計算。

9月18日的結存加權平均單價

$$= \frac{(20組 \times \$1,000) + (50組 \times \$1,100)}{20組 + 50組} = \$1,071.43$$

④ 9月19日及9月25日分別有兩次銷貨記錄，但沒有進貨記錄，所以健康食品的單價就遞延①的估算，而且將銷貨數量逐次在結存記錄中減少，得到9月25日所剩餘的存貨僅有10組總價為$10,714。

⑤ 9月30日當天有進貨健康食品60組，而且單價與先前不同，所以要將進貨單價及數量與9月25日結存的單價及數量作一加權平均單價之計算。

9月30日的結存加權平均單價

$$= \frac{(10組 \times \$1,071.43) + (60組 \times \$1,200)}{10組 + 60組} = \$1,181.63$$

⑥ 結算9月30日當天存貨的總價值為$82,714。

⑦ XXX年9月份的健康食品存貨成本金額為結存記錄最後的金額$82,714。

⑧ XXX年9月份的健康食品銷貨成本金額為銷貨記錄的合計欄$64,286，亦即將9月19日及9月25日兩次的銷貨成本加總得之。

三、先進先出法(first-in, first-out method)

1. 作法：依照進貨、銷貨、存貨的成本邏輯，認定先採購進貨之商品會先銷售，因此將先前採購的商品先轉入銷貨成本，較後採購的商品轉入存貨成本當中。

2. 優點：依照資產評價的原理，此法所求得的存貨價值較接近市場價值。

3. 缺點：如果在前後期商品採購的進行間，發生商品單價大幅調漲的情況，則業主銷售商品時，以前期尚未漲價之商品成本記帳，則容易誤導業主損益的真實狀況，所呈現的利潤比實際高，而且真實的調漲成本較慢才反映在損益表上。

4. 適合制度：永續盤存制及定期盤存制度皆適用。

5. 解題計算：

(1) 定期盤存制（實地盤存制）

① 根據健雅度假中心 XXX 年9月份採購健康食品的進貨及銷貨資料，合算結果共計可供銷售商品數量為130組，銷售了60組，因此剩餘70組的存貨。

進貨記錄				銷貨記錄	
日期	數量	單價	存貨攤提	日期	數量
9/1	20 組	$1,000		9/19	40 組
9/18	50 組【攤提 10 組存貨】	$1,100	$11,000	9/25	20 組
9/30	60 組【攤提 60 組存貨】	$1,200	$72,000		
合　計	130 組		$83,000		60 組

② 採用的方法是「先進貨的先列入銷貨成本，後進貨者列入存貨成本」。已知存貨數量為70組，所以攤提9月30日最後進貨的60組共計$72,000，以及攤提9月18日進貨中的10組共計是$11,000，作為存貨金額的結算，共計是$83,000。

③ XXX 年9月份的健康食品存貨成本金額是$83,000。

④ XXX 年9月份的健康食品銷貨成本金額是用「可供銷售商品總金額」減去已算出來的「存貨成本金額」，即$147,000－$83,000＝$64,000。

(2) 永續盤存制（帳面結存制）

① 平時即持續存貨明細帳的記錄，按照先進先出的順序，將先採購的商品先轉入銷貨成本的方式處理。

XXX 年	進（存）貨記錄			銷貨成本記錄			結存記錄		
日期	數量	單價	合計	數量	單價	合計	數量	單價	合計
9/1（存）	20 組	$1,000	$20,000				20 組	$1,000	$20,000
9/18	50 組	$1,100	$55,000				20 組 50 組	$1,000 $1,100	$75,000
9/19				40 組 20 組 20 組	 $1,000 $1,100	$42,000	30 組	$1,100	$33,000
9/25				20 組	$1,100	$2,2000	10 組	$1,100	$11,000
9/30	60 組	$1,200	$72,000				70 組 10 組 60 組	 $1,100 $1,200	$83,000
合　計	130 組		$147,000	60 組		$64,000			

② 首先已知9月1日～9月17日期間並無進貨及銷貨的記錄，因此直接將20組健康食品之單價及總價挪移到結存記錄。

③ 9月18日當天有進貨50組，而且單價與先前不同，所以要將前後兩組貨品在明細帳簿中分開記錄及計算，得到總存貨金額為$75,000。

④ 9月19日及9月25日分別有兩次銷貨記錄，但沒有進貨記錄。

⑤ 依照先進先出法的規定，9月19日當天銷貨的40組商品中，有20組是以9月1日的存貨單價$1,000計算成本，9月1日的存貨在帳面上耗用完後，再記錄使用9月18日進貨50組中的20組存貨成本，單價是$1,100，而且得知9月18日的進貨還剩30組，最後很明確地計算出9月19日的銷貨成本是$42,000。

⑥ 9月25日當天銷貨的20組商品，是接續記錄使用9月18日進貨剩餘的30組，單價是$1,100，因此9月25日的銷貨成本是$22,000。9月18日進貨剩餘10組存貨總計$11,000。

⑦ 9月30日當天有進貨健康食品60組，而且單價是$1,200。將9月18日進貨剩餘10組及9月30日進貨加總後，得到9月份的存貨成本金額為$83,000。

⑧ XXX年9月份的健康食品銷貨成本金額為銷貨記錄的合計欄$64,000，亦即將9月19日及9月25日兩次的銷貨成本加總得之。

📁 案例7-24 練習釋例

為使學習者能夠更順暢的嘗試各種計算存貨及銷貨成本，本單元再介紹新的計算釋例。

馬提斯飯店之紀念品專賣鋪自國外採購藝術鑰匙圈供販賣部銷售，以下為XXX年2月份的進貨及銷貨資料。

進貨記錄			銷貨記錄	
日期	數量	單價	日期	數量
2/1（1月底存貨）	30 個	$100	2/2	20 個
2/5	100 個	$100	2/10	90 個
2/15	100 個	$130	2/20	100 個
2/29	100 個	$150		
合計	330 個			210 個
2 月份可供銷售商品總計＝$41,000				

1. 個別認定法(specific identification method)

解題計算：

(1) 依照馬提斯飯店在2月份的紀念品鑰匙圈採購情形得知，1月底的結存是30個，遞延到2月1日，2月份真正的採購數量是300個，因此可供銷售商品共計330個，成本價值總計$41,000。

(2) 2月份的三次銷售記錄中，共計銷售210個的鑰匙圈，剩餘的存貨是120個。

(3) 假設已知2月份銷售剩餘的120個存貨中，2月15日所採購的有20個，2月29日所採購的有100個。

(4) XXX 年2月份的鑰匙圈存貨成本金額是（20個×$130）＋（100個×$150）＝$17,600。

(5) XXX 年2月份的鑰匙圈銷貨成本金額是用「可供銷售商品總金額」減去已算出來的「存貨成本金額」，即$41,000－$17,600＝$23,400。

(6) 永續盤存及定期盤存兩制度下，所計算出的金額皆相同。

2. 平均法(average method)

通常可再劃分為簡單平均法(simple average method)、加權平均法(weighted average method)及移動平均法(moving average method)三種，以下將分別介紹之。

(1) 簡單平均法(simple average method)

解題計算：

① 平均單價＝$\dfrac{\text{存貨}\$100＋2/5採購\$100＋2/15採購\$130＋2/29採購\$150}{4}$＝$120

② XXX 年2月份的鑰匙圈存貨成本金額是120個×$120＝$14,400。

③ XXX 年2月份的鑰匙圈的銷貨成本金額是用「可供銷售商品總金額」減去已算出來的「存貨成本金額」，即$41,000－$14,400＝$26,600。

(2) 加權平均法(weighted average method)

解題計算：

① 先計算出加權平均單價＝$\dfrac{\$41,000}{330}$＝$124.24。

② XXX 年2月份的鑰匙圈存貨成本金額是（120組×$124.24）＝$14,909。

③ XXX 年2月份的鑰匙圈銷貨成本金額是用「可供銷售商品總金額」減去已算出來的「存貨成本金額」，即$41,000－$14,909＝$26,091。

(3) 移動平均法(moving average method)

① 作法：業主在採購進貨時，將本期進貨的商品單價與前期結存的商品單價作加權平均，計算出新的成本單價。

② 缺點：僅有永續盤存制適用。

③ 公式：$\dfrac{\text{本期進貨商品總額}+\text{前期結存商品總額}}{\text{未銷售商品總數量}}$

解題計算：

XXX 年	進（存）貨記錄			銷貨成本記錄			結存記錄		
日期	數量	單價	合計	數量	單價	合計	數量	單價	合計
2/1（存）	30 個	$100	$3,000				30 個	$100	$3,000
2/2				20 個	$100	$2,000	10 個	$100	$1,000
2/5	100 個	$100	$10,000				110 個	$100	$11,000
2/10				90 個	$100	$9,000	20 個	$100	$2,000
2/15	100 個	$130	$13,000				120 個	A.$125	$15,000
2/20				100 個	$125	$12,500	20 個	$125	$2,500
2/29	100 個	$150	$15,000				120 個	B.$145.83	$17,500
合計	330 個		$41,000	210 個		$23,500			

① 依照時間的流程計算表格內的數字。

② 首先2月1日當天並無銷貨的記錄，因此直接將30個鑰匙圈之存貨數量、單價及總價挪移到結存記錄，共計$3,000。

③ 2月2日當天有20個鑰匙圈的銷貨記錄，單價的認定就以2月1日結存的$100計算之。

④ 2月5日當天有100個鑰匙圈的進貨記錄，單價與2月1日結存的$100相同，所以可以省略計算加權平均數。2月10日銷售90個鑰匙圈，每個成本$100，共計$9,000。

⑤ 2月15日當天進貨100個鑰匙圈，而且單價$130與先前$100不同，所以要將之前2月10日所結存的20個鑰匙圈，與2月15日的進貨兩組貨品作一加權平均單價之計算。

A. 2月15日的結存加權平均單價＝$\dfrac{(20\text{個}\times\$100)+(100\text{個}\times\$130)}{20\text{個}+100\text{個}}=\$125$

⑥ 2月20日有一筆銷貨記錄100個，但沒有進貨記錄，所以鑰匙圈的單價就遞延 A.的估算，總計銷貨成本為$12,500，而且將銷貨數量逐次在結存記錄中減少，得到2月20日所剩餘的存貨僅有20個，總價為$2,500。

⑦ 2月29日當天有進貨鑰匙圈100個，而且單價$150與先前$125不同，所以要將進貨單價及數量與2月20日結存的單價及數量作一加權平均單價之計算。

$$\text{B. 2月29日的結存加權平均單價} = \frac{(20個 \times \$125) + (100個 \times \$150)}{20個 + 100個}$$

$$= \$145.83$$

⑧ XXX 年2月份的鑰匙圈存貨成本金額為結存記錄最後的金額$17,500。

⑨ XXX 年2月份的鑰匙圈銷貨成本金額為銷貨記錄的合計欄$23,500，亦即將2月2日、2月10日及2月20日三次的銷貨成本加總得之。

3. 先進先出法(first-in, first-out method)

作法：

依照進貨、銷貨、存貨的成本邏輯，認定先採購進貨之商品會先銷售，因此將先前採購的商品先轉入銷貨成本，較後採購的商品轉入存貨成本當中。

解題計算：

(1) 定期盤存制（實地盤存制）

① 根據馬提斯飯店 XXX 年2月份採購紀念品鑰匙圈的進貨及銷貨資料，合算結果共計可供銷售商品數量為330個，銷售了210個，因此剩餘120個的存貨。

② 採用的方法是「先進貨的先列入銷貨成本，後進貨者列入存貨成本」。已知存貨數量為120個，所以攤提2月29日最後進貨的100個共計$15,000，以及攤提2月15日進貨中的20個共計是$2,600，作為存貨金額的結算，共計是$17,600。

A. XXX 年2月份的鑰匙圈存貨成本金額是$17,600。

B. XXX 年2月份的鑰匙圈銷貨成本金額是用「可供銷售商品總金額」減去已算出來的「存貨成本金額」，即$41,000 − $17,600 = $23,400。

進貨記錄				銷貨記錄	
日期	數量	單價	存貨攤提	日期	數量
2/1	30 個	$100		2/2	20 個
2/5	100 個	$100		2/10	90 個
2/15	100 個【攤提 20 個存貨】	$130	$2,600	2/20	100 個
2/29	100 個【攤提 100 個存貨】	$150	$15,000		
合計	330 個		$17,600		210 個
2 月份可供銷售商品總計＝$41,000					

(2) 永續盤存制（帳面結存制）

① 平時即持續存貨明細帳的記錄，按照先進先出的順序，將先採購的商品先轉入銷貨成本的方式處理。

② 首先已知2月1日當天並無銷貨的記錄，因此直接將30個鑰匙圈之數量、單價及總價挪移到結存記錄。

③ 2月2日當天有20個鑰匙圈的銷貨記錄，單價的認定就以2月1日結存的$100計算之，共計銷貨成本為$2,000；剩下10個存貨共計$1,000。

④ 2月5日當天有100個鑰匙圈的進貨記錄，單價與2月12日結存的單價$100相同，所以分別詳列之。

⑤ 依照先進先出法的規定，2月10日當天銷貨的90個商品中，有10個是以2月2日的結存單價$100計算成本，有80個是來自2月5日進貨100個之中，單價是$100，總銷貨成本是$9,000。而且得知2月10日的進貨還剩20組，存貨成本是$2,000。

⑥ 2月15日當天進貨100個商品，單價是$130，因此當天的存貨結餘為2月10日20個商品$2,000，再加上2月15日進貨$13,000，共計$15,000。

⑦ 2月20日當天銷貨100個商品，其中20個是單價$100，80個是單價$130，總銷貨金額是$12,400，當天的存貨是20個單價$130，成本金額為$2,600。

⑧ 2月29日當天進貨100個商品，單價是$150，因此當天的存貨結餘為2月20日的20個商品$2,600，再加上2月29日進貨$15,000，共計$17,600。

XXX 年2月份的鑰匙圈銷貨成本金額為銷貨記錄合計欄中的$23,400。

XXX 年	進（存）貨記錄			銷貨成本記錄			結存記錄		
日期	數量	單價	合計	數量	單價	合計	數量	單價	合計
2/1（存）	30 個	$100	$3,000				30 個	$100	$3,000
2/2				20 個	$100	$2,000	10 個	$100	$1,000
2/5	100 個	$100	$10,000				110 個 （10 個 100 個	 $100 $100	 $11,000
2/10				90 個 （10 個 80 個	 $100 $100	 $9,000	20 個	$100	$2,000
2/15	100 個	$130	$13,000				120 個 （20 個 100 個	 $100 $130	 $15,000
2/20				100 個 （20 個 80 個	 $100 $130	 $12,400	20 個	$130	$2,600
2/29	100 個	$150	$15,000				120 個 （20 個 100 個	 $130 $150	 $17,600
合　計	330 個		$41,000	210 個		$23,400			

計算及應用題

用品盤存(utility inventory)的調整：請用應計基礎進行調整

1. 用品盤存－乾貨及米糧

(1) Quick 中式餐廳與食材供應廠商採用記帳月結的方式交易，餐廳於 XXX 年9月1日採購乾貨及米糧$35,000，9月19日採購$2,400，10月5日開立一個月銀行支票給食材供應商支付兩次採購帳款。

(2) XXX 年10月1日餐廳盤點乾貨及米糧時，尚餘$2,000的存貨。

① 請作分錄9月1日及9月19日兩次採購乾貨及米糧的分錄。

② 請作分錄10月5日將應付帳款轉為應付票據的分錄。

③ 請作10月1日乾貨及米糧的盤存分錄。

④ 請作11月5日的付款分錄。

⑤ 請依照以上①~④個分錄過 T 字帳。

2. 用品盤存－飯店文具用品【盤虧】

(1) 美利堅觀光飯店於 XXX 年2月1日，向安美辦公文具公司訂購房客用精美文具用品一批，共計總價$16,000以現金支付帳款，同一年11月5日再加採購$10,000，並開立一個月的支票付帳款。

(2) XXX 年12月31日飯店盤點時，帳面上尚餘$9,500的存貨，但倉庫盤點結果為$9,300的存貨，以下為本交易事件的相關分錄。

① 請作分錄2月1日及11月5日兩次採購文具的分錄。

② 請作12月31日飯店客房部門文具用品的盤存分錄。

③ 請作12月5日的付款分錄。

④ 請依照以上①~③個分錄過 T 字帳。

3. 用品盤存－餐具【盤盈】

(1) 丹迪觀光飯店於 XXX 年3月1日向義大利餐具公司訂購西餐廳不鏽鋼餐具一批，共計總價$13,000，以開立二個月期票支付帳款，同一年12月21日再加採購$2,500，先以記帳方式交易，月底付款。

(2) XXX 年12月31日飯店西餐廳盤點時，帳面上尚餘$3,000的存貨，但倉庫盤點結果為$3,100的存貨，以下為本交易事件的相關分錄。

① 請作分錄3月1日及12月21日兩次採購餐具的分錄。

② 請作12月31日飯店客餐廳部門的餐具盤存分錄。

③ 請作12月31日的付款分錄。

④ 請依照以上①~③個分錄過 T 字帳。

定期盤存制及永續盤存制的應用與比較

1. 採購商品

　　大衛休閒度假村代理游泳器材之銷售業務，於 XXX 年 5 月 15 日及 10 月 30 日分別以現金採購進貨商品 50 組及 40 組，每組價格$1,500，分別共計採購成本為$75,000 及$60,000。

分錄比較

記錄時間	帳戶	定期盤存制	永續盤存制
XXX/5/15	借方		
	貸方		
XXX/10/30	借方		
	貸方		

◎共計採購商品_____組，採購成本總金額為$_____。

2. 現銷商品

　　大衛休閒度假村於 XXX 年 6 月 30 日以現金銷售游泳器材 20 組，每組售價$2,500，共計收入$50,000。

分錄比較

記錄時間	帳戶	定期盤存制	永續盤存制
XXX/6/30	借方		
	貸方		

◎共計銷貨成本總金額為$_____×_____組＝$_____。

3. 採購退貨

　　大衛休閒度假村於 XXX 年 8 月 21 日發現，日前所採購的游泳器材，其中有 5 組的零件有短缺，故向供應商辦理現金退貨。

分錄比較

記錄時間	帳戶	定期盤存制	永續盤存制
XXX/8/21	借方		
	貸方		

◎每組採購成本價$_____，共計退貨金額$_____。

4. 銷貨退回

　　大衛休閒度假村於 XXX 年 8 月 27 日，因所出售的器材零件有短缺，被顧客退貨 5 組，當日銷售時，以每組售價$2,500 現金出售，共計銷貨退回金額為$_____；渡假村採購成本價為每組$_____，5 組共計退貨成本金額為$_____。

分錄比較

記錄時間	帳戶	定期盤存制	永續盤存制
XXX/8/27	借方		
	貸方		

5. 期初存貨

　　已知大衛休閒度假村 XXX 年 1 月 1 日，游泳器材的期初存貨量為 6 組，每組採購價格為$1,500，則總期初存貨金額為$_____。

分錄比較

記錄時間	定期盤存制	永續盤存制－存貨明細帳	
XXX/1/1		品　名	
		數量／單位	
		單　價	
		總金額	

6. 期末盤點－盤虧

　　大衛休閒度假村於 XXX 年 12 月 31 日進行期末盤點，帳面上所列的游泳器材數量為 75 組，但期末盤點的存貨數量卻僅有 74 組。

分錄比較

記錄時間	帳戶	定期盤存制	永續盤存制
XXX/12/31	借方		
	貸方		

◎ 期初存貨＋本期進貨＝$_____為本期可供銷售商品價值，扣除期末存貨及進貨退回則可得到本期的銷貨成本為$_____。

7. 期末盤點－盤盈

　　大衛休閒度假村於 XXX 年 12 月 31 日進行期末盤點，帳面上所列的游泳器材數量為 76 打，假設期末盤點的存貨數量卻有 77 打。

分錄比較

記錄時間	帳戶	定期盤存制	永續盤存制
XXX/12/31	借方		
	貸方		

◎ 期初存貨＋本期進貨＝$_____為本期可供銷售商品價值，扣除期末存貨及進貨退回則可得到本期的銷貨成本為$_____。

8. 期末結帳

　　根據上述 1~6 題（盤虧）的交易事項，假設大衛休閒度假村於 XXX 年 12 月 31 日盤點後進行結帳，則分錄及說明分別如下述。

分錄比較

記錄時間	定期盤存制	永續盤存制
XXX/12/31		
	本期損益	
		本期損益

請填入以下各提示重點的計算數字。

定期盤存制之期末結帳有幾項重點需要注意：

(1) 期末結帳時，主要是計算出本期損益科目，在第4題中銷貨收入貸記 $_____，因此在結帳時將以借記科目將其沖銷。

(2) 本結帳工作依照第6題存貨盤虧的計算，得知最後的銷貨成本是借記 $_____，因此在結帳時，以貸記科目將其沖銷。

(3) 本結帳工作依照第4題是借記銷貨退回$_____，因此在結帳時，以貸記 科目將其沖銷。

(4) 本期銷貨收入減去銷貨成本及銷貨退回可得到本期損益為$_____。

永續盤存制之期末結帳有幾項重點需要注意：

(1) 本結帳工作依照第2題銷售運動器材_____組，第4題銷貨退回 組兩者相減的結果計算，得知最後的銷貨成本是_____組，共計 $_____，借記金額累算是$_____，因此在結帳時，以貸記科目將其 沖銷。

(2) 依照第6題發生存貨較帳面短少的情況，是借記期末盤虧$_____，因此 在結帳時，以貸記科目將其沖銷。

(3) 第4題銷貨退回游泳器材_____組，共計售價$_____，原來是借記科 目，以貸記科目將其沖銷。

(4) 本期銷貨收入減去銷貨成本、存貨盤虧及銷貨退回可得到本期損益為 $_____。

採購成本之攤算

存貨原始評價是指業主所採購的商品原始成本價值而言；而真正存貨成本的決定，是指業主所採購的商品達到可供銷售的狀態前，所有合理且必要的支出皆須列入存貨成本。所以綜言之，存貨成本＝原始成本價值＋附加成本。以下將舉例業主在進行多種商品採購時，根據附加成本的內含及外加兩種情況，請計算每一件商品上的成本分攤。

1. 採購商品之成本攤算－附加成本費用內含在商品價格

賈西雅觀光藝術飯店中設立有風味簡餐廳，已知賈西雅飯店向供應商採購一批墨西哥食材，情況如下：

(1) 預計在 XXX 年3月12日交貨，付款條件是運費、保險、倉儲、稅務以及產品在飯店販賣中心上架等作業費用，全數包含在商品價格當中。

(2) 貨到後當場盤點，並且買方以現金票付款。

(3) 因為賈西雅公司與賣方以往的交易關係良好，因此本次採購總金額經過賣方折扣後是$100,000。

品名	訂購數量／單位	單價（含作業費用）
醬　料	200 罐	$200
辣　椒	50 包	$100
製派麵皮	30 包	$2,000

(4) 賈西雅採購的食材商品細目如上，試算以下每一件商品之成本攤算。

品名	數量	單價	總金額	總價比例	分攤總成本	單位分攤成本
醬　料	200 罐	$200				
辣　椒	50 包	$100				
製派麵皮	30 包	$2,000				
合　計				100%	$100,000	

說明：

　　供應商對於賈西雅飯店所採購的食材是採全部內含的報價方式，而且所提供的折扣也是針對總金額為之，因此在攤算每一種商品採購總金額後，再以相對價格的計算方式，了解每一項商品的總金額占全部採購金額的比例，之後再根據此一比例與實際折扣後總貨價相乘，可得到每一項商品真正的採購總金額，再將其除以每項商品的採購數量，最後可以得到每一項商品的採購單價。

2. 採購商品之成本攤算－附加成本費用外加

　　Doreen 高級日式餐廳向供應商採購餐具四種，交貨條件如下：

(1) 日本供應商預計在 XXX 年6月30日交貨，付款條件是除商品價格外，運費$1,000、保險$1,000、倉儲$500、稅務$1,500以及產品放置在 Doreen 西餐廳倉庫等作業費用$1,000等，不包含在食材產品報價中，採另外計算。

(2) 貨到後當場盤點，並且買方以現金票付款。

品名	訂購數量／單位	單價
茶具組	20 組	$1,500
碗筷組	20 組	$800
盤　組	30 組	$1,200
碟　組	30 組	$500

(3) Doreen 西餐廳採購的商品細目如上，先將餐具總價加上所有附加成本費用，可得到真正的採購花費為$_____。以下將進行每一件商品之成本攤算。

品名	數量	單價	總金額	總價比例	分攤總成本	單位分攤成本
茶具組	20 組	$1,500				
碗筷組	20 組	$800				
盤　組	30 組	$1,200				
碟　組	30 組	$500				
合　計				100%	已知$_____	

說明：

(1) 將餐具商品原始價格合計為$_____，加上其他附加費用共計為$_____。

(2) 用$_____攤算每一種商品相對價格之總價比例，了解每一項商品的總金額占全部採購金額的百分比例。

(3) 之後，每項商品再根據總價比例與實際支出總金額$_____相乘，可得到每一項商品真正的採購總金額，即分攤總成本。

(4) 再將其除以每項商品的_____，最後可以得到每一項商品的採購單價。

存貨成本之後續評價

特拉法嘉飯店之精品專賣鋪自國外採購精緻小餅乾供販賣部銷售，以下為XXX年10月份的進貨及銷貨資料。

進貨記錄			銷貨記錄	
日期	數量	單價	日期	數量
10/1（l月底存貨）	30 包	$70	10/3	25 包
10/4	80 包	$74	10/14	80 包
10/16	70 包	$72	10/21	65 包
10/30	50 包	$71		
合計	_____包			_____包
10月份可供銷售商品總計＝$_____				

1. 個別認定法(specific identification method)

解題計算：

(1) 依照特拉法嘉飯店在10月份的精緻餅乾採購情形得知，9月底的結存數量是____包，遞延到10月1日，10月份真正的採購數量是_____包，因此可供銷售商品共計_____包。

(2) 10月份的三次銷售記錄中，共計銷售_____包的精緻餅乾，剩餘的存貨數量是_____包。

(3) 假設已知10月份銷售剩餘的存貨中，10月16日所採購的數量有10包，10月30日所採購的有50包。

(4) XXX年10月份的精緻餅乾存貨成本金額是$_____。

(5) XXX年10月份的精緻餅乾銷貨成本金額是用「可供銷售商品總金額」減去已算出來的「存貨成本金額」，即$_____－$_____＝$_____。

(6) 永續盤存及定期盤存兩制度下，所計算出的金額皆為$_____。

2. 平均法(average method)

(1) 簡單平均法(simple average method)

解題計算：

① 平均單價＝$_____。

② XXX 年10月份的精緻餅乾存貨成本金額是$_____。

③ XXX 年10月份的精緻餅乾的銷貨成本金額是用「可供銷售商品總金額」減去已算出來的「存貨成本金額」，即$_____－$_____＝$_____。

(2) 加權平均法(weighted average method)

解題計算：

① 先計算出加權平均單價＝$_____。

② XXX 年10月份的精緻餅乾存貨成本金額為$_____。

③ XXX 年10月份的精緻餅乾銷貨成本金額是用「可供銷售商品總金額」減去已算出來的「存貨成本金額」，即$_____－$_____＝$_____。

(3) 移動平均法(moving average method)

① 作法：業主在採購進貨時，將本期進貨的商品單價與前期結存的商品單價作_____，計算出新的成本單價。

② 缺點：僅有_____盤存制適用。

③ 公式：_____。

解題計算：

XXX 年	進（存）貨記錄			銷貨成本記錄			結存記錄		
日期	數量	單價	合計	數量	單價	合計	數量	單價	合計
合　計									

3. 先進先出法(first-in, first-out method)

作法：

　　依照進貨、銷貨、存貨的成本邏輯，認定先採購進貨之商品會先銷售，因此將先前採購的商品先轉入銷貨成本，較後採購的商品轉入存貨成本當中。

解題計算：

(1) 定期盤存制（實地盤存制）

　　根據特拉法嘉飯店 XXX 年10月份採購精緻餅乾的進貨及銷貨資料，合算結果共計可供銷售商品數量為_____包，銷售了_____包，因此剩餘_____包的存貨。

進貨記錄				銷貨記錄	
日期	數量	單價	存貨攤提金額	日期	數量
	30 包				
	800 包				
	70 個【攤提___包存貨】				
	70 個【攤提___包存貨】				
合　計	_____包				
10 月份可供銷售商品總計$_____					

(2) 永續盤存制（帳面結存制）

　　平時即持續存貨明細帳的記錄，按照先進先出的順序，將先採購的商品先轉入銷貨成本的方式處理。

XXX 年	進（存）貨記錄			銷貨成本記錄			結存記錄		
日期	數量	單價	合計	數量	單價	合計	數量	單價	合計
合　計									

08
CHAPTER
★ ★ ★ ★ ★

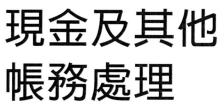

現金及其他
帳務處理

HOSPITALITY
MANAGEMENT
ACCOUNTING
PRACTICE

 餐 旅服務業所提供給客戶的服務皆是最及時的，具有服務與商品同時滿足消費者的特質，而收受現金一向為主要的交易方式，因此本章第一節內容將探討服務業者必須關切的現金帳務管理。事業體的成立型態依照資本額的形成可分為獨資、合夥及公司三種，本章將於第二節探討前面較少提及的合夥事業之會計處理原則。本章第三節將探討餐飲服務業者如何管理其他流動負債。

第一節　現金管理與控制

在一般商業交易上所定義的現金是指市面上所流通的貨幣，一切具有購買力的支付工具皆稱之，例如中央銀行所發行的流通紙幣、硬幣、一般銀行的活期存款、即期支票、銀行匯票、郵局匯票、旅行支票等。

一、符合現金的三大特質

會計上的現金定義必須符合貨幣性、法定通貨以及可自由運用三大原則。

1. 所謂的貨幣性是指應該具有可作為交易媒介的功能，而且可以衡量其價值以及提供記帳的單位。

2. 法定通貨是指例如台灣法律上規定新台幣可以在台灣自由流通，所以新台幣是台灣的法定通貨，但是其他國家貨幣截至目前為止尚未能在台灣地區自由流通使用，因此外國的貨幣對台灣人民而言雖具有貨幣性，但不能流通，所以並非我國的法定通貨。

3. 在自由運用的特性上，如果公司內部有一些存款被指定用途或者受到法律及契約限制者，因為失去其自由運用的性質，所以不能被會計帳務上認定為現金。

二、現金科目的會計定義

在台灣與歐美國家因為國情不同，對於現金帳戶設立的定義有其差異性，如以下表8-1所彙整。

依據國際會計準則 IAS7下，對於現金及約當現金的定義與國內的定義方式略有不同，例如可隨時償還之銀行透支，屬企業整體現金管理之一部分，應涵蓋於現金及約當現金之組成內；另逾三個月以上到期之定期存款，依 IAS39 係屬放款及應收款，應排除於現金及約當現金項目之外。

→ 表 8-1　國內外現金帳戶之定義

項目	台灣	歐美國家
現　金	只有庫存的現金貨幣、手頭上的零用金以及銀行存款。	除與台灣相同的現金帳戶認定範圍外，像美國的會計慣例就將收到支票列入現金帳戶，等同於現金收入。
支　票	設立支票存款戶頭，將遠期支票視為信用工具，而非現金。	現金與支票帳戶合而為一個「現金帳戶」。

三、非現金科目的誤記

在一般的會計帳務處理上，有些帳戶項目經常被誤列在現金帳戶的範圍內。

1. 例如收受他人開立的遠期支票應該列在應收票據帳戶中。

2. 業主暫付的款項，或者所購買的郵票及印花稅應列入預付費用帳戶。

3. 被指定用途的現金，例如合約訂金、信託帳戶等應列入專款或基金帳戶中，而非現金帳戶中。

4. 因為營業需要而存在其他單位的保證金及押金等列入存出保證金科目。

5. 定期存款及定期儲蓄存款在美國的慣例需歸入短期投資項目，在台灣可歸入短期投資或者現金帳戶中，但是必須在財務報表上附註載明。

6. 員工向公司借資之借據應該列入其他應收帳款帳戶。

7. 如果遭遇付方跳票的應收票據，應該轉列入應收帳款科目中。

四、現金帳務的控制與管理

1. 現金交易的控制原則

餐飲及飯店業者屬於現金收入頻繁的服務事業，因此現金交易的管理與控制上，除了選擇品行良好的員工之外，另外消極面業者只有注意以下一些重要的原理原則。

(1) 現金交易之執行必須經由管理階層的授權，權限以外之人、事、物皆不得擅意執行。

(2) 職能必須詳加設計分工，現金及支票作業中包括資產保管、開立票據、核准及蓋章等工作，不得由同一人擔任之。

(3) 設立帳務查核辦法，並由帳務處理以外人員從事稽核工作。

(4) 現金收支皆須即時記載，並依照適當時期之歸屬妥善加以分類。

2. 現金的收入及支出控制

以下表 8-2 將彙整現金交易時，收入與支出必須注意的帳務控制原則。

→ 表 8-2　現金之內部控制

收入控制	支出控制
1. 每日收入全數之現金於扣除零用金後，於第二天全數存入銀行，並以存款回條為作帳的依據。 2. 收帳處裝設監視器。 3. 現金銷貨交易應該使用自動收銀機，或者電腦連線系統，開立發票同時記錄每一筆銷貨記錄。 4. 規定一律開立兩聯或兩聯以上銷貨發票給客戶。 5. 鼓勵應收帳款客戶以匯款方式將帳款匯入本公司專戶中。 6. 若客戶須以開立支票付款時，要求支票上務必填寫收款人為本公司之抬頭，並且加上劃線、禁止轉讓背書。	1. 公司設立一定額度以下的現金支出不必事先申請，而且以零用金方式管理支出，其他對於廠商的支出全部以禁止轉讓背書的支票支付，以備日後付款查核之用。 2. 所開立的付款票據必須經過二人以上蓋章才能同意銀行付款，其中一人須為事業負責人，而且不得預先在支票上完成蓋章或簽名的動作，必須仔細校對傳票上支出細節及金額是否與支票上吻合後，再作蓋章或簽名的動作。 3. 盡量利用支票機開立支票以避免金額塗改。

→ 表 8-2 現金之內部控制（續）

收入控制	支出控制
7. 應收帳款收帳後，應該立即入帳，而且核對應收帳款明細、匯入款項清單、現金收入簿、存款條等金額是否有誤，以及交易上所談妥的還款日期是否相符。 8. 營業場所的現金收銀工作可用排班輪職的方式進行，在帳務交接時，即當場查核收入現金短溢的情形。避免單一或少數人長期負責現金收入的工作。	4. 如果發生誤開、破損與其他原因所產生必須作廢的支票時，必須於加蓋作廢章以避免流出後誤用，於妥善保存一段期間後繳回銀行註銷。 5. 由出納或簽發支票以外人員製作銀行調節表。 6. 設立支票管理專則帳簿，每一張所開出或收入之票據受款人、金額、付款到期日皆需詳加紀錄。 7. 依據會計憑證開立之傳票、支票之開立以及支票之核准等作業及審核工作應該分別由不同人執行。

五、一般常見現金之舞弊方法

1. 早收遲記

代收公司現金帳款時，延緩入帳時間，在此期間將該款項挪作私人用途者稱之，有些案例是將現金存入私人帳戶中賺取利息收入。

2. 早記遲付

公司應付帳款上已記錄付現，但實際上卻尚未付款，在此期間將該款項挪作私人用途者稱之。如果使用這種方式舞弊者，通常是一筆接續一筆的方式挪用現金，陸續償還貨款後再挪用下一筆帳款的方式，有時不易被公司察覺。

3. 用現金以外科目代替現金科目記帳

例如應收帳款在收現時，應該借記現金增加，貸記應收帳款，但如果舞弊人員大膽的將其改為銷貨退回或銷貨折讓等方式，或許能夠矇混掩飾而不被察覺。

六、銀行調節表

1. 定義與功能

一般公司行號幾乎都會在銀行開立支票存款帳戶，以便於日常與供應商或客戶進行交易時，利用支票進行收付。但因為支票帳款存取次數相當頻繁，銀

行為使公司行號能夠便利核對當月份帳款存取結餘金額，通常會定期寄發當月份的對帳單(bank statement)給客戶對帳，如果銀行與公司雙方帳載資料之對帳金額發生出入時，公司應該在查明後，進行帳務調節的工作，而所產生的報表就稱為銀行存款調節表(bank reconciliation)。

2. 支票存款帳戶之借貸原則

(1) 公司行號到銀行進行支票存款時，如果是到期支票則可視為現金，如果是遠期支票則視為應收票據，因此會計帳務處理上應該借記銀行存款，貸記現金或應收票據。

(2) 銀行收受公司行號存款時，借記現金或待交換票據增加，貸記支票存款－○○公司。

(3) 公司行號簽發支票付款，也就是提取支票存款時，借記應付帳款或其他費用之支付，貸記銀行存款。

(4) 銀行被提取支票存款時，借記支票存款－○○公司，貸記現金。

3. 帳載餘額與對帳單不吻合之原因

(1) 銀行已記，公司未記

① 公司存入銀行之客戶簽發的支票後來遭到跳票，或者銀行直接在客戶存款中扣除手續費等，以上兩者事項發生時銀行尚未通知公司入帳。

② 或者銀行代收股利、支付存款利息或者託收票據兌現，直接記入公司存款中，公司尚未接收到通知。

(2) 公司已記，銀行未記

① 公司已經將現金或票據匯存至銀行，銀行尚未收到該款項而未予入帳，稱為在途存款(cash in transit)。

② 公司開立即期支票付款，隨即貸記銀行存款餘額減少，但持票人尚未前往銀行兌現，而銀行並不知公司有此筆款項的支出，產生所謂的未兌現支票(outstanding check)。

(3) 公司或銀行記帳錯誤。

4. 銀行存款調節表之編制案例

一般而言，銀行存款調節表之編制格式有三種，第一種是調節至正確餘額，第二種由銀行餘額調節至公司帳載餘額，第三種由公司帳載餘額調節至銀行餘額。以下將舉例解釋之。

案例8-1 銀行存款調節

蜜琦高級西餐廳自開業以來即在國際商業銀行設立支票存款帳戶，XXX 年 3 月底接獲銀行的對帳單顯示餐廳在銀行的支票存款戶頭內存款餘額為$400,000，但餐廳帳冊上的支票存款餘額為$450,000，經過仔細查核後得知以下訊息。

· 蜜琦餐廳在 3 月 31 日當天存入的款項$46,000，銀行尚未入帳。
· 銀行代收票據$15,500 加上代收利息$500 蜜琦餐廳尚未入帳。
· 蜜琦餐廳所簽發之支票，有兩張尚未兌現。
　①支票號碼#3322，$5,000　　②支票號碼#3342，$4,000
· 對帳單上 3 月份已兌付支票金額為$53,000，蜜琦餐廳誤記為$35,000，共少記了$18,000。
· 客戶開立支付蜜琦餐廳之貨款支票存入銀行，但因客戶存款不足退票而銀行帳上未存入該項金額$10,000。
· 銀行逕行扣除 3 月份的手續費$1,000。

1. 調節至正確餘額

解題計算：

銀行存款調節表

蜜琦高級西餐廳 銀行存款調節表 中國國際商業銀行#15633 XXX 年 3 月 31 日					
銀行對帳單餘額		$400,000	公司帳冊餘額		$450,000
加(1)在途存款		$46,000	加(2)託收票據		$15,500
		$446,000	利息收入		$500
減(3)未兌現支票					$466,000
#3322	$5,000		減(4)誤記	$18,000	
#3342	$4,000	$9,000	(5)退票	$10,000	
			(6)手續費	$1,000	$29,000
3 月 31 日正確餘額		$437,000	3 月 31 日正確餘額		$437,000

蜜琦餐廳在3月31日應作以下調整分錄：

記錄時間	帳戶	借貸分錄			類別
XXX/3/31 (2)	借方	銀行存款	16,000		資產
	貸方	應收票據		15,500	資產
		利息收入		500	收入
XXX/3/31 (4)	借方	應付票據	18,000		負債
	貸方	銀行存款		18,000	資產
XXX/3/31 (5)	借方	應收帳款	10,000		資產
	貸方	銀行存款		10,000	資產
XXX/3/31 (6)	借方	銀行手續費	1,000		費用
	貸方	銀行存款		1,000	資產

2. 由銀行餘額調節至公司帳載餘額

解題計算：

蜜琦高級西餐廳 銀行存款調節表 中國國際商業銀行#15633 XXX 年 3 月 31 日		
銀行對帳單餘額		$400,000
加(1)在途存款	$46,000	
(4)誤記	$18,000	
(5)退票	$10,000	
(6)手續費	$1,000	$75,000
		$475,000
減(3)未兌現支票		
#3322	$5,000	
#3342	4,000	
(2)託收票據	15,500	
利息收入	500	$25,000
3 月 31 日正確餘額		$450,000

3. 由公司帳載餘額調節至銀行餘額

解題計算：

蜜琦高級西餐廳 銀行存款調節表 中國國際商業銀行#15633 XXX 年 3 月 31 日		
公司帳冊餘額		$450,000
加(3)未兌現支票		
#3322	$5,000	
#3342	4,000	
(2)託收票據	15,500	
利息收入	500	$25,000
		$475,000
減(1)在途存款	$46,000	
(4)誤記	$18,000	
(5)退票	$10,000	
(6)手續費	$1,000	$75,000
3 月 31 日正確餘額		$400,000

4. 銀行透支處理

　　當企業存款不足時，銀行對於企業所簽發給客戶之支票，在限額之內可由銀行代墊，這樣的企業透支銀行代墊的情況必須在兩者間有言明的契約，並且內容明定企業可以透支的額度及代墊款項利息之計算依據等。

七、零用金制度

1. 零用金設置目的：企業經營交易繁雜，如果每日零星開支項目皆以開立支票方式作業，在效率及管理成本上較不經濟，因此業主在各部門設置零用金解決小額支出的帳務。
2. 採用定額管理制度：各支用部門設置一定額度零用金，並且規定得申用零用金的每一筆最高支用金額，俟該部門零用金接近用罄時，保管及帳務負責人再檢具所有支出憑證報銷帳務，並且歸墊維持原零用金額度。
3. 管理的要義：零用金支出的帳務核銷仍必須由各部門負責人代為把關，否則責任通常歸咎於保管人，因此公司必須公開說明零用金的帳務核銷流程，並且暢通零用金的使用效率，否則將失去設置零用金的意義。

案例8-2 零用金會計處理

本田高級日式餐廳自 XXX 年1月1日起設立零用金制度提供食材採購人員管理，每一筆開銷必須在3,000及以下金額才能以零用金核銷，在1月1日當天開立20,000元的支票交由採購部門應用。

1. 零用金撥款

1 月 1 日支票撥款零用金$20,000。

解題計算：

記錄時間	帳戶	借貸分錄		類別	項目增減
XXX/1/1	借方	零用金	20,000	資產	增加
	貸方	銀行存款	20,000	資產	減少

2. 支用發生之處理方式

已知從 1 月 1 日到 1 月 24 日，本田餐廳之採購部門的零用金已經接近用罄，支用細節如下：

(1) 調味品存貨$2,400。

(2) 海鮮罐頭$3,000。

(3) 免洗餐具$2,000。

(4) 廚房用紙$1,000。

(5) 食材採購$1,500。

解：

(1) 不需要做任何分錄。

(2) 將上述五項採購紀錄於零用金簿當中，並且將發票及收據蒐集齊全，並要求請款人確實在記錄簿上簽章以供查考之用。

3. 申請撥補零用金

1 月 24 日食材採購部門人員申請撥補零用金，且目前手上現金$10,100。

記錄時間	帳戶	借貸分錄		類別	項目增減
XXX/1/24	借方	調味品	2,400	費用	增加
		海鮮罐頭	3,000		
		免洗餐具	2,000		
		廚房用紙	1,000		
		食材採購	1,500		
	貸方	銀行存款	9,900	資產	減少

4. 已知零用金無法及時撥補

假設本月份因本田餐廳之事務繁忙，所以零用金暫時無法準時撥補，則第 3 項的分錄修正為：

記錄時間	帳戶	借貸分錄		類別	項目增減
XXX/1/24	借方	調味品	2,400	費用	增加
		海鮮罐頭	3,000		
		免洗餐具	2,000		
		廚房用紙	1,000		
		食材採購	1,500		
	貸方	零用金	9,900	資產	減少

5. 撥補零用金

延至 2 月 1 日才撥補上月份零用金。

記錄時間	帳戶	借貸分錄		類別	項目增減
XXX/2/1	借方	零用金	9,900	資產	增加
	貸方	銀行存款	9,900	資產	減少

6. 縮減零用金額度

假設本田餐廳決定自 3 月 1 日起縮減零用金額度至$15,000。

記錄時間	帳戶	借貸分錄		類別	項目增減
XXX/3/1	借方	銀行存款	5,000	資產	增加
	貸方	零用金	5,000	資產	減少

7. 增加零用金額度

假設本田餐廳決定自 3 月 1 日起增加零用金額度至$25,000。

記錄時間	帳戶	借貸分錄		類別	項目增減
XXX/3/1	借方	零用金	5,000	資產	增加
	貸方	銀行存款	5,000	資產	減少

八、員工薪資專戶

1.定義

員工薪資專戶(payroll account)是指經營業主在銀行或郵局所設立以專門支付員工薪水為目的的戶頭稱之。

2.設置目的

(1) 降低業主發放薪水時，提領現金的風險。

(2) 防止因公司存放過多現金而被偷、被盜的風險。

(3) 減少以現金發放薪資時，發生點數之誤差。

3.具體作法

(1) 員工必須全數在公司往來的指定行庫開立戶頭。

(2) 業主必須在薪資發放日前將每一位員工的薪資總額計算正確，並且代扣勞健保費用、所得稅、借資定期償付、福利金或其他項目，最後餘額才是實際發放給員工的實得薪資。

(3) 業主從公司存款帳戶開立支票轉入薪資專戶中，銀行即可透過該薪資專戶將每一位員工的薪資轉帳至個人戶頭中。

(4) 實務上，業主在發薪日前3~5天已經將員工薪資款項轉存入銀行專戶中，但此過渡期間銀行並不計存款利息給業主，但業主也無須支付任何轉帳薪資的手續費用，因此形成一種互惠的慣例。

📁 案例8-3 員工薪資會計處理

本田高級日式餐廳員工人數眾多，故早已在中國國際商業銀行設立員工薪資專戶，並採用該專戶轉帳的方式發放每個月的薪資，以下是本田餐廳 XXX 年2月1日核算1月份薪資的結果。

1. 員工薪資總額為$430,000。

2. 代扣所得稅$30,000。

3. 勞健保費用$25,000。

4. 員工借支還款$15,000。

本田餐廳 XXX 年1月份發放給員工的實際薪資總數是$360,000，於2月1日開立支票轉存員工薪資專戶，2月3日由銀行正式撥款發放薪資。以下將以台灣業者一般實務作法記錄會計分錄。

解：

記錄時間	帳戶	借貸分錄	
XXX/2/1	借方	薪資費用	430,000
	貸方	代扣薪資所得稅	30,000
		代扣勞健保費	25,000
		員工借支	15,000
		銀行存款	360,000

第二節　合夥人之會計原則

　　所謂合夥(partnership)事業，是指兩人或以上訂定共同出資經營事業的契約，依照民法規定，合夥事業成立後，非經過全體合夥人同意，不得允許他人加入為合夥人，若產生新合夥人時，則必須承擔入夥前的事業債務，與其他合夥人擔負一樣的責任。以下將針對幾項合夥事業的權益處理項目逐一說明。

一、合夥事業之特性

1. 非法人個體，屬於會計個體。

2. 合夥事業若有合夥人退出，新合夥人加入，則原有組織即告解散。

3. 任何一位合夥人對於共同經營的事業體所做任何決定，其效力普及於其他合夥人。

4. 合夥事業體的財產及債務總數為全體合夥人所共有及共同負擔。

5. 當合夥組織全部資產不足以支付債務時，每一位合夥人均須負有清償責任。

6. 合夥事業經營所產生的損失或利益之分配，應該根據合夥契約上的分擔比例條文規定執行，若契約中未有明文規定者，則依照我國民法所規定「依照出資額比例分配」。

二、合夥事業之會計原則

　　在獨資、合夥及公司等三種型態的企業組織中，除了業主權益的會計帳務處理不同以外，其餘資產、負債、收入與費用帳戶的處理原則均相同。

三、開業分錄

1. 合夥人所投資之現金、財產、勞務或其他資產記入借方，貸方則記錄合夥人資本帳戶。

2. 每一位合夥人皆須設立一個單獨的資本帳戶。

3. 若是現金以外的財產、勞務或權利投入合夥事業中，應該以公平的市價或合夥人同意之價值入帳。

📁 案例8-4 開業分錄

已知 A、B、C、D 四位合夥人，於 XXX 年7月份共同投資設立露西亞庭園餐廳，每位合夥人出資如下：

1. A 投資房屋一棟，提供作為辦公室使用，市價$3,000,000。

2. B 出資現金$2,000,000。

3. C 辦理各項開店籌備業務半年，酬勞$500,000。

4. D 投資上市公司股票$500,000，目前市價$600,000。

解：

記錄時間	帳戶	借貸分錄		
XXX/7/1	借方	現金	2,000,000	
		建築物	3,000,000	
		應付開辦費	500,000	
		短期投資－□□公司股票	600,000	
	貸方	A 合夥人資本		3,000,000
		B 合夥人資本		2,000,000
		C 合夥人資本		500,000
		D 合夥人資本		600,000

四、開業後續投資或提存

在合夥事業成立後，每一位合夥人可以視事業體經營的狀況進行後續投資，投入之資產價值認定與開業之認定標準相同，並記錄增加該合夥人資本。

案例8-5 後續投資及提存

承案例8-4，已知於 XXX 年9月30日露西亞庭園餐廳 A 及 C 兩位合夥人權益變動如下：

1. A 合夥人提取現金$30,000。

2. C 合夥人增加投資現金$200,000。

解：

記錄時間	帳戶	借貸分錄		類別	項目增減
XXX/9/30	借方	A 合夥人往來　　30,000		業主權益	減少
	貸方	現金	30,000	資產	減少

記錄時間	帳戶	借貸分錄		類別	項目增減
XXX/9/30	借方	現金　　　　200,000		業主權益	增加
	貸方	C 合夥人往來	200,000	資產	增加

五、損益分配

依照合夥契約上的比例分配營業利益，一般常見的分配方式有五種，以下將逐一舉例說明之。

承案例8-4，A、B、C、D 四人 XXX 年7月的初次投資額度分別依序為$3,000,000、$2,000,000、$500,000、$600,000，共計$6,100,000；已知 XXX 年自10月後，沒有合夥人的權益變更，故 XXX 年期末時，A、B、C、D 四人期末投資額度分別依序為$2,970,000、$2,000,000、$700,000、$600,000，共計$6,270,000。

案例8-6 按特定比例分配給四人

已知露西亞庭園餐廳於 XXX 年底的營業收益$1,500,000，A、B、C、D 四位合夥人將依照開業前合夥契約所合議的比例3：2：3：2分配。

解：

A 合夥人可分配到：$1,500,000 × 30% = $450,000

B 合夥人可分配到：$1,500,000 × 20% = $300,000

C 合夥人可分配到：$1,500,000 × 30% = $450,000

D 合夥人可分配到：$1,500,000 × 20% = $300,000

案例8-7 按期初資本額比例分配給四人

已知露西亞庭園餐廳於 XXX 年底的營業收益$1,500,000，A、B、C、D 四位合夥人合議將依照開業前投入資本比例分配。

解：

A 合夥人可分配到：$1,500,000 × $\dfrac{3,000,000}{6,100,000}$ = $737,705

B 合夥人可分配到：$1,500,000 × $\dfrac{2,000,000}{6,100,000}$ = $491,803

C 合夥人可分配到：$1,500,000 × $\dfrac{500,000}{6,100,000}$ = $122,951

D 合夥人可分配到：$1,500,000 × $\dfrac{600,000}{6,100,000}$ = $147,541

案例8-8 期末資本額比例分配給四人

已知露西亞庭園餐廳於 XXX 年底的營業收益$1,500,000，A、B、C、D 四位合夥人合議將依照開業後 XXX 年的期末資本投入總額比例分配。

解：

A 合夥人可分配到：$1,500,000 × $\dfrac{2,970,000}{6,270,000}$ = $710,526

B 合夥人可分配到：$1,500,000 × $\dfrac{2,000,000}{6,270,000}$ = $478,469

C 合夥人可分配到：$1,500,000 × $\dfrac{700,000}{6,270,000}$ = $167,464

D 合夥人可分配到：$1,500,000 × $\dfrac{600,000}{6,270,000}$ = $143,541

案例8-9 按平均資本額比例分配給四人

已知露西亞庭園餐廳於 XXX 年底的營業收益$1,500,000，A、B、C、D 四位合夥人合議將依照開業後 XXX 年的期末資本投入總額比例分配。

解：

※步驟一

A 合夥人：$3,000,000 \times \dfrac{3}{6} + $2,970,000 \times \dfrac{3}{6} = $2,985,000$

B 合夥人：$2,000,000 \times \dfrac{6}{6} = $2,000,000$

C 合夥人：$500,000 \times \dfrac{3}{6} + $700,000 \times \dfrac{3}{6} = $600,000$

D 合夥人：$600,000 \times \dfrac{6}{6} = $600,000$

※步驟二

A：$1,500,000 \times \dfrac{\$2,985,000}{\$2,985,000 + \$2,000,000 + \$600,000 + \$600,000} = $723,929$

B：$1,500,000 \times \dfrac{\$2,000,000}{\$6,185,000} = $485,045$

C：$1,500,000 \times \dfrac{\$600,000}{\$6,185,000} = $145,513$

D：$1,500,000 \times \dfrac{\$600,000}{\$6,185,000} = $145,513$

案例8-10 資本利息、薪資及資本比例分配給四人

已知露西亞庭園餐廳於 XXX 年底的營業收益$1,500,000，A、B、C、D 四位合夥人合議先依照資本利息、薪資酬勞分配後，餘額再依照四人為餐廳經營的貢獻程度比例3：2：3：2分配。

項目／合夥人	A	B	C	D
資本利息	$150,000	$100,000	$25,000	$30,000
薪　　資	70,000	50,000	70,000	50,000
餘額分配	286,500	191,000	286,500	191,000
合計盈餘分配	$506,500	$341,000	$381,500	$271,000

分錄範例－合夥事業獲利時

記錄時間	帳戶	借貸分錄	
XXX/12/31	借方	本期損益	506,500	
	貸方	A 合夥人往來		506,500

分錄範例－合夥事業虧損時

記錄時間	帳戶	借貸分錄	
XXX/12/31	借方	A 合夥人往來	300,000	
	貸方	本期損益		300,000

六、合夥事業之清算

1. 合夥事業體結束營業解散時，必須將相關帳冊調整結帳，並且進行資產出售、債務清償、分配剩餘財產給合夥人，如此全部的作業程序稱之為清算(liquidation)。

2. 清算的原因
   (1) 合夥人意向不同，決定拆夥取回資金。
   (2) 合夥期約屆滿。
   (3) 合夥目的無法達成。
   (4) 合夥目標已達成。

3. 清算方式
   (1) 將所有合夥事業的資產全部變現，一次償還事業體所有的負債，並且將償債後剩餘現金給予各合夥人，這樣的作法為一次清償。
   (2) 另一種是將合夥資產分次變現，再逐次償還債務以及分配剩餘現金給合夥人。

4. 合夥事業清算之步驟
   (1) 將債權全數收回：應收帳款、應收票據等全數收回變現。
   (2) 出售所有資產：債權以外的資產出售變現，一般均會產生處分損益。
   (3) 償還債務：將合夥事業營運所產生的負債全數清償。
   (4) 損益分配：將資產處分後之損益，依照合夥合約書上所和議的比例分配給予各合夥人，並轉帳至個人資本帳戶內。
   (5) 資本退還：若合夥事業上有剩餘現金，按照所議定的損益比例撥予各合夥人，並將各合夥人之資本帳戶結清。

5. 合夥清算之會計處理

露西亞庭園餐廳於經營十年後因為合夥契約到期，開始進行清算處理，該餐廳第十年的資產負債表如下：

→ 表 8-3 合夥事業資產負債表

<table>
<tr><td colspan="6" align="center">露西亞庭園餐廳
資產負債表
XXX 年 12 月 31 日</td></tr>
<tr><td>現金</td><td></td><td>$200,000</td><td>應付帳款</td><td></td><td>$200,000</td></tr>
<tr><td>應收帳款</td><td>$150,000</td><td></td><td>應付薪資</td><td></td><td>500,000</td></tr>
<tr><td>應收票據</td><td>120,000</td><td>270,000</td><td>應付票據</td><td></td><td>300,000</td></tr>
<tr><td>存貨</td><td></td><td>50,000</td><td>A 合夥人資本</td><td></td><td>1,000,000</td></tr>
<tr><td>冷凍設備</td><td>200,000</td><td></td><td>B 合夥人資本</td><td></td><td>700,000</td></tr>
<tr><td>建築物</td><td>3,000,000</td><td></td><td>C 合夥人資本</td><td></td><td>420,000</td></tr>
<tr><td>累計折舊－冷凍設備</td><td>70,000</td><td></td><td>D 合夥人資本</td><td></td><td>400,000</td></tr>
<tr><td>累計折舊－建築物</td><td>130,000</td><td></td><td></td><td></td><td></td></tr>
<tr><td>資產合計</td><td></td><td>$3,520,000</td><td>負債及權益合計</td><td></td><td>$3,520,000</td></tr>
</table>

(1) 露西亞庭園餐廳的四位合夥人 A、B、C、D 合議的損益分配比例為3：2：3：2，於第十年結束營業，其資產處置的情況如下：

① 應收帳款收現$150,000。

② 應收票據收款$120,000。

③ 出售存貨得現款$30,000。

④ 出售冷凍設備得現款$120,000。

⑤ 出售建築物得現款$3,150,000。

(2) 資產變現之會計處理如下：

① 應收帳款收現款$150,000。

記錄時間	帳戶	借貸分錄		類別	增減
XXX/12/31	借方	現金	150,000	資產	增加
	貸方	應收帳款	150,000	資產	減少

② 應收票據收款$120,000。

記錄時間	帳戶	借貸分錄		類別	增減
XXX/12/31	借方	銀行存款	120,000	資產	增加
	貸方	應收票據	120,000	資產	減少

③ 出售存貨得現款\$30,000。

記錄時間	帳戶	借貸分錄		類別	增減
XXX/12/31	借方	現金	30,000	資產	增加
		資產變現損益	20,000		
	貸方	存貨	50,000	資產	減少

④ 出售冷凍設備得現款\$120,000。

記錄時間	帳戶	借貸分錄		類別	增減
XXX/12/31	借方	現金	120,000	資產	增加
		資產變現損益	10,000		
		累計折舊－冷凍設備	70,000		
	貸方	冷凍設備	200,000	資產	減少

⑤ 出售建築物得現款\$3,150,000。

記錄時間	帳戶	借貸分錄		類別	增減
XXX/12/31	借方	現金	3,150,000	資產	增加
		累計折舊－建築物	130,000		
	貸方	建築物	3,000,000	資產	減少
		資產變現損益	280,000		

⑥ 償付債務。

記錄時間	帳戶	借貸分錄		類別	增減
XXX/12/31	借方	應付帳款	200,000	負債	減少
		應付薪資	500,000		
		應付票據	300,000		
	貸方	現金	1,000,000	資產	減少

⑦ 資產及變現損益共計：

A. 流動資產：現金$200,000＋應收帳款$150,000＋應收票據$120,000＋存貨出售$30,000＝$500,000

B. 固定資產：出售冷凍設備$120,000＋出售建築物$3,150,000＝$3,270,000

C. 流動資產＋固定資產＝$500,000＋$3,270,000＝$3,770,000

D. 資產變現損益共計為：$3,770,000－$3,520,000＝$250,000

E. 資產變現總和－償付債務＝$3,770,000－$1,000,000（應付款項總和）＝$2,770,000

(3) 損益分配

已知分配比例為3:2:3:2，露西亞庭園餐廳所清算之資產變現後有收益$250,000，所以除了退回原合夥人所投資之資本外，再依照損益分配比例分配變現收益。

① A 合夥人＝【資本額$1,000,000】＋【$250,000×30%】＝$1,075,000

② B 合夥人＝【資本額$ 700,000】＋【$250,000×20%】＝$750,000

③ C 合夥人＝【資本額$ 420,000】＋【$250,000×30%】＝$495,000

④ D 合夥人＝【資本額$ 400,000】＋【$250,000×20%】＝$450,000

(4) 資本退還

記錄時間	帳戶	借貸分錄		類別	增減
XXX/12/31	借方	A 合夥人	1,075,000	合夥人權益	減少
		B 合夥人	750,000		
		C 合夥人	495,000		
		D 合夥人	450,000		
	貸方	現金	2,770,000	資產	減少

第三節　其他流動負債管理

　　流動負債是指事業體於一年以內必須以資產或負債償還的負債項目，例如以公司所儲存的償債基金來償還一年內到期的短期負債，或者將短期負債再融資的作法。流動負債的確定負債部分包括應付帳款、應付票據、存入保證金，以及必須取決於期間內營運結果的應付所得稅、應付所得稅等項目，其中應付帳款在本書前章已作完整介紹，故在此不再贅述，其他項目則將逐一介紹之。

一、應付票據

應付票據是指業主開立票據給債權人，並且承諾債權人在特定日期後，必須無條件支付票載金額的一項書面債務憑證。若因為營業活動而簽發的票據，到期日在一年以內者不必計算現值入帳，到期日在一年以上者才需計算現值入帳。若因為借貸活動而簽發的票據，則不論期限長短，一律要以現值入帳。

以下將以「附票面利息的票據」及「不附票面利息的票據」之帳務處理釋例之。

案例8-11 附票面利息的票據

露西亞高級庭園餐廳在 XXX 年3月1日開立票據一張，面額為$200,000，90天到期，附票面利息5%，向國際商業銀行融資，則其相關分錄為：

向銀行借支時

記錄時間	帳戶	借貸分錄		類別	增減
XXX/3/1	借方	現金	200,000	資產	增加
	貸方	應付票據	200,000	負債	增加

還款時

記錄時間	帳戶	借貸分錄		類別	增減
XXX/5/30	借方	應付票據	200,000	負債	減少
		利息費用	2,500	費用	增加
	貸方	現金	202,500	資產	減少

說明：

露西亞餐廳必須支付國際商業銀行三個月的借款利息費用：

$$\$200,000 \times 5\% \times \frac{3}{12} = \$2,500$$

案例8-12 不附票面利息的票據

露西亞高級庭園餐廳在 XX1年9月1日開立票據一張，面額為$200,000向銀行融資，六個月到期，依照當時是場利率5%計算現值，國際商業銀行以折現六個月之價值給予露西亞餐廳融資，則其相關分錄為：

300

向銀行借支時

記錄時間	帳戶	借貸分錄		類別	增減
XX1/9/1	借方	現金 195,122		資產	增加
		應付票據折價	4,878		
	貸方	應付票據	200,000	負債	增加

說明：

1. 借支金額：$\$200,000 \div (1 + 5\% \times \frac{6}{12}) = \$195,122$

2. 露西亞餐廳所借支的現金是現值(present value)，也就是以現在的市場利率折算六個月後，露西亞餐廳所借支$200,000的現值。

3. 而利息的計算必須經過時間才能產生，因此餐廳融資借款之初的「應付票據折價」必須等時間經過後才能轉為「利息費用」科目。

4. XX1年12月31日期末調整時，可計算4個月的利息費用。

$$\$195,122 \times 5\% \times \frac{4}{12} = \$3,252$$

XX1年期末調整分錄

記錄時間	帳戶	借貸分錄		類別	增減
XX1/12/31	借方	利息費用 3,252		費用	增加
	貸方	應付票據折價	3,252	資產	減少

5. XX2年3月1日到期還款時，尚餘2個月的利息費用$1,626。

XX2年還款時相關分錄

記錄時間	帳戶	借貸分錄		類別	增減
XX2/3/1	借方	應付票據 200,000		費用	減少
		利息費用 1,626			
	貸方	現金	200,000		
		應付票據折價	1,626	資產	減少

二、存入保證金

1. 定義：企業主因雙方交易需要，而向顧客所收取的押金或者保證金，一年以內通常視為流動負債，一年以上者，通常視為長期負債。

2. 買賣雙方於約定日期歸還保證金，屆時帳面上再將負債沖銷。

3. 會計帳戶處理舉例如下。

案例8-13 存入保證金與存出保證金

露西亞高級庭園餐廳在 XX1年10月1日與日新科技簽訂長期供應該公司員工午餐的合約一年，合約中言明，日新科技必須繳交一個月保證金$50,000給露西亞餐廳，於合約期滿後退還。

露西亞餐廳的分錄為：

存入保證金

記錄時間	帳戶	借貸分錄		類別	增減
XX1/10/1	借方	現金 50,000		資產	增加
	貸方	存入保證金	50,000	負債	增加

約滿歸還

記錄時間	帳戶	借貸分錄		類別	增減
XX2/9/30	借方	存入保證金 50,000		負債	減少
	貸方	現金	50,000	資產	減少

日新科技公司的分錄為：

存出保證金

記錄時間	帳戶	借貸分錄		類別	增減
XX1/10/1	借方	存出保證金 50,000		資產	增加
	貸方	現金	50,000	資產	減少

約滿收回保證金

記錄時間	帳戶	借貸分錄		類別	增減
XX2/9/30	借方	現金　　　　　50,000		資產	增加
	貸方	存出保證金	50,000	資產	減少

三、應付所得稅

1. 定義：所謂應付所得稅是指每一個營利事業單位（包括獨資、合夥及公司組織等三種型態的企業）在每年年底時，必須依據當年度所結算的會計所得自行估列營利事業所得稅。
2. 依照我國的稅法規定，營利事業單位應該在每年 7 月 1 日起算一個月的時間以內，按照上年度結算申報營利事業所得稅應繳納的二分之一為暫繳稅款。

案例8-14 應付所得稅

露西亞高級庭園餐廳在 XX1年7月31日就 XX1年度應該繳納的稅額暫時繳交了$120,000的稅款，XX1年12月31日後續結算後共應繳交$210,000的營利事業所得稅，XX2年申報所得稅時需要再繳納$90,000，其相關分錄如下。

預付一半稅金

記錄時間	帳戶	借貸分錄		類別	增減
XX1/7/31	借方	預付所得稅　　　120,000		資產	增加
	貸方	現金	120,000	資產	減少

年底結算估計應付稅金

記錄時間	帳戶	借貸分錄		類別	增減
XX1/12/31	借方	所得稅費用　　　210,000		費用	增加
	貸方	預付所得稅	120,000	資產	沖抵
		估計應付所得稅	90,000	負債	增加

次年申報應付稅金

記錄時間	帳戶	借貸分錄		類別	增減
XX2 年	借方	估計應付所得稅　90,000		負債	減少
	貸方	現金	90,000	資產	減少

四、應付營業稅

1. 目前我國實施的營業稅制屬於加值型營業稅，稅率為 5%，此項稅制屬於稅賦外加的計算方式，而且採取稅額扣抵法分期計算之。
2. 進項稅額及銷項稅額的定義及計算範例在本書第五章已經介紹。
3. 所謂留抵稅額是指業主在每逢單月份15日以前申報繳納前兩個月的營業稅時，如果進項稅額（業主採購進貨所繳交的稅額）大於銷項稅額（業主銷貨所代為收入的稅額），其差額即為溢付稅款，屬於流動資產項目，可以作為抵減未來月份的應繳稅額使用。

📁 案例8-15 應付營業稅

亞美力休閒食品中心所經營的健康食品專櫃為適用於加值型營業新稅制的營業人，營業稅率為5%，該公司 XXX 年1月及2月份的營業、採購交易及分錄製作情況如下：

1/20 採購進貨$150,000

記錄時間	帳戶	借貸分錄		類別	增減
XXX/1/20	借方	進貨	150,000	費用	增加
		進項稅額	7,500	資產	增加
	貸方	應付帳款	157,500	負債	增加

1/23 現金銷貨商品未稅價$80,000

記錄時間	帳戶	借貸分錄		類別	增減
XXX/1/23	借方	現金	84,000	資產	增加
	貸方	銷貨收入	80,000	收入	增加
		銷項稅額	4,000	負債	增加

1/28 進貨退回$20,000

記錄時間	帳戶	借貸分錄		類別	增減
XXX/1/28	借方	應付帳款	21,000	負債	減少
	貸方	進貨退回	20,000	費用	減少
		進項稅額	1,000	資產	減少

2/6 支付廣告費用$15,000

記錄時間	帳戶	借貸分錄		類別	增減
XXX/2/6	借方	廣告費用 15,000		費用	增加
		進項稅額 750		資產	增加
	貸方	現金	15,750	資產	減少

2/16 賒銷貨品未稅價$100,000

記錄時間	帳戶	借貸分錄		類別	增減
XXX/2/16	借方	應收帳款 105,000		資產	增加
	貸方	銷貨收入	100,000	收入	增加
		銷項稅額	5,000	負債	增加

2/22 銷貨退回，商品未稅價格$10,000

記錄時間	帳戶	借貸分錄		類別	增減
XXX/2/22	借方	銷貨退回 10,000		收入	減少
		銷項稅額 500		負債	減少
	貸方	應收帳款	10,500	資產	減少

3/15 申報 1 及 2 月的稅款

記錄時間	帳戶	借貸分錄		類別	增減
XXX/3/15	借方	銷項稅額 8,500		負債	減少
	貸方	進項稅額	7,250	資產	減少
		應付稅額	1,250	資產	減少

3/15 繳納 1 及 2 月的稅款

記錄時間	帳戶	借貸分錄		類別	增減
XXX/3/15	借方	應付稅額 1,250		負債	減少
	貸方	現金	1,250	資產	減少

應用題

1. 銀行調節表

丹迪高級酒店自開業以來即在華南商業銀行設立支票存款帳戶，XXX 年 9 月底接獲銀行的對帳單顯示餐廳在銀行的支票存款戶頭內存款餘額為 $500,000，但餐廳帳冊上的支票存款餘額為 $560,000，經過仔細查核後得知以下訊息。

- 丹迪高級酒店在9月31日當天存入的款項$80,000，銀行尚未入帳。
- 銀行代收票據$60,000加上代收利息$800，丹迪酒店尚未入帳。
- 丹迪酒店所簽發之支票，有兩張尚未兌現。
  ①支票號碼#6322，$15,000　②支票號碼#6342，$30,000
- 對帳單上3月份已兌付支票金額為$74,000，丹迪酒店誤記為$47,000，共少記了$27,000。
- 客戶開立支付丹迪酒店之貨款支票存入銀行，但因客戶存款不足退票，而銀行帳上未存入該項金額$57,000。
- 銀行逕行扣除3月份的手續費$1,800。

(1) 調節至正確餘額

銀行存款調節表

丹迪高級酒店 銀行存款調節表 華南商業銀行#5522 XXX 年 9 月 30 日				
銀行對帳單餘額		公司帳冊餘額		
加⑴在途存款		加⑵託收票據		
		利息收入		
減⑶未兌現支票				
		減⑷誤記		
		⑸退票		
		⑹手續費		
9 月 30 日正確餘額	$535,000	9 月 30 日正確餘額		

丹迪酒店在 9 月 30 日應作以下調整分錄

記錄時間	帳戶	借貸分錄		類別
XXX/9/30 (2)	借方	_____	$_____	資產
	貸方	應收票據	$_____	資產
		_____	$_____	收入
XXX/9/30 (4)	借方	應付帳款 $_____		負債
	貸方	_____	$_____	資產
XXX/9/30 (5)	借方	_____	$_____	資產
	貸方	銀行存款	$_____	資產
XXX/9/30 (6)	借方	_____ $_____		費用
	貸方	銀行存款	$_____	資產

(2) 由銀行餘額調節至公司帳載餘額

丹迪高級酒店 銀行存款調節表 華南商業銀行#5522 XXX 年 9 月 30 日		
銀行對帳單餘額		
加(1)在途存款		
(4)誤記		
(5)退票		
(6)手續費		
減(3)未兌現支票		
#		
#		
(2)託收票據		
利息收入		
9 月 30 日正確餘額		

(3) 由公司帳載餘額調節至銀行餘額

丹迪高級酒店 銀行存款調節表 華南商業銀行#5522 XXX 年 9 月 30 日		
公司帳冊餘額		
加⑶未兌現支票		
#		
#3		
⑵託收票據		
利息收入		
減⑴在途存款		
⑷誤記		
⑸退票		
⑹手續費		
9 月 30 日正確餘額		

2. 零用金管理

滇緬雲南料理餐廳自 XXX 年7月1日起設立零用金制度提供總務採購人員管理，每一筆開銷必須在$5,000及以下金額才能以零用金核銷，在7月1日當天開立$20,000的支票交由採購部門應用。

(1) 7月1日支票撥款零用金$20,000，請作零用金撥款分錄。

(2) 已知從7月1日到7月28日，滇緬餐廳之總務部門的零用金已經接近用罄，支用細節如下：

　① 清潔用品$400。

　② 蔬菜罐頭$2,000。

　③ 免洗餐具$2,500。

　④ 廚房用品$3,000。

　⑤ 燃料費$1,500。

(3) 7月28日總務採購部門人員申請撥補零用金，請問其分錄為何？

(4) 假設本月份因滇緬餐廳之事務繁忙，所以零用金暫時無法準時撥補，則第三項的分錄修正為何？

(5) 延至8月5日才撥補上月份零用金，請作分錄。

(6) 假設滇緬餐廳決定自10月1日起縮減零用金額度至$16,000，請作分錄。

(7) 假設滇緬餐廳決定自10月1日起增加零用金額度$30,000，請作分錄。

3. 員工薪資專戶

(1) 零用金撥款

滇緬雲南料理餐廳早已在 XX1年初於華南商業銀行設立員工薪資專戶，並採用該專戶轉帳的方式發放每個月的薪資，以下是該餐廳 XX2年8月1日核算7月份薪資的結果。

① 員工薪資總額為$650,000。

② 代扣所得稅$16,000。

③ 勞健保費用$35,000。

④ 代扣員工福利金$15,000。

請將以上薪資發放專戶製作會計分錄。

4. 合夥事業之相關會計帳務處理

(1) 開業分錄

已知甲、乙、丙、丁四位合夥人，於 XX1年1月份共同投資設立鬱金香花園民宿，每位合夥人出資如下：

① 甲合夥人投資土地一筆，提供作為花草種植使用，市價$2,500,000。

② 乙合夥人出資現金$1,500,000。

③ 丙合夥人辦理各項民宿營業籌備業務一年，酬勞$800,000。

④ 丁合夥人提供民宿所需使用各項家具及設施共計$1,000,000。

請製作分錄。

(2) 開業後續投資或提存

承本題(1)，已知於 XX1年8月12日鬱金香花園民宿乙及丙兩位合夥人權益變動如下：

① 乙合夥人提取現金$200,000。

② 丙合夥人增加投資現金$300,000。

請製作分錄。

(3) 損益分配

依照合夥契約上的比例分配營業利益，一般常見的分配方式有五種，請依據以下順序逐一計算並說明之。

① 請列出四位合夥人初次投資額度，並計算其總和。

② 已知 XX1年自9月後，沒有合夥人的權益變更，故 XX1年期末時，甲乙丙丁四人期末投資額度分別依序為多少？期末共計多少？

③ 按特定比例分配給四人：已知鬱金香花園民宿於 XX1年底的營業收益 $2,000,000，甲乙丙丁四位合夥人將依照開業前合夥契約所合議的比例 3：3：2：2分配。

④ 按期初資本額比例分配給四人。四位合夥人合議將依照開業前投入資本 比例分配。

⑤ 按期末資本額比例分配給四人。四位合夥人合議將依照開業後 XX1年的 期末資本投入總額比例分配。

⑥ 按平均資本額比例分配給四人。四位合夥人合議將依照開業後 XX1年的 期末資本投入總額比例分配。

⑦ 按資本利息、薪資及資本比例分配給四人。四位合夥人合議先依照資本 利息、薪資酬勞分配後，餘額再依照四人為民宿經營的貢獻程度比例3： 3：2：2分配。

項目／合夥人	甲	乙	丙	丁
資本利息	$30,000	$20,000	$5,000	$18,000
薪　　資	60,000	50,000	30,000	50,000
餘額分配				
合計盈餘分配				

⑧ 請作以上第⑦題的相關分錄。

5. 合夥事業之清算

　　鬱金香花園民宿於經營八年後因為合夥契約到期，開始進行清算處理，該 民宿業第八年的資產負債表如下：

鬱金香花園民宿 資產負債表 XX8 年 12 月 31 日				
現金		$300,000	應付帳款	$550,000
應收帳款	$80,000		應付薪資	650,000
應收票據	20,000	100,000	應付票據	700,000
用品盤存		60,000	甲合夥人資本	1,020,000
體適能設施	280,000		乙合夥人資本	$950,000
建築物	5,000,000		丙合夥人資本	$900,000
累計折舊-體適能設施	70,000		丁合夥人資本	$700,000
累計折舊-建築物	200,000			
資產合計		$5,470,000	負債及權益合計	$5,470,000

鬱金香花園民宿的四位合夥人甲乙丙丁合議的損益分配比例為 3:3:2:2，於第八年結束營業，其資產處置的情況如下：

① 應收帳款收現$80,000。

② 應收票據收款$20,000。

③ 出售用品盤存得現款$45,000。

④ 出售體適能設施得現款$200,000。

⑤ 出售建築物得現款$5,200,000。

(1) 請將以上鬱金香花園民宿資產變現之事實製作分錄。

(2) 資產及變現損益共計：

① 流動資產：

② 固定資產：

③ 流動資產＋固定資產：

④ 資產變現損益共計為：

⑤ 資產變現總和－償付債務：

(3) 損益分配

已知分配比例為3：3：2：2，鬱金香花園民宿所清算之資產變現後有收益$_____，所以除了退回原合夥人所投資之資本外，再依照損益分配比例分配變現收益。

① 甲合夥人＝【資本額 $_____】＋【_____×30%】＝$_____

② 乙合夥人＝【資本額 $_____】｜【_____×30%】＝$_____

③ 丙合夥人＝【資本額 $_____】＋【_____×20%】＝$_____

④ 丁合夥人＝【資本額 $_____】＋【_____×20%】＝$_____

(4) 資本退還分錄

記錄時間	帳戶	借貸分錄	類別	增減
	借方		合夥人權益	減少
	貸方		資產	減少

 MEMO

09
CHAPTER
★ ★ ★ ★ ★

財務報表製作

HOSPITALITY
MANAGEMENT
ACCOUNTING
PRACTICE

※ 本章重點提示採用國際會計準則後，對公司帳務處理及財會資訊有重大影響者包括：

1. 財務報表之表達：財務狀況表、綜合淨利表、業主權益變動表、現金流量表及附註。另當企業追溯適用會計政策、重編以前年度財務報表、或對其財務報表進行重分類時，應至少表達當期期末、上期期末及最早比較期間期初之財務狀況表及相關附註。

2. 外幣換算之會計處理準則：當國外營運機構之功能性貨幣係高度通貨膨脹，財報換算前應先以當時的購買力作調整，然後再依當期末收盤匯率換算。
   【其他重點請詳參本書序言後之 IFRS 重點摘錄】

3. 事實上 IFRS 並沒有訂定制式的財務報表格式，但是於財務報表及附註的內容訂有至少必須揭露的項目，另外在 IAS 1（修正版）的執行指引之中，所披露之財報格式可供參考。【本重點參考資料來源：資誠聯合會計師事務所】

   ① 完整的 IFRS 財務報表組成包括：財務狀況表（statement of financial position 又稱為資產負債表）、綜合淨利表（comprehensive income statement 國內稱為損益表）、股東權益變動表、現金流量表以及附註解釋（說明企業會計政策）。

   ② 資產負債表必須揭露下列項目：
   - 資產－不動產、廠房及設備；投資性不動產；無形資產；金融資產；採權益法之投資；生物資產；遞延所得稅資產；當期所得稅資產；存貨；應收帳款及其他應收款；以及現金及約當現金。
   - 權益－已發行股本及歸屬於母公司之權益持有者之準備；及不具控制力股權（少數股權）。
   - 負債－遞延所得稅負債；當期所得稅負債；金融負債；準備；以及應付帳款及其他應付款。
   - 待出售之資產及負債－依 IFRS 5「待出售非流動資產與及停業單位」分類為待出售資產或待出售處分群組之資產；以及分類為待出售處分群組之負債。

   ③ 綜合淨利表【損益表】中必須揭露下列項目：
   - 收入
   - 財務費用
   - 採權益法認列之關聯企業及合資之損益分攤
   - 所得稅費用
   - 停業單位的稅後損益、停業單位資產處分損益，以及構成停業單位之資產或處分群組以淨公平價值（公平價值減除出售成本）衡量所認列之稅後損益

- 當期損益
- 按性質分類之各項其他綜合淨利組成項目
- 採權益法認列之關聯企業及合資之其他綜合淨利的分攤
- 當期綜合淨利合計

④ 重大項目：重大的收益及費損項目，其性質及金額應個別揭露於綜合淨利表或是財報附註之中，例如組織重整之成本、與不動產、廠房及設備有關之減損損失或是存貨跌價損失、訴訟賠償款、以及非流動資產處分利得或損失。

⑤ 非常項目：所有收益及費損項目皆視為來自企業之正常活動，因此禁止分類為非常項目。

- 各項其他綜合淨利組成項目之所得稅費用:企業可以選擇將各項其他綜合損益項目以(i)稅後淨額表示，或(ii)稅前金額表示後，再提供所有相關所得稅影響之合計。

⑥ 股東權益變動表必須揭露下列項目：

- 當期綜合淨利，並分別列示可歸屬於母公司股東及不具控制力股東的總額
- 每個權益組成項目，其依 IAS 8「會計政策、會計估計變動與錯誤」認列之追溯適用及追溯重編的影響數
- 與股東所發生的各項交易，並分別列示由股東所投入和分配給股東的總額
- 每個權益組成項目，其包括由期初到期末帳面價值的調節，並分別列示各項變動數

相信一般行之有年、稍有制度的企業體皆了解,公司所產出的各種財務報表具有不同的功能價值,因此相同的數據資料,並非僅以一種報表形式作呈現,就可以滿足所有的人。

財務報表的功能性相當多元化,內容的設計將會針對觀看報表者而有所調整,例如鉅細靡遺的各部門明細表及報表,可能是各部門主管以及稽核人員所必須掌控的內容;整合性的損益表、資產負債表或各種比率分析數據表等,可能是高階經理人及總裁必須了解的內容;而就證券投資人或創投公司而言,可能只想了解年度的淨利是否如預期的一般高低,以及企業未來的投資經營方向等等。然而,滿足企業內部即時需求的報表應該是最重要的,而且是其他形式報表製作的原始資料來源,因此本章將以企業內部需求的報表為主,使讀者了解報表設計的邏輯及用途。

本章財務報表編制的內容將以飯店業為例,內容將根據一般飯店業的財務報告系統(financial report system)製作各種報表編列的釋例,目的是協助讀者了解在經營一個如此龐雜的複合式服務業當中,如何有效彙集各利潤中心的營業數據,以及透過飯店整體的會計數字統整,了解各部門費用支出之明細,隨時在每一個階段掌控最新的營運損益及資產負債的情況。

第一節　財務報表系統

不同規模的餐飲旅館事業體,應該具有不同複雜度的管理系統及會計系統,事業體越大、經營項目越多,複雜度越高,相信其他產業型態的事業體的經驗亦同。

以一般中型的飯店經營模式中,可將營運的軸心分為三種領域,第一種是前場作業,負責對外營業,直接服務及接觸客人的部門,統稱為收入利潤中心;第二種是為了前場營業的順利而必須從事的支援性工作,負責管理、物資採購配送、財務控制、設備設施維護維修的後勤部門;第三種是隨著時間的流逝,企業體分分秒秒地營運進行,一些必要性的固定耗損之費用與開銷。

一、系統內涵

在利潤中心的領域當中，主要包含有主要收入利潤中心、次要收入利潤中心及附屬收入利潤中心；後勤部門則包括行政管理、飯店業務推展與行銷以及營繕維修等工作分組；在固定費用方面則包括能源的耗用及產物管理費用等範圍，後續將針對各領域的作業及部門作更詳細的個別介紹。

依照這樣的系統設計，無非是以涵蓋飯店內所有發生的收入及支出交易為目的，因此邏輯上，將隸屬於創造營業收入的部門或事物編列在利潤中心當中，將支援創造利潤的幕後功臣人事列在後勤部門，以及將支撐飯店經營的基本能源及產物耗損費用列在固定費用類當中。縱使未來飯店增資擴大經營規模，也可以使用同樣系統規劃邏輯持續擴充。

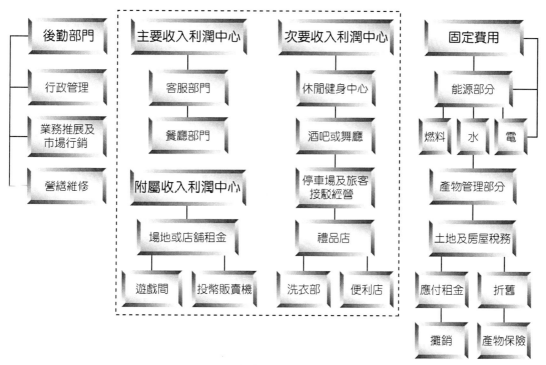

※ 圖 9-1　飯店的財務報表系統釋例圖

二、報表層次及格式

　　一張完整的飯店損益表是根據圖9-2所描繪各層次的報表所彙集而成的。首先必須明確地將飯店內之營業部門歸納為主要收入及次要收入利潤中心，主要收入來源應該是飯店的主力營業項目，另外也可以用該營業部門所創造的收入占飯店總收入的百分比以作為排序及歸類的考量。在其他收入及其他費用方面，是顧及直接營業單位以外，所發生的收入，或者必須支付的整合性費用而言。

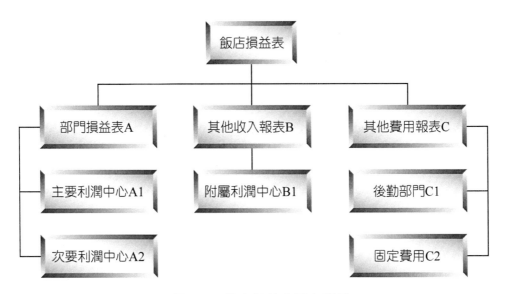

※ 圖 9-2　飯店損益表層次釋例

　　以下將分別解釋各部門單位報表的格式及內容介紹。

（一）各部門損益表（IFRS 稱綜合淨利表 comprehensive income statement）

1. 報表格式

　　詳列單一營業部門一段期間內的損益情形。其中將營業或銷貨收入減去優惠折扣或消費讓價可獲得收入淨額，再減去銷貨成本後可得到毛利，最後再扣除該部門所發生的費用可得到該部門的營業淨利。

```
┌─────────────────────────────┐
│          企業名稱            │
│        □□部門損益表          │
│         起訖年月日           │
├─────────────────────────────┤
│    收入                      │
│  － 折扣或讓價               │
├─────────────────────────────┤
│    收入淨額（或銷貨淨額）    │
│  － 銷貨成本                 │
├─────────────────────────────┤
│    毛利                      │
│  － 費用                     │
│      ┌ 人事費用             │
│      │ 營業費用             │
│      └ 其他營業費用         │
├─────────────────────────────┤
│         部門利潤             │
└─────────────────────────────┘
```

2. 功能

　　部門損益表的用途主要是了解飯店內各營業部門的收入及支出狀況，管理階層藉此了解各部門在一段期間內經營的盈虧狀況，在了解盈虧原因後，提出解決或企劃的方案。

（二）其他收入報表

　　報表功能及格式：非單一的營業單位，可能是營業外交易事件的發生或者無人服務的自動販賣機器等等所造成的收入或利得，因此只需記錄一段期間內的收入，並且扣除折讓的部分後加以合計即可。

```
┌─────────────────────────────┐
│          企業名稱            │
│         其他收入報表         │
│         起訖年月日           │
├─────────────────────────────┤
│    收入                      │
│  － 折扣或讓價               │
├─────────────────────────────┤
│         收入合計             │
└─────────────────────────────┘
```

（三）其他費用報表

報表功能及格式：

1. 飯店內部各營業部門不需要再列此費用支出報表除外，因為已經有獨立的部門損益表。

2. 非營業單位或事物如後勤部門、固定費用兩者，則必須分門別類的製作費用報表。

3. 製作方式只需記錄一段期間內所發生的費用，並且加以合計即可。

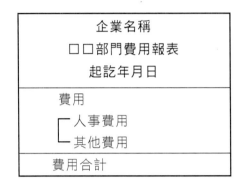

（四）飯店損益表

報表格式釋例：

1. 一般飯店的損益表總表格式如表 9-1 所列。

2. 首先將各利潤中心部門所編制的損益表，以及其他收入報表當中的各項數據填寫入各欄位當中。

3. 填寫時，依照製表順序分別為「部門報表編號」，代表每一個損益表或收入報表的分類號，如圖 9-2 所示，接下來將各報表中的「收入淨額」、「銷貨成本」、「人事費用」、「營業與其他費用」及「淨利」依序填入總表當中。

4. 將淨利欄位加以逐項合計，統計出這一段期間內，飯店營業部門的淨利總額，也完成報表的上半部製作。

5. 接續將後勤部門及固定費用所製作的每一張費用支出明細報表依序填寫入損益總報表當中，基本上僅會填寫到「人事費用」及「營業及其他費用」及小計三項。

6. 將部門淨利合計金額與費用合計金額相減後，可得到本期營業的稅前淨利，扣除所得稅後，即可得到本期營業的稅後淨利。

→ 表 9-1 損益表釋例

單位：新台幣（元）

帳戶項目	部門報表編號	收入淨額	銷貨成本	人事費用	營業與其他費用	淨利
利潤中心						
主要收入利潤中心						
■ 客房部門						
■ 餐廳部門						
次要收入利潤中心						
■ 休閒健身中心						
■ 酒吧或舞廳						
■ 停車場及接駁						
■ 禮品店						
■ 洗衣店						
■ 便利商店						
附屬收入利潤中心						
■ 遊戲間						
■ 電視頻道						
■ 投幣販賣機						
合計						
其他費用部門【減項】						
後勤管銷費用						
■ 行政管理						
■ 業務及行銷						
■ 營繕及維修						
固定費用						
■ 能源						
■ 產物管理						
合計						
稅後淨利						
所得稅						
稅後淨利						

（五）保留盈餘表

報表功能及格式：

1. 延續上表 9-1 計算出來的年度營業淨利後，可以得知飯店今年度確實賺了多少錢，而所賺得的淨利要如何運用，每一個企業體都有其決策單位，可能是董事會，也可能直接由業主自行決定。

2. 盈餘分配的規劃過程中，所思考的方向不外乎享受辛苦經營的豐碩成果，因此可以考慮發放紅利或獎金感謝股東的投資，同時也可以犒賞全體工作人員的付出。

3. 保留未發放的盈餘則可以當作飯店未來營運資金的儲備，或者飯店擴充營業規模的創業基金等等。

4. 因此每一年的營業淨利當中，是否會有保留盈餘的部分，將依照當年營業損益的優劣，以及飯店未來的發展政策有很大的關係。

企業名稱 保留盈餘表 起訖年月日
期初保留盈餘
＋ 本期淨利
小計
－ 股利或紅利發放
期末保留盈餘

三、損益表之費用項目

一般飯店編列損益表時，對於費用的認定原則應該大同小異，但有時會發生費用名稱相同代表的意義卻不同的情形，例如專業加給的給予，可能是針對員工所擁有的工作資歷中所擔任的職務、或者員工所擁有的專業能力、或者員工所持有的專業證照而言，因此對於科目考量的角度不盡相同，關係到飯店內長久實施的制度及慣例。

→ 表 9-2　損益表費用項目釋例

單位：新台幣（元）

費用項目	明　細	支用部門
薪資及員工福利費用	薪資	■ 主要利潤中心 ■ 次要利潤中心 ■ 後勤部門
	加給（專業加給或主管加給）	
	加班費	
	保險（勞健保、團體保險）	
	獎金、退休金、退職金	
	津貼（伙食、交通）	
	其他	
營業費用	營業備品	■ 主要利潤中心 ■ 次要利潤中心
	清潔用品	
	裝飾裝潢	
	制服	
	菜單	
	廚房用具	■ 餐廳部門
	娛樂與表演節目	■ 餐廳部門或次要利潤中心
	佣金費用	■ 主要利潤中心
管銷費用	交際費	■ 行政管理、業務推展
	信用卡佣金	■ 行政管理
	營業稅務	■ 行政管理
	差旅費	■ 行政管理、業務推展
	執照費（或專利權租用）	■ 各利潤中心
	加盟金	■ 各利潤中心
	文具印刷	■ 主要利潤中心 ■ 次要利潤中心 ■ 後勤部門
	捐贈	■ 行政管理
	租金	■ 行政管理
	電話費	■ 主要利潤中心 ■ 次要利潤中心 ■ 後勤部門
	廣告費	■ 行政管理
固定費用	折舊及攤銷	■ 全飯店統一列入固定費用項目 ■ 或由各部門自行列入損益帳務處理
	財產稅務	
	利息	
	產物保險	
	租金	
	能源費用	

有些費用項目定義較為明確者，像伙食費、廣告費、差旅費、租金等等，可能在記載帳務時，較不具有爭議性，但像交際費、加班費及佣金費用的規定等，每一家飯店雖有相類似的慣例，但在實務操作上，可能會流於著重人為的主觀判斷。

以上表9-2損益表費用項目釋例當中，列舉各費用項目的內容明細範圍，但因每一家飯店對於費用項目的內涵認知具差異性，因此所劃分的方式可能不同，故此表僅供參酌使用。

第二節　利潤中心

利潤中心的觀念是指企業體當中創造收益的部門或編組而言，飯店業者的利潤中心是指直接提供服務給顧客並收取金錢的營業部門而言。

飯店依據主要的經營項目如客房租賃部門、各式餐廳經營部門等，通常會列入主要收入利潤中心的範疇，其他非主要營業項目或者經營規模較小者則列入次要的收入利潤中心，但如果次要利潤中心的營業收益相當高，發展出飯店經營的重要特色，甚至超過主要的利潤中心項目者，應該也可以考慮將其列入主要的利潤中心範圍內，因此利潤中心劃分的方式除了飯店應該有的專業服務項目外，各利潤中心營業狀況的優劣也應該成為考量因素之一。

一、主要收入利潤中心

（一）客房部門

客房租賃是飯店的主要經營項目之一，通常設有其獨立經營的服務系統，因此很像飯店內的一個小型企業單位，在損益表編製方面的說明如下述。

→ 表 9-3　客房部門損益表

單位：新台幣（元）

丹尼爾觀光酒店 客房部門損益表【表 A11】 XXX 年 1 月 1 日至 XXX 年 12 月 31 日			
營業收入			
客房銷售			
會員		$4,000,000	
非會員		3,000,000	
【減】客房折扣及讓價		(50,000)	
收入淨額			$6,950,000
費用支出			
人事費用			
薪資	$1,800,000		
伙食費	300,000		
保險費	100,000		
聚會及活動費	50,000		
人事費用小計		$2,250,000	
營業費用			
營業備品	$200,000		
裝飾裝潢	20,000		
制服	20,000		
菜單	5,000		
營業費用小計		$245,000	
其他營業費用			
清潔用品	$5,000		
佣金	50,000		
文具印刷	20,000		
其他營業費用小計		$75,000	
費用合計			$2,570,000
部門淨利			$4,380,000

1. 在許多會計書籍中提到，服務業的會計帳務通常沒有所謂銷貨成本的項目存在，因為銷貨成本應該出現在買賣業當中，購入商品再賣出賺取差價。飯店的客房部門為最典型的服務業，銷售成本的部分實難定義之，營業所需使用的物品多為消耗性質，且非提供買賣行為使用，因此在客房損益表當中未出現成本項目。

2. 在營業收入方面，因為是客房部門的關係，主要以客房租賃為主要營業項目，服務的顧客可將其概分為會員及非會員兩種身分，有些飯店則將顧客區分為團體或個人兩種，依照飯店的慣例為之。將營業的收入減去折扣及讓價後，才是客房部門真正的收入淨額。

3. 有些飯店帳務將房客所訂購的餐點或飲料列入客房部門當中，但本節案例中的丹尼爾觀光酒店設有餐廳部門可提供服務，因此所有房客所點的食物及飲料皆由餐飲部門供應，帳務則記錄在餐飲部門的食物銷售及飲料銷售當中，客房部門不另記食物及飲料銷售的帳務，但若是房客點購非本飯店所提供的餐點時，則酌收代為購買的服務費用。

4. 在營業備品方面，包括房客使用的盥洗用品、紙張、玻璃器皿、裝飾瓷器、衣架、毛巾、床單、免洗拖鞋、衛生紙等等；另外也包括工作人員使用的消耗器具等。

5. 旅店幫房客準備盥洗用品的情況不再像從前一樣全面提供了，目前美國有些旅館業者例如汽車旅館或度假村皆不主動提供房客盥洗用品，但是房客若有需求可向櫃檯索取，因此旅客前往住宿時，如果找不到旅店所提供的盥洗用品時，應該知道如何處理。

（二）餐廳部門

1. 餐廳部門也是飯店的主要經營項目之一，如果妥善經營，其所創造的收益不亞於客房的租賃收入。台灣的觀光飯店裡，通常設有多處及多種餐廳，提供顧客辦理活動、婚宴以及尾牙聚餐使用。

2. 飯店裡常見的餐廳種類有中式餐廳、西式餐廳、日式餐廳及自助餐廳等。

3. 每一個餐廳皆與客房部門一樣設有其獨立經營的服務系統，也很像飯店內的數個小型企業單位。

在損益表編製方面的說明如下。

→ 表 9-4　西餐廳部門損益表

單位：新台幣（元）

丹尼爾觀光酒店 西餐廳部門損益表【表 A12】 XXX 年 1 月 1 日至 XXX 年 12 月 31 日			
銷貨收入			
餐點銷售		$5,000,000	
飲料銷售		600,000	
【減】折扣及讓價		(30,000)	
收入淨額			$5,570,000
銷貨成本			
食材	$900,000		
飲料	200,000		
成本小計		$1,100,000	
費用支出			
人事費用			
薪資	$2,100,000		
伙食費	400,000		
保險費	200,000		
聚會及活動費	60,000		
人事費用小計		$2,760,000	
營業費用			
營業用備品	$100,000		
裝飾裝潢	20,000		
制服	20,000		
菜單	10,000		
表演者鐘點費	30,000		
清潔費	10,000		
洗衣費	10,000		
營業費用小計		$200,000	
成本及費用合計			$4,060,000
部門淨利			$1,510,000

1. 餐廳的收入部分,通常可概分為食品銷售及飲料銷售兩大類,扣除折讓後則為收入淨額。
2. 餐廳供應的食物為商品加工銷售的行為,因此設立銷貨成本的項目,主要劃分為食品及飲料兩大類。
3. 其他項目的耗材使用則以費用列計較為方便。
4. 高級的觀光飯店通常會全場廣播柔美的音樂,以營造高雅的氣息。而較具規模的飯店餐廳通常另外安排表演節目以提高饕客的食慾,用餐愉快,因此編列節目表演者的鐘點費在國內的餐廳裡應該越來越普遍。

二、次要收入利潤中心

時代進步,跟隨著消費者的多元需求,飯店旅館業者必須規劃自我的發展特色,朝向更精緻更周全的服務目標,經營績效才能屢創佳績,而非停滯或衰退。

近幾年來,多元功能或複合式的旅館或飯店越來越受到旅客的青睞,像拉斯維加斯經營賭場的飯店也是一種吸引旅客的噱頭,有些飯店除了住房及餐飲部門的經營外,另外設有健身中心、卡拉 OK 設備、保齡球館、美容美體護膚中心、溫泉泡澡設施、游泳池、露營區、烤肉區、球場等不勝枚舉的娛樂、休閒及健康設施,甚至提供旅遊導覽等服務,這樣的飯店服務項目都非常適合現代人的度假需求,但是基於資金投入的考量,很少飯店的營業項目能夠一應俱全,只能重點式地建置各項設施。

以下為本節所列舉飯店內次要的收入利潤中心,提供讀者參考。

(一) 休閒健身中心

內部的設施可包括健身房內的重量訓練機器、SPA 設施、舞蹈教室、三溫暖等多種設施。主要的顧客來源不局限於住房的旅客,非住房的顧客也歡迎他們成為消費會員之一,因為健身房設施具有其時效性,折舊時間也相當快速,因此重量機器的建置必須有效地利用才能符合成本原則,所以飯店業的健身中心可以設置會員制度及管理辦法,經營完善者,儼然成為一個內部的事業單位,也能夠創造相當可觀的營業收益。

→ 表 9-5　休閒健身中心損益表

單位：新台幣（元）

丹尼爾觀光酒店 休閒健身中心損益表【表 A21】 XXX 年 1 月 1 日至 XXX 年 12 月 31 日			
營業收入			
會員		$1,000,000	
非會員		700,000	
【減】折扣及讓價		(20,000)	
收入淨額			$1,680,000
費用支出			
人事費用			
薪資	$500,000		
員工福利費用	50,000		
人事費用小計		$550,000	
營業費用			
健身指導教練鐘點費	$120,000		
顧客備用品	100,000		
營業費用小計		$220,000	
費用合計			$770,000
部門淨利			$910,000

（二）酒吧或舞廳

　　酒吧及舞廳的經營在歐美日都會區較為盛行，經常成為都會上班族下班後休閒的去處，因此都會區的飯店酒吧或舞廳可以成為一個獨立創造營業績效的事業單位。然而飯店經營酒吧或舞廳的績效優劣，除了服務品質的因素外，飯店所設立的地緣條件以及經營型態可能也占有相當重要的影響部分。

→ 表 9-6　酒吧部門損益表

單位：新台幣（元）

丹尼爾觀光酒店 酒吧部門損益表【表 A22】 XXX 年 1 月 1 日至 XXX 年 12 月 31 日			
銷貨收入			
點心銷售		$80,000	
飲料銷售		1,500,000	
【減】折扣及讓價		(30,000)	
收入淨額			$1,550,000
銷貨成本			
點心	$30,000		
飲料	200,000		
銷貨成本小計		$230,000	
費用支出			
人事費用			
薪資	$350,000		
員工福利費用	30,000		
人事費用小計		$380,000	
營業費用			
DJ 鐘點費	$100,000		
音樂及娛樂節目	100,000		
營業用備品	20,000		
制服	10,000		
菜單	5,000		
清潔費	30,000		
洗衣費	10,000		
營業費用小計		$275,000	
成本及費用合計			$885,000
部門淨利			$665,000

（三）停車場及接駁

1. 假使飯店的土地幅員夠廣闊，規劃方便的停車場空間是現代服務業經營相當基本的條件之一。

2. 有些飯店甚至可以將停車場多餘的車位對外開放營業，賺取更多的營業收益；有些飯店因自有土地不夠大，故向鄰近地主租賃土地建置飯店專用停車場，因此為了提高租賃成本的回轉率，對飯店以外顧客開放停車服務也不失為一良方。

3. 接駁專車也是飯店經營的重要服務項目之一，在國外飯店住宿時，飯店有時候會免費提供短程的景點接駁服務，但是司機會向房客索取一定額度以上的小費，如果接駁的路程超過飯店的免費服務，則將依照一定的價碼收取費用，而且通常價格不低。

4. 飯店為節省人力成本，通常停車場及接駁服務的人力可由員工兼職，或聘任兼任的司機及服務人員，降低成本及費用的支出。

→ 表 9-7　停車場及相關服務損益表
單位：新台幣（元）

丹尼爾觀光酒店 停車場及接駁服務損益表【表 A23】 XXX 年 1 月 1 日至 XXX 年 12 月 31 日			
營業收入			
停車位租賃收入		$600,000	
代客停車收入		210,000	
接駁服務收入		400,000	
【減】折扣及讓價		10,000	
收入淨額			$1,200,000
費用支出			
人事費用			
薪資	$400,000		
員工福利費用	40,000		
人事費用小計		$440,000	
營業費用			
接駁車燃料費	$50,000		
外部停車場租金	240,000		
營業費用小計		$290,000	
費用合計			$730,000
部門淨利			$470,000

（四）禮品店

1. 飯店內設立禮品店的方式不外乎兩種，一種是飯店自營，屬於買業事業體，因此必須製作單獨的損益表。

2. 另一種飯店內的禮品店是提供場地給外人經營，以收取租金或抽取營業佣金為利的方式，可以減低自營的風險。

→ 表 9-8　飯店自營禮品店鋪損益表

單位：新台幣（元）

丹尼爾觀光酒店 禮品店損益表【表 A24】 XXX 年 1 月 1 日至 XXX 年 12 月 31 日			
營業收入			
禮品銷貨收入		$600,000	
【減】折扣及讓價		0	
收入淨額			$600,000
成本			
禮品銷貨成本	$250,000		
運費	30,000		
成本小計		$280,000	
費用支出			
人事費用			
薪資	$150,000		
員工福利費用	10,000		
人事費用小計		$160,000	
成本及費用合計			$440,000
部門淨利			$160,000

（五）洗衣店

1. 為提供住房顧客的洗衣及燙衣服務，較具營業規模的飯店會設立有洗衣部門，除了提供房客服務外，也可以提供飯店內各部門的洗衣需求，創造洗衣部門的業績穩定。

2. 若發生飯店洗衣部無法解決的洗衣問題時，以外送飯店合作的專業洗衣店為替代方案。

3. 如果飯店未設立洗衣部門者，仍然可以用送外洗的方式提供房客服務，所賺取的差價為送件的跑堂費用，價格不低，但缺點是時間較難掌控。

→ 表 9-9 飯店自營洗衣部門損益表

單位：新台幣（元）

丹尼爾觀光酒店 洗衣店損益表【表 A25】 XXX 年 1 月 1 日至 XXX 年 12 月 31 日			
營業收入			
洗衣收入		$80,000	
燙衣收入		20,000	
【減】折扣及讓價		0	
收入淨額			$100,000
費用支出			
人事費用			
薪資	$50,000		
員工福利費用	5,000		
人事費用小計		$55,000	
營業費用			
洗衣費用	$20,000		
洗衣用品	5,000		
耗用品費用	3,000	$28,000	
費用合計			$83,000
部門淨利			$17,000

（六）便利商店

1. 現代人的生活中，便利商店已經變成不可或缺的消費場所之一，因此目前國內外觀光飯店內設有便利商店的情況也算普遍，如果飯店設立的地方旅客外出較不便利，則設立便利商店對房客而言是相當好的服務之一。

2. 便利商店的經營模式屬於小型的零售買賣業，具有進貨、銷貨及存貨三種功能的運作，因此需要計算銷貨成本的部分。

3. 在營業時間及人力方面，可以在旅客較多的尖峰日期開店，並不需要二十四小時營業，並且任用兼職人員，以降低經營成本。

（七）其他部門

如早期的電話部門：

1. 早期通訊業尚未如現今一般發達時，國內外的國際觀光飯店多有電話部門的設立，房客可直接在客房內撥接國際電話，由飯店電話部門工作人員代為轉接，提供相當完善的服務，但收費部分會比在外面的費率高出幾成，使用的帳目通常是佣金或服務費用。

2. 由於科學進步快速，現代行動電話幾乎人手一機，相當普遍，國內及國際電話的聯繫以行動電話就可以輕鬆辦到，因此在飯店客房內使用撥接電話的機率越來越低。

3. 有些飯店已經縮減電話部門的營業，像日本銀座第一飯店、國內許多知名的國際級觀光飯店都直接設有國際直撥公共電話，純粹以提供旅客服務為目的。

4. 現在及未來客房內的電話服務所發揮的功能會以備用性質為主，內線服務及 Morning Call 服務的性質為輔，需求的情況會越來越少。

→ 表 9-10　便利商店損益表

單位：新台幣（元）

丹尼爾觀光酒店 便利商店損益表【表 A26】 XXX 年 1 月 1 日至 XXX 年 12 月 31 日			
銷貨收入		$960,000	
【減】折扣及讓價		0	
收入淨額			$960,000
成本			
報章雜誌	$7,000		
菸酒成本	35,000		
飲料成本	240,000		
食品成本	300,000		
成本合計		$582,000	
費用支出			
人事費用			
薪資	135,000		
員工福利費用	10,000		
人事費用小計		145,000	
成本及費用合計			$727,000
部門淨利			$233,000

三、附屬收入利潤中心

　　本章附屬收入利潤中心以飯店內所附設的遊戲間、投幣販賣機、電視頻道及雜項收入為例，如表9-11所示。

　　飯店的附屬收入利潤中心通常不需要有專人在場，隨時可以提供服務。可以設置在飯店的營業項目還可以包括報紙雜誌販賣機、自動洗衣機、投幣點唱機、按摩椅、網際網路等項目。

→ 表 9-11　附屬收入利潤中心報表

單位：新台幣（元）

丹尼爾觀光酒店 附屬利潤中心收入報表【表 B11】 XXX 年 1 月 1 日至 XXX 年 12 月 31 日	
營業收入	
遊戲間	$100,000
投幣式販賣機	100,000
電視頻道	50,000
場地租金收入	240,000
雜項收入	50,000
收入合計	$540,000

第三節　後勤部門與固定費用

一、後勤部門

　　後勤部門為協助飯店前場經營之後援作業團隊，主要進行的工作有管理、規劃、研究、業務推展、人才招募、人力培訓、廣告形象、採購、會計、稽查、財務分析、營繕維修及其他等支援性工作。前場的各利潤中心能夠順利推展每一天的營運，必須有隨時能夠掌控狀況的後勤支援。

（一）行政管理

1. 包括管理階層、會計財務、資材採購、人力資源、市場研究等功能之人力配置。

2. 飯店內部通常設有部門經理、會計出納人員、人事及人力資源部門人力。

3. 資材採購人員則視飯店的業務規劃而定是否設置專人負責，或者由各部門人員負責。

4. 市場研究人員有時也可以併入業務推廣部門進行，但如果飯店人力許可，也可以設置專門研究人員。

（二）業務推展及市場行銷

1. 通常飯店業務的推展與形象的行銷必須設立專門部門負責。業務推展人員必須隨時注意消費者市場的變化及同行的競爭策略，企劃出各種提升業績的的方案，使飯店的營運能夠在穩定中求成長。

2. 業務代表有時必須拜訪與飯店業相關的業者，例如旅行社業者、交通接駁車業者，透過長期的業務合作默契，形成異業結合的套裝服務，達到互利共生的目標。

3. 目前飯店業的銷售通路已經不局限於現場銷售及電話銷售了，有些飯店透過套裝旅遊的設計，以電視購物頻道及郵購的方式促銷，可以達到知名度提升的廣告效果。

4. 目前家家戶戶電腦及網路使用普及，利用無遠弗屆的網際網路，進行飯店的廣告及線上銷售的方式也是很好的方法。

（三）營繕維修

1. 營繕維修部門負責飯店全部的硬體維修工作，除編列專業技術人員的薪資預算外，還必須編列飯店一個年度修繕的材料費用。

2. 營繕部門可以根據飯店內各項硬體設施的使用狀況，以及了解每年維修費用支出的經驗，再配合飯店總體的修繕規劃，編列出合理的年度預算。

3. 飯店負責修繕業務的部門人員並非精通每一樣維修技能，但至少簡易的家電維修、水電維修、木工、油漆等技術必須具備。

4. 如果發生非營繕部門能力所及的損壞事件，則必須交由飯店以外的專業人士進行維修工作，所需支出的費用從每年所編列的預算當中支出。

→ 表 9-12 後勤部門費用支出報表

單位：新台幣（元）

丹尼爾觀光酒店 行政管理部門費用支出報表【表 C11】 XXX 年 1 月 1 日至 XXX 年 12 月 31 日		
費用支出		
人事費用		
薪資	$2,500,000	
伙食費	100,000	
保險費	40,000	
聚會及活動費	50,000	
人事費用小計		$2,690,000
行政管理費用		
信用卡手續費	$100,000	
差旅費	40,000	
交際費	50,000	
制服	40,000	
文具及印刷	37,000	
利息費用	140,000	
費用小計		$407,000
費用合計		$3,097,000

→ 表 9-13 後勤部門費用支出報表

單位：新台幣（元）

丹尼爾觀光酒店 業務及行銷費用支出報表【表 C12】 XXX 年 1 月 1 日至 XXX 年 12 月 31 日		
費用支出		
人事費用		
薪資	$500,000	
員工福利費用	60,000	
人事費用小計		$560,000
業務推廣費用		
佣金費用	$50,000	
會員費用	30,000	
差旅費	60,000	
廣告費	340,000	
交際費	60,000	
制服	4,000	
文具及印刷	5,000	
費用小計		$549,000
費用合計		$1,109,000

→ 表 9-14　後勤部門費用支出報表

單位：新台幣（元）

丹尼爾觀光酒店 營繕維修費用支出報表【表 C13】 XXX 年 1 月 1 日至 XXX 年 12 月 31 日		
費用支出		
人事費用		
薪資	$560,000	
員工福利費用	60,000	
人事費用小計		$620,000
營繕維修費用		
五金材料費用	$50,000	
燈具耗材費用	30,000	
電器維修	60,000	
家具維修	50,000	
空調系統維修	60,000	
電腦系統維修	10,000	
建築物維修	150,000	
庭園造景維護	50,000	
公務車輛維護	50,000	
營業費用小計		$510,000
費用合計		$1,130,000

二、固定費用

1. 能源費用

(1) 能源費用主要是指飯店內所有部門的用水、電力供應、瓦斯供應、燃料油供應等等所需支付的費用。

(2) 每年的支出預算應該相當，如果發生特別多或特別少的情況，則可以透過調查與分析了解原因。

2. 產物管理費用

　　包括土地、建築物之租金、攤銷、折舊、保險及稅賦等固定費用的支出。

→ 表 9-15　固定費用支出報表

單位：新台幣（元）

丹尼爾觀光酒店 固定費用支出報表【表 C21】 XXX 年 1 月 1 日至 XXX 年 12 月 31 日		
能源費用		
水費	$50,000	
電費	450,000	
燃料費	150,000	
能源費用小計		$650,000
產物管理費用		
折舊	$350,000	
攤銷	30,000	
產物保險	30,000	
產物稅賦	50,000	
產物租賃費用	30,000	
產物管理費用小計		$490,000
費用合計		$1,140,000

第四節　報表整合與保留盈餘

　　損益表的原理就是收入減去成本及費用的明細過程，本章經過前三節的介紹，分別完成各收入利潤中心報表、後勤部門費用報表以及固定費用報表，後續必須將所有數據整合成一張飯店整體的損益總表，並且計算出年度損益，如果年度的營運結果有盈餘產生，再經由飯店內部的代表決議進行盈餘的分配，最後再製作保留盈餘報表。

一、整合損益總表

　　將前三節所介紹的每一張利潤中心報表依序填寫代號、收入淨額、銷貨成本、人事費用、營業費用及淨利等項目，再將每一張費用支出報表依序填寫報表代號及費用支出項目，最後整合計算的數字為稅前淨利，再扣除所得稅就得到稅後淨利。

→ 表 9-16 飯店損益表釋例

單位：新台幣（元）

帳戶項目	部門報表	收入淨額	銷貨成本	人事費用	營業及其他費用	淨利
丹尼爾觀光酒店						
損益明細總表						
XXX 年 1 月 1 日至 XXX 年 12 月 31 日						
利潤中心						
主要收入利潤中心						
■客房部門	【A11】	$6,950,000		$2,250,000	$320,000 註1	$4,380,000
■餐廳部門	【A12】	5,570,000	$1,100,000	2,760,000	200,000	1,510,000
次要收入利潤中心						
■休閒健身中心	【A21】	1,680,000		550,000	220,000	910,000
■酒吧或舞廳	【A22】	1,550,000	230,000	380,000	275,000	665,000
■停車場及接駁	【A23】	1,200,000		440,000	290,000	470,000
■禮品店	【A24】	600,000	280,000	160,000		160,000
■洗衣店	【A25】	100,000			83,000	17,000
■便利商店	【A26】	960,000	582,000	145,000		233,000
附屬收入利潤中心						
■遊戲間						
■電視頻道	【B11】	540,000				540,000
■投幣販賣機						
合　計						$8,885,000
其他費用部門【減項】						
後勤管銷費用						
■行政管理	【C11】			$2,690,000	$407,000	$3,097,000
■業務及行銷	【C12】			560,000	549,000	1,109,000
■營繕及維修	【C13】			620,000	510,000	1,130,000
營業淨利						$3,549,000
固定費用【減項】						
■能源	【C21】				$650,000	$1,140,000
■產物管理					490,000	
稅前淨利						$2,409,000
所得稅						$400,000
稅後淨利						$2,009,000

註1：營業費用 $245,000＋非營業費用 $75,000＝$320,000

二、簡式損益總表

如果國際觀光飯店的部門劃分及經營項目眾多，損益總表為了呈現完整的數據勢必占有相當大的篇幅，為使飯店內的高階主管及總裁能夠瞬間掌控重要數據，可以將損益總表化簡如下表9-17。

➜ 表 9-17　飯店簡式損益表釋例

單位：新台幣（元）

<table>
<tr><td colspan="4">丹尼爾觀光酒店
損益簡式總表
XXX 年 1 月 1 日至 XXX 年 12 月 31 日</td></tr>
<tr><td>帳戶項目</td><td>部門報表</td><td>成本費用總計</td><td>淨利</td></tr>
<tr><td>利潤中心</td><td></td><td></td><td></td></tr>
<tr><td>　主要收入利潤中心</td><td></td><td></td><td></td></tr>
<tr><td>　■ 客房部門</td><td>【A11】</td><td>$2,570,000</td><td>$4,380,000</td></tr>
<tr><td>　■ 餐廳部門</td><td>【A12】</td><td>4,060,000</td><td>1,510,000</td></tr>
<tr><td>　次要收入利潤中心</td><td></td><td></td><td></td></tr>
<tr><td>　■ 休閒健身中心</td><td>【A21】</td><td>770,000</td><td>910,000</td></tr>
<tr><td>　■ 酒吧或舞廳</td><td>【A22】</td><td>885,000</td><td>665,000</td></tr>
<tr><td>　■ 停車場及接駁</td><td>【A23】</td><td>730,000</td><td>470,000</td></tr>
<tr><td>　■ 禮品店</td><td>【A24】</td><td>440,000</td><td>160,000</td></tr>
<tr><td>　■ 洗衣店</td><td>【A25】</td><td>83,000</td><td>17,000</td></tr>
<tr><td>　■ 便利商店</td><td>【A26】</td><td>727,000</td><td>233,000</td></tr>
<tr><td>　附屬收入利潤中心</td><td></td><td></td><td></td></tr>
<tr><td>　■ 遊戲間</td><td></td><td></td><td></td></tr>
<tr><td>　■ 電視頻道</td><td>【B11】</td><td></td><td>540,000</td></tr>
<tr><td>　■ 投幣販賣機</td><td></td><td></td><td></td></tr>
<tr><td>合計</td><td></td><td></td><td>$8,885,000</td></tr>
<tr><td>其他費用部門【減項】</td><td></td><td></td><td></td></tr>
<tr><td>　後勤管銷費用</td><td></td><td></td><td></td></tr>
<tr><td>　■ 行政管理</td><td>【C11】</td><td>$-3,097,000</td><td></td></tr>
<tr><td>　■ 業務及行銷</td><td>【C12】</td><td>−1,109,000</td><td></td></tr>
<tr><td>　■ 營繕及維修</td><td>【C13】</td><td>−1,130,000</td><td>$5,336,000</td></tr>
<tr><td>營業淨利</td><td></td><td></td><td>3,548,000</td></tr>
<tr><td>　固定費用</td><td>【C21】</td><td></td><td></td></tr>
<tr><td>　■ 能源</td><td></td><td></td><td></td></tr>
<tr><td>　■ 產物管理</td><td></td><td>−1,140,000</td><td>1,140,000</td></tr>
<tr><td>稅前淨利</td><td></td><td></td><td>$2,409,000</td></tr>
<tr><td>所得稅</td><td></td><td></td><td>$400,000</td></tr>
<tr><td>稅後淨利</td><td></td><td></td><td>$2,009,000</td></tr>
</table>

三、銷貨成本之計算表

在計算本年度銷貨成本之前，必須了解期初存貨(beginning inventory)及期末存貨(ending inventory)的意義。所謂的期初存貨是指前一年度或上一期期末存貨商品結轉於本期期初者稱之，而期末存貨是指截至本期期末為止未出售的商品稱之。在此以定期盤存制為例，說明銷貨成本及銷貨毛利的計算。

案例9-1 銷貨毛利的計算－定期盤存制

喬爾斯高級觀光飯店 XXX 年禮品店採購進貨的資料如下，請計算禮品店 XXX 年的銷貨毛利為多少？

期初存貨	$20,000	期末存貨	$40,000
本期進貨	100,000	銷貨收入	100,000
進貨退出及讓價	10,000	銷貨退回及讓價	5,000
進貨折扣	2,000	銷貨折扣	1,400
進貨運費	1,000		

解：

1. 進貨淨額＝本期進貨＋進貨運費－進貨退出及讓價－進貨折扣
   → $100,000 + 1,000 - 10,000 - 2,000 = 89,000$
2. 可供銷售商品成本＝進貨淨額＋期初成本
   → $20,000 + 89,000 = 109,000$
3. 銷貨成本＝可供銷貨商品成本－期末存貨
   → $109,000 - 40,000 = 69,000$
4. 銷貨淨額＝銷貨收入－銷貨退回及讓價－銷貨折扣
   → $100,000 - 5,000 - 1,400 = 93,600$
5. 銷貨毛利＝銷貨淨額－銷貨成本
   → $93,600 - 69,000 = 24,600$

案例9-2 營業毛利的計算－永續盤存制

健雅休閒健康食品公司

貨幣單位：新台幣（元）

會計帳戶	XX1 年	XX2 年
銷貨收入總額	$9,512,521.00	$9,432,936.00
銷貨退回	75,171.00	42,778.00
銷貨折讓	31,964.00	17,613.00
銷貨收入淨額	9,405,386.00	9,372,545.00
營業收入合計	9,405,386.00	9,372,545.00
銷貨成本	8,836,112.00	8,727,609.00
營業成本合計	8,836,112.00	8,727,609.00
營業毛利(毛損)	569,274.00	644,936.00

四、保留盈餘表

如果飯店的設立是以公司組織的型態編組，在計算出年度營業淨利時，必須編製保留盈餘表，其功能將視為股東權益明細報表。保留盈餘表內表彰的是公司歷年未分派使用的營業淨利之累積，而且會因為發放股利而減少額度。請參考表9-18之釋例。

→ 表 9-18　保留盈餘表

單位：新台幣（元）

丹尼爾觀光酒店 保留盈餘報表 XXX 年 1 月 1 日至 XXX 年 12 月 31 日	
本期期初保留盈餘	$3,100,000
【加】本期營業淨利	2,008,000
合　計	5,108,000
【減】本期股利發放金額	2,000,000
本期期末保留盈餘	$3,108,000

保留盈餘表亦經常用來顯示公司在特定期間內，盈餘的數額、分配使用的項目，以及分配數額的動態報表，其慣例常用內容可包括以下六項，釋例如表9-19。

1. 年初保留盈餘或累積虧損。

2. 本期的營業損益數額。

3. 提撥各項公積。

4. 指撥各項準備金。

5. 各項酬勞及獎金發放額度。

6. 分派股息及紅利。

→ 表 9-19　保留盈餘表

單位：新台幣（元）

喬爾斯觀光酒店 保留盈餘報表 XXX 年 1 月 1 日至 XXX 年 12 月 31 日		
可供分配數		
本期營業淨利		$4,500,000
分配項目		
所得稅	300,000	
彌補先前年度虧損	800,000	
法定公積	800,000	
董監事酬勞	400,000	
員工獎金及紅利	400,000	
股利	$1,000,000	$3,700,000
保留盈餘	$　800,000	$　800,000

第五節　其他類型損益報表

　　除本章第四節所介紹的飯店損益表格式外，本節將介紹國內外常用的損益表型式，以提供讀者參用。

一、損益表與盈餘分配表

　　將公司營業年度損益表與股東盈餘分配表結合為一張報表的作法，適合作為外部訊息公開時使用，其釋例如表9-20所示。

→ 表 9-20　損益及盈餘分配表

單位：新台幣（元）

丹尼爾觀光酒店 損益表及盈餘分配表 XXX 年 1 月 1 日至 XXX 年 12 月 31 日		
淨收入		
■ 客房部門	$6,950,000	
■ 餐廳部門	5,570,000	
■ 休閒健身中心	1,680,000	
■ 酒吧或舞廳	1,550,000	
■ 停車場及接駁	1,200,000	
■ 禮品店	600,000	
■ 洗衣店	100,000	
■ 便利商店	960,000	
■ 遊戲間、電視、販賣機	540,000	
合計		$19,150,000
成本與費用【減項】		
■ 客房部門	$2,570,000	
■ 餐廳部門	4,060,000	
■ 休閒健身中心	770,000	
■ 酒吧或舞廳	885,000	
■ 停車場及接駁	730,000	
■ 禮品店	440,000	
■ 洗衣店	83,000	
■ 便利商店	727,000	
■ 行政管理	3,097,000	
■ 業務及行銷	1,109,000	
■ 營繕及維修	1,130,000	
固定費用		
■ 能源及產物管理	1,140,000	
合計		$16,741,000
稅前淨利		$2,409,000
所得稅		$400,000
稅後淨利		2,009,000
＋本期期初保留盈餘	＋	3,100,000
－本期股利發放數額	－	2,000,000
期末保留盈餘		$3,109,000

表9-20所陳示的損益與盈餘分配表適用於公司進行外部訊息揭露時使用。

在報表數據的彙整方式,是將各利潤中心的收入淨額加總,再將各部門的成本與費用支出加總,將總營業收入淨額減去總費用額度則得到稅前淨利。扣除營利事業所得稅後的稅後淨利為企業一年度營運最後的淨賺金額,公司經由正式會議決議,規劃今年是否發放股利給投資資金的股東,或者有些公司發放紅利給辛苦奉獻的員工,扣除發放的部分後,剩餘的部分即為今年度最後的保留盈餘。

二、獨資損益表

以下表9-21將列舉美國一般獨資餐旅企業損益表的製作格式,與國內所用慣例格式僅有些微差異,內容提供讀者參用。

→ 表 9-21　獨資業主損益表　　　　　　　　　　單位:新台幣(元)

蜜琪高級西餐廳 損益表 XXX 年 1 月 1 日至 XXX 年 12 月 31 日		
營業收入		
食物銷售	$8,500,000	
飲料銷售	900,000	
收入合計		$9,400,000
銷貨成本		
食物	$2,000,000	
飲料	500,000	
成本合計		2,500,000
營業毛利		$6,900,000
營業費用		
薪資	$2,500,000	
員工福利	190,000	
瓷器、玻璃器皿及銀器	30,000	
廚房燃料	90,000	
洗衣費用	40,000	
營業備品	250,000	
廣告費	125,000	
營繕維修費用	100,000	
水電用度費用	250,000	
信用卡收帳費	50,000	
營業費用合計		3,625,000
固定費用前營業所得		3,275,000
固定費用		
租金	$340,000	
財產稅捐	50,000	
產物保險	50,000	
利息費用	140,000	
攤銷及折舊	300,000	
固定費用合計		$880,000
營業淨利		$2,395,000

三、公司損益表（綜合淨利表 comprehensive income statement）

同上例，以下表9-22將列舉美國一般餐旅業公司企業損益表的製作格式，與獨資企業在稅務處理上不同，提供讀者參用。

➜ 表 9-22　公司事業體損益表　　　　　　單位：新台幣（元）

蜜琪高級西餐廳有限公司 損益表 XXX 年 1 月 1 日至 XXX 年 12 月 31 日		
營業收入		
食物銷售	$8,500,000	
飲料銷售	900,000	
收入合計		$9,400,000
銷貨成本		
食物	2,000,000	
飲料	500,000	
成本合計		2,500,000
營業毛利		$6,900,000
營業費用		
薪資	$2,500,000	
員工福利	190,000	
瓷器、玻璃器皿及銀器	30,000	
廚房燃料	90,000	
洗衣費用	40,000	
營業備品	250,000	
廣告費	125,000	
營繕維修費用	100,000	
水電用度費用	250,000	
信用卡收帳費	50,000	
營業費用合計		3,625,000
固定費用及稅前營業所得		$3,275,000
固定費用		
租金	$340,000	
財產稅捐	50,000	
產物保險	50,000	
利息費用	140,000	
攤銷及折舊	300,000	
固定費用合計		880,000
稅前營業淨利		$2,395,000
營利事業所得稅		$400,000
稅後營業淨利		$1,995,000

四、上市或上櫃公司之公開簡明損益表

　　飯店旅館事業體之經營如果屬於股份有限公司型態，未來申請有價證券上市或上櫃時，必須製作對外公開的財務報表及相關資料，以下將以其他產業公司之格式為例，提供讀者參考。

1. 科技類上櫃公司

新 上 櫃 公 司 簡 介

GDF 科 技 股 份 有 限 公 司

- ■ 股票代號：62＊＊
- ■ 公司簡稱：GDFC
- ■ 承 銷 價：50 元
- ■ 董 事 長：□□□
- ■ 總 經 理：□□□
- ■ 實收資本額：新台幣 312,000,000 元
- ■ 上櫃股票買賣日期：民國 XXX 年 12 月 12 日

- ■ 主要經營業務內容如下：

  (1) 電腦軟體、硬體、電子器材、零件及週邊之設計、行銷、修護、製造及加工。

  (2) 自動化電腦設備之設計、加工、裝配及銷售。

  (3) 有線、無線通訊器材製造及銷售。

  (4) 端點銷售管理系統及週邊產品的設計、製造、銷售。

  (5) 事務機器、照相器材、資訊軟體、電子材料之批發及零售。

- ■ 主要產品類別：

  (1) 書本型電腦 BOOK PC

  (2) 網路電腦 NET PC

  (3) 端點銷售電腦 POS PC

  (4) 端點銷售週邊產品

- ■ 主要產品用途：

→ 表 9-23 上櫃公司產品用途介紹表

產品名稱	主要用途
書本型電腦 (BOOK PC)	應用在崁入式系統範圍包括：產業及工業特定用途、收銀機系統、醫療、工業自動化控制、保全系統、自動櫃員機、通訊及個人電腦等領域。
網路電腦 (NET PC)	主要應用在網際網路系統範圍包括：網路終端機(WBT)、企業網路、精簡型電腦(thin client)、工控自動化管理系統、航空售票系統等。
端點銷售電腦 (POS PC)	主要應用在端點收銀機系統範圍包括：連鎖店、大型商場、飯店管理系統、娛樂休閒、彩券等零售點的管理及資訊提供站(KIOSK)。
端點銷售週邊產品	支援端點銷售電腦如刷卡機、客戶顯示幕、觸控式液晶顯示器等應用於彩券、休閒娛樂設備。

→ 表 9-24 上櫃公司簡式損益表釋例

單位：新台幣仟元

年度\項目	最近五年度財務資料（註 1）					截至 XX6 年第二季止
	XX1 年	XX2 年	XX3 年	XX4 年	XX5 年	經會計師查核之財務資料
營業收入	$392,587	$442,189	$447,329	$528,455	$653,350	$326,348
營業毛利	60,686	78,240	82,181	121,520	214,478	117,974
營業損益	579	2,234	11,680	32,407	92,105	68,166
營業外收入	10,358	7,678	2,843	9,576	15,713	6,607
營業外支出	3,185	5,984	1,686	12,191	8,679	9,919
繼續營業部門稅前損益	7,752	3,928	12,837	29,792	99,139	64,854
繼續營業部門損益	7,614	4,638	13,234	29,616	92,069	64,854
本期損益	7,614	4,638	13,234	29,616	92,069	64,854
每股盈餘（元）（註 2）	0.85	0.52	1.48	2.22	3.11	1.64

註1：最近五年度財務資料均經會計師查核簽證。

註2：每股盈餘就已發行之普通股股數按加權平均法計算，其因盈餘及資本公積增資之股數，則追溯調整計算。

2. 金融類上市公司

→ 表 9-25　金融上市公司損益表釋例

單位：新台幣（元）

項　目	本期			上期		
	小　計	合　計	%	小　計	合　計	%
營業收益		6,804,286	100.00		6,524,883	100.00
利息收入	3,731,756		54.84	4,112,550		63.03
手續費收入	1,945,736		28.60	1,654,113		25.35
買賣票券利益	0		0.00	93,338		1.43
採用權益法認列之投資利益	0		0.00	0		0.00
兌換利益	1,112,921		16.36	439,463		6.74
其他營業收益	13,873		0.20	225,419		3.45
營業費損益		4,617,261	67.86		4,815,045	73.80
利息費用	862,837		12.68	983,447		15.07
收益分配金（信託投資公司適用）	0		0.00	0		0.00
手續費費用	438,305		6.44	288,674		4.42
買賣票券損失	32,122		0.47	0		0.00
採用權益法認列之投資損失	0		0.00	0		0.00
兌換損失	0		0.00	0		0.00
各項提存	767,053		11.27	1,499,371		22.98
業務及管理費用	2,043,963		30.04	2,034,596		31.18
其他營業費損益	472,981		6.95	8,957		0.14
營業利益（損失）		2,187,025	32.14		1,709,838	26.20
營業外收益	276,838		4.07	205,860		3.15
營業外費損益	(1,512)		(0.02)	(23,787)		(0.36)
營業外利益（損失）		275,326	4.05		182,073	2.79
繼續營業部門稅前淨利（淨損）		2,462,351	36.19		1,891,911	29.00
所得稅（費用）利益		(474,876)	(6.98)		(263,507)	(4.04)
繼續營業部門稅後淨利（淨損）		1,987,475	29.21		1,628,404	24.96
停業部門損益		0	0.00		0	0.00
停業前營業損益（減除所得稅費用□□之淨額）	0		0.00	0		0.00
處分損益（減除所得稅費用□□之淨額）	0		0.00	0		0.00
列計非常損益及會計原則變動之累積影響數前淨利（淨損）		1,987,475	29.21		1,628,404	24.96
非常損益（減除所得稅費用$□□□之淨額）		0	0.00		0	0.00
會計原則變動之累積影響數（減除所得稅費用$□□□之淨額）		0	0.00		0	0.00
本期淨利（淨損）		1,987,475	29.21		1,628,404	24.96

＊本報表未經會計師查核簽證

註1.買賣票券及證券、長期投資及兌換損益以淨額列示。

註2.利息收入、利息費用及處分固分資產之利益及損失，不得互抵，應分別列示。

註3.普通股每股盈餘以新台幣元為單位。

五、業主權益報表

1. 獨資業主權益報表

業主權益報表主要是由獨資企業主所製作備用，報表中所載明的業主資本表彰業主對事業體的剩餘權益。企業的經營過程中，在產生資產的同時亦會有負債的可能性，因次在本書第二章會計原則中即了解到「資產＝負債＋業主權益」的恆等式原理，可推導出業主的權益是屬於資產減去負債的剩餘價值觀念。

→ 表 9-26　資本主權益報表　　　單位：新台幣（元）

丹尼爾觀光酒店 資本主權益報表 XXX 年 1 月 1 日至 XXX 年 12 月 31 日	
XXX/1/1　丹尼爾資本	$15,000,000
【加】本期業主投入資本	5,000,000
【加】XXX/12/31 本期營業淨利	2,008,000
合計	$22,008,000
【減】本期業主資本提領	280,000
XXX/12/31 丹尼爾資本	$21,728,000

2. 公司業主權益總表

保留盈餘報表是由公司型態編組的事業體所需編製，目的為計算公司保留盈餘帳戶的剩餘或累積額度。保留盈餘的觀念是指企業在營運週期內所產生的利益未被提撥為股利的剩餘保留部分，未來可能充作企業營運資金(operation capital)使用。

→ 表 9-27　保留盈餘報表　　　單位：新台幣（元）

丹尼爾股份有限公司 保留盈餘報表 XXX 年 1 月 1 日至 XXX 年 12 月 31 日	
XXX/1/1　本期期初保留盈餘	$20,000,000
【加】XXX/12/31 本期營業淨利	2,008,000
合計	$22,008,000
【減】本期發放股利	280,000
XXX/12/31 本期期末保留盈餘	$21,728,000

第六節　資產負債表

　　資產負債表【IFRS 稱之為財務狀況表(statement of financial position)】，其編製原理就是呈現會計恆等式「資產等於負債加上業主權益」的觀念，主要的內涵是表示企業在某一特定時日財務狀況的靜態呈現。

　　資產負債表當中經常使用的會計帳戶是扣除損益表中的收入及費用科目，主要是資產類、負債類及業主權益類的會計帳戶，如表9-28所示。

→ 表 9-28　常用的資產負債表會計帳戶

資產帳戶	
現金	土地
短期投資	建築物
應收帳款	家具及設備
食品存貨	瓷器、玻璃器皿、銀器
飲料存貨	布巾
辦公用品盤存	制服
營業用品盤存	註冊商標
預付保險費	專利權
預付租金	定期存款
負債帳戶	
應付帳款	應計利息
應付營業稅	付收款項
應付所得稅	長期負債
應計薪資	應付票據
應計財產稅	應付抵押款
業主權益帳戶	
公司組織	獨資或合夥
已發行普通股	資本主投入資本數
資本公積	資本主提領資本數
保留盈餘	

以下將分別使用不同型態的資產負債表說明之。

一、帳戶式資產負債表

依照會計方程式的原理,將資產記錄在 T 字帳戶的左方,將負債及業主權益記錄在帳戶右方的方式編製。資產金額總計必會等於負債金額加上業主權益金額,如果金額左右兩邊不等(不平衡),則代表帳戶數據有誤。

一般資產負債表的會計科目排列式有一切慣用的通則,以下將分別說明之。

1.資產的排列

依照流動性的大小排列,流動性越大者在越前面。固定資產的部分一般是按照該資產對於公司目前的貢獻度順序排列,貢獻度較大者排列越前面。

2.負債的排列

按照該項負債償還期限的長短排列,償還時間越緊迫者,排列位置越前面。

3.業主權益的排列

按照該業主權益的大小排列,權益越大者排列越前面;亦有按照業主在公司時間的歷史長短作排列者,以及按照業主姓名筆劃順序排列,只要是公司常用慣例排列即可。

→ 表 9-29　帳戶式資產負債表

單位：新台幣（元）

資　　　產				負　　　債		
丹尼爾股份有限公司 資產負債表 XXX 年 1 月 1 日至 XXX 年 12 月 31 日						
流動資產				流動負債		
現金		$760,000		應付票據	$570,000	
銀行存款		800,000		應付帳款	660,000	
應收帳款	$200,000			應付利息	230,000	
減：備抵呆帳	5,000	195,000		預收佣金	540,000	
存貨		70,000		預收租金	400,000	
預付保險費		200,000		應付所得稅	770,000	
用品盤存		150,000		負債合計		$3,170,000
流動資產合計			$2,175,000			
固定資產				業主權益		
建築物	$7,000,000			股本	$5,000,000	
減： 建築物－累計折舊	500,000	$6,500,000		保留盈餘	800,000	
電腦設備	90,000			業主權益合計		$5,800,000
減： 電腦設備－累計折舊	15,000	75,000				
辦公設備	250,000					
減： 辦公設備－累計折舊	30,000	220,000				
固定資產合計		$6,795,000				
資產合計			$8,970,000	負債及業主權益合計		$8,970,000

IFRS 的精神當中，企業應在財務狀況表中，分開表達流動及非流動資產、流動及非流動負債，除非按流動性表達所提供的資訊是可靠的並更具攸關性。

應用題

1. 請將下列帳戶依照部門損益表的格式排列。

XXX/1/1~XXX/12/31		
收入	其他營業費用	部門利潤
折扣或讓價	收入淨額	銷貨成本
毛利	快樂自助西餐廳	費用
人事費用	營業費用	年度損益報表

2. 請製作以下喬爾斯觀光飯店的客房部門損益表。

喬爾斯觀光酒店　　客房部門損益表
XXX 年 1 月 1 日至 XXX 年 12 月 31 日
營業收入
客房銷售　　會員$5,000,000　非會員 4,000,000
【減】客房折扣及讓價 90,000
收入淨額
費用支出
人事費用
薪資$2,500,000　　伙食費 200,000　　保險費 150,000　　聚會及活動費 70,000
人事費用小計
營業費用
營業備品$300,000　　裝飾裝潢 26,000　　制服 28,000　　菜單 7,000
瓷器及玻璃器皿 120,000
營業費用小計
其他營業費用
清潔用品$8,000　　佣金 80,000　　文具印刷 40,000
其他營業費用小計
費用合計
部門淨利

3. 請製作以下喬爾斯飯店所設立的本田日式餐廳的損益表。

本田日式餐廳損益表
XXX 年 1 月 1 日至 XXX 年 12 月 31 日
銷貨收入 餐點銷售$6,000,000　　飲料銷售 300,000 【減】折扣及讓價 60,000 收入淨額
銷貨成本 飲料$200,000　　食材 1,500,000 成本小計
費用支出　　人事費用　　　薪資$2,800,000　　　伙食費 350,000 保險費 220,000　　聚會及活動費 80,000　　　人事費用小計
營業費用 營業用備品$150,000　　裝飾裝潢 30,000　　制服 30,000　　菜單 5,000 表演者鐘點費 40,000　　清潔費 15,000　　洗衣費 12,000 營業費用小計
成本及費用合計 部門淨利

4. 請製作以下喬爾斯飯店內的休閒健身中心損益表。

喬爾斯觀光飯店　休閒健身中心損益表
XXX 年 1 月 1 日至 XXX 年 12 月 31 日
營業收入 會員$1,500,000　　非會員 600,000 【減】折扣及讓價 30,000 收入淨額 費用支出 人事費用 薪資$600,000　　員工福利費用 50,000 人事費用小計 營業費用 健身指導教練鐘點費$150,000　　顧客備用品 100,000 營業費用小計 費用合計 部門淨利

5. 請製作喬爾斯舞廳部門損益表。

喬爾斯觀光飯店　舞廳部門損益表
XXX 年 1 月 1 日至 XXX 年 12 月 31 日
銷貨收入
折扣及讓價 20,000　　　點心銷售$70,000　　　飲料銷售 1,600,000
收入淨額
銷貨成本
飲料$1,000,000　　　點心 300,000
銷貨成本小計
費用支出
人事費用
薪資$450,000　　　員工福利費用 20,000
人事費用小計
營業費用
DJ 鐘點費$130,000　　　音樂及娛樂節目 90,000　　　營業用備品 30,000
制服 8,000　　　菜單 4,000　　　清潔費 40,000　　　洗衣費 15,000
營業費用小計
成本及費用合計
部門淨利

6. 請製作喬爾斯觀光飯店附設停車場損益表。

喬爾斯觀光飯店　停車場損益表
XXX 年 1 月 1 日至 XXX 年 12 月 31 日
營業收入
停車位租賃收入$600,000　　　代客停車收入 110,000
【減】折扣及讓價 10,000
收入淨額
費用支出
人事費用
薪資$120,000　　　員工福利費用 20,000
人事費用小計
營業費用
接駁車燃料費$50,000　　　外部停車場租金 240,000
營業費用小計
費用合計部門淨利

7. 請製作喬爾斯觀光飯店紀念品店鋪損益表。

<table>
<tr><td colspan="2">喬爾斯觀光飯店　　紀念品專賣店損益表
XXX 年 1 月 1 日至 XXX 年 12 月 31 日</td></tr>
<tr><td colspan="2">營業收入</td></tr>
<tr><td colspan="2">紀念品銷貨收入 $500,000</td></tr>
<tr><td colspan="2">【減】折扣及讓價 5,000</td></tr>
<tr><td colspan="2">收入淨額</td></tr>
<tr><td colspan="2">成本</td></tr>
<tr><td colspan="2">紀念品銷貨成本 $270,000　運費 15,000</td></tr>
<tr><td colspan="2">成本小計</td></tr>
<tr><td colspan="2">費用支出</td></tr>
<tr><td colspan="2">人事費用</td></tr>
<tr><td colspan="2">薪資 $120,000　　員工福利費用 8,000</td></tr>
<tr><td colspan="2">人事費用小計</td></tr>
<tr><td colspan="2">成本及費用合計</td></tr>
<tr><td colspan="2">部門淨利</td></tr>
</table>

8. 請製作喬爾斯觀光飯店之附屬利潤中心報表。

<table>
<tr><td colspan="2">喬爾斯觀光飯店
附屬利潤中心收入報表【表 B11】
XXX 年 1 月 1 日至 XXX 年 12 月 31 日</td></tr>
<tr><td>遊戲間 $180,000</td><td>投幣式販賣機 120,000</td></tr>
<tr><td>賭場 320,000</td><td>電視頻道 40,000</td></tr>
<tr><td>場地租金收入 140,000</td><td>雜項收入 30,000</td></tr>
</table>

9. 請製作喬爾斯觀光飯店之後勤部門支出報表。

喬爾斯觀光飯店　行政管理部門
XXX 年 1 月 1 日至 XXX 年 12 月 31 日
費用支出
人事費用
薪資$2,000,000　　伙食費 60,000　　保險費 20,000　　聚會及活動費 50,000
人事費用小計
行政管理費用
信用卡手續費$120,000
差旅費 30,000　　交際費 40,000　　制服 10,000
文具及印刷 30,000　　利息費用 200,000
費用小計
費用合計

喬爾斯觀光飯店　營繕維修部門
XXX 年 1 月 1 日至 XXX 年 12 月 31 日
費用支出
人事費用
薪資$640,000　　員工福利費用 60,000
人事費用小計
營繕維修費用
五金材料$40,000　　燈具耗材 20,000　　線路維修費用 20,000
電器維修 60,000　　家具維修 70,000　　空調系統維修 40,000
電腦系統維修 8,000　　建築物維修 120,000　　庭園造景維護 40,000
公務車輛維護 30,000
營業費用小計
費用合計

10. 請製作喬爾斯觀光飯店之固定費用支出報表。

喬爾斯觀光飯店　　固定費用報表
XXX 年 1 月 1 日至 XXX 年 12 月 31 日
能源費用
水費 $30,000　　電費 550,000　　燃料費 180,000
能源費用小計
產物管理費用
折舊 $350,000　　攤銷 40,000　　產物保險 20,000　　利息費用 50,000
產物租賃費用 30,000
產物管理費用小計
費用合計

11. 請根據第 2 至第 10 題所製作之九個損益表，依照下列損益明細總表格式整合喬爾斯觀光飯店 XXX 年的總損益表（已知年度所得稅額為 $300,000）。

帳戶項目	部門報表	收入淨額	銷貨成本	人事費用	營業費用	淨利
利潤中心						
主要收入利潤中心						
次要收入利潤中心						
附屬收入利潤中心						
合計						
其他費用部門【減項】						
後勤管銷費用						
營業淨利						
固定費用						
稅後淨利						
所得稅						
稅後淨利						

表頭：喬爾斯觀光酒店　損益明細總表　XXX 年 1 月 1 日至 XXX 年 12 月 31 日

12. 請根據第 2 至第 10 題所製作之九個損益表，以及第 11 題的損益明細總表，依照下列損益簡表格式整合喬爾斯觀光飯店 XXX 年的總損益表。

帳戶項目	部門報表	成本費用總計	淨利
利潤中心			
主要收入利潤中心			
■ 客房部門			
■ 餐廳部門			
次要收入利潤中心			
■ 休閒健身中心			
■ 舞廳			
■ 停車場			
■ 紀念品店			
附屬收入利潤中心			
合計			
其他費用部門【減項】			
後勤管銷費用			
■ 行政管理			
■ 營繕及維修			
營業淨利			
固定費用			
■ 能源			
■ 產物管理			
稅前淨利			
所得稅			
稅後淨利			

喬爾斯觀光酒店
損益簡式總表
XXX 年 1 月 1 日至 XXX 年 12 月 31 日

13. 銷貨成本之計算表：銷貨毛利的計算－定期盤存制

喬爾斯高級觀光飯店 XXX 年紀念品店採購進貨的資料如下，請計算禮品店 XXX 年的銷貨毛利為多少？

期初存貨	$40,000	期末存貨	$50,000
本期進貨	150,000	銷貨收入	230,000
進貨退出及讓價	12,000	銷貨退回及讓價	3,000
進貨折扣	5,000	銷貨折扣	5,400
進貨運費	2,000		

解：

(1) 進貨淨額＝

(2) 可供銷售商品成本＝

(3) 銷貨成本＝

(4) 銷貨淨額＝

(5) 銷貨毛利＝

14. 保留盈餘表之製作。

斯多可觀光酒店　　保留盈餘報表	
XXX 年 1 月 1 日至 XXX 年 12 月 31 日	
本期營業淨利 $4,500,000	員工退職金提撥 $300,000
所得稅 300,000	彌補先前年度虧損 500,000
法定公積 400,000	董監事酬勞 500,000
員工獎金及紅利 400,000	股利 1,000,000

15. 請依照以下資料製作公司組織型態之資產負債表。

斯多可餐廳有限公司 XXX 年 1 月 1 日至 XXX 年 12 月 31 日				
資　產				
現金			$4,400,000	
應收帳款			300,000	
用品盤存			600,000	
預付費用			200,000	
產物與設備	成本	累計折舊		
土地	$2,000,000			
建築物	5,000,000	$1,500,000		
家具及設備	5,000,000	2,500,000		
瓷器、玻璃器皿及銀器	900,000			
定期存款			250,000	
重置費用備存			250,000	
負　債				
應付帳款			$1,100,000	
應付營業稅			400,000	
應計費用			600,000	
長期負債之當期部分			400,000	
應付抵押貸款			$2,000,000	
減：當期長期負債			600,000	
本期剩餘長期負債				
股東權益				
普通股　面額$50　授權 100,000 股				
已發行 50,000 股				
加：資本公積				$1,900,000
XXX/12/31 保留盈餘				5,400,000
業主資本				

MEMO

10
CHAPTER
★★★★★

訂價模式

HOSPITALITY
MANAGEMENT
ACCOUNTING
PRACTICE

章將以飯店業為例,說明飯店經營業業主如何規劃內部主要及次要利潤中心的訂價模式。依照第九章飯店財務報表製作的規劃及邏輯,實際上提供飯店整體開銷之營業收入部門是主要收入利潤中心、次要收入利潤中心以及附屬收入利潤中心(圖10-1),因此收入部門的訂價關係到整體營業收支平衡。

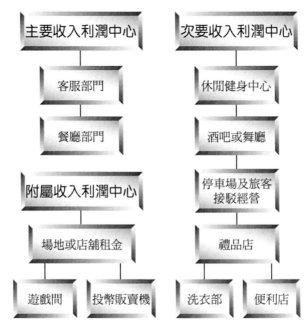

※ 圖 10-1　飯店的收入利潤中心系統

　　有關訂價策略的應用方面,餐旅管業者必須考量的重點為:

1. 隨時參考同業的價格變化,並研究其訂價策略。實務上,業主在訂價時必須考量到,與自己條件差不多的餐廳或飯店的同行,其訂價水平為何,作為業主訂價的參考依據。

2. 了解餐飲及旅館事業的需求價格彈性。也就是說,調整價格對於客戶而言是否有影響力,是否價格調漲後,顧客就減少消費次數,或者完全不消費了?還是持續原來的支持度?如果彈性太大者,可能產生的顧客需求變化太大,可能會有大起大落的情況產生。

3. 以經濟學的角度觀察,餐飲業及旅館業屬於獨占性競爭事業,也就是說,雖然都是餐廳的經營,為迎合消費者多元化的需求,業主皆朝向有主題、差異性的經營特質,因此訂價方式不一定是同行皆一般的水平。

4. 了解業主經營的成本及費用支出是否比其他條件相同的同業為高或低，基本上最好能夠了解損益表的結構是否與其他同行佳。如果成本及費用太高者，應該設法減低成本。

5. 其他動態因素。

　　飯店內的利潤中心相當多元，以下將以總體財務報表說明如何找出訂價的參考依據，並且分節舉例說明飯店內利潤中心的訂價方法，提供讀者作為參酌使用。

第一節　飯店報表的收支結構

1. 飯店的損益結構

　　一張完整的飯店損益表是根據圖 10-2 所描繪各層次的報表所彙集而成的。在已知將飯店營業部門歸納為主要收入及次要收入利潤中心後，主要收入來源應該是飯店的主力營業項目，如客房部門及餐廳部門，因為主要收入來源所創造的營業收入非常重要，同時所產生的費用及成本可能也較具份量的，因此將成為本章訂價的舉例標的。在次要收入利潤中心方面，本章將以飯店內的休閒健身中心舉例並說明其訂價方式。

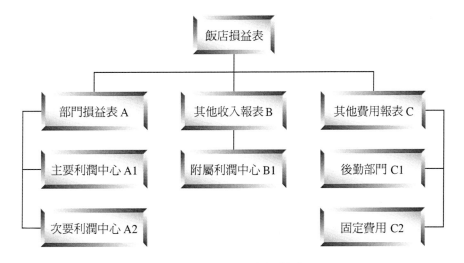

※ 圖 10-2　飯店損益表

2.飯店的損益總表

　　已知將每一張利潤中心報表依序填寫收入、成本及費用項目，最後得以整合出飯店各營業部門的經營成效，並且計算出飯店一段期間的稅前淨利，再扣除所得稅就得到稅後淨利（如表 10-1），如果再加以分析損益表內各項目的百分比數據，更可以清楚地了解固定期間內的損益表收支結構（表 10-2）。

→ 表 10-1　飯店損益表釋例

帳戶項目	部門報表	收入淨額	銷貨成本	人事費用	營業及其他費用	淨利
利潤中心						
主要收入利潤中心						
■ 客房部門	【A11】	$6,950,000		$2,250,000	$320,000	$4,380,000
■ 餐廳部門	【A12】	5,570,000	$1,100,000	2,760,000	200,000	1,510,000
次要收入利潤中心						
■ 休閒健身中心	【A21】	1,680,000		550,000	220,000	910,000
■ 酒吧或舞廳	【A22】	1,550,000	230,000	380,000	275,000	665,000
■ 停車場及接駁	【A23】	1,200,000		440,000	290,000	470,000
■ 禮品店	【A24】	600,000	280,000	160,000		160,000
■ 洗衣店	【A25】	100,000			83,000	17,000
■ 便利商店	【A26】	960,000	582,000	145,000		233,000
附屬收入利潤中心						
■ 遊戲間						
■ 電視頻道	【B11】	540,000				540,000
■ 投幣販賣機						
合計						$8,885,000
其他費用部門【減項】						
後勤管銷費用						
■ 行政管理	【C11】			2,690,000	227,000	3,097,000
■ 業務及行銷	【C12】			560,000	549,000	1,109,000
■ 營繕及維修	【C13】			620,000	510,000	1,130,000
營業淨利						$3,549,000
固定費用【減項】						
■ 能源	【C21】				650,000	1,140,000
■ 產物管理					490,000	
稅後淨利						$2,409,000
所得稅						$400,000
稅後淨利						$2,009,000

丹尼爾觀光酒店
損益明細總表
XXX 年 1 月 1 日至 XXX 年 12 月 31 日

→ 表 10-2　飯店簡式損益表－百分比結構分析

丹尼爾觀光酒店 損益總表及盈餘分配表 XXX 年 1 月 1 日至 XXX 年 12 月 31 日			
淨收入			百分比
■ 客房部門	$6,950,000		36.29%
■ 餐廳部門	5,570,000		29.09%
■ 休閒健身中心	1,680,000		8.77%
■ 酒吧或舞廳	1,550,000		8.09%
■ 停車場及接駁	1,200,000		6.27%
■ 禮品店	600,000		3.13%
■ 洗衣店	100,000		0.52%
■ 便利商店	960,000		5.02%
■ 遊戲間、電視、販賣機	540,000		2.82%
合計		$19,150,000	100%
成本與費用【減項】			
■ 客房部門	$2,570,000		13.42%
■ 餐廳部門	4,060,000		21.20%
■ 休閒健身中心	770,000		4.02%
■ 酒吧或舞廳	885,000		4.62%
■ 停車場及接駁	730,000		3.81%
■ 禮品店	440,000		2.30%
■ 洗衣店	83,000		0.44%
■ 便利商店	727,000		3.80%
■ 行政管理	3,097,000		16.18%
■ 業務及行銷	1,109,000		5.79%
■ 營繕及維修	1,130,000		5.9%
固定費用			
■ 能源及產物管理	1,140,000		5.95%
合計		$16,741,000	87.43%
稅前淨利		$2,409,000	12.57%
所得稅		$400,000	2.08%
稅後淨利		2,009,000	10.49%
＋本期期初保留盈餘		＋3,100,000	16.19%
－本期股利發放數額		－ 2,000,000	10.44%
期末保留盈餘		$3,109,000	16.23%

於表10-2的百分比分析當中，已知客房部門在 XXX 年的淨營業收入占飯店整體收入的36.29%，而餐廳部門的淨營業收入則是占29.09%，扮演相當舉足輕重的營業部門角色。

但是整體而言，餐廳部門的淨利$1,510,000（表10-1）相較於旅館部門$4,380,000差異太多，仔細觀察，餐廳在成本及費用的部分比率21.20%較旅館13.42%高（表10-2），而且營業淨收入可能還有提升的空間。

綜上觀察，整體報表的百分比的分析數據可作為各部門管理及制定訂價時的重要參數。

丹尼爾飯店在 XXX 年度營業結束後，損益總報表上所呈現的稅前淨利是$2,408,000，占總體淨收入（總銷貨淨額或總營業淨額）的12.57%，稅後淨利是2,008,000，占總體淨收入（總銷貨淨額或總營業淨額）的10.49%；所得稅率占總體淨收入（總銷貨淨額或總營業淨額）的2.08%，皆是丹尼爾飯店各部門進行訂價政策規劃時的重要參數。

第二節　餐廳部門的訂價模式

本節將以損益表的試算邏輯，以某一年度的支出參數，以及業主期望未來年度的營業淨利，作為估算餐廳訂定價格水平的依據。

已知 XX2年丹尼爾觀光酒店餐廳部門（表10-3）的銷貨成本占19.75%，及費用支出合計占53.14%，成本及費用總支出共占72.89%，在銷貨收入方面，餐點銷售及飲料銷售比率約為9:1。

1. 設定及估算未來年度的「營業淨收入」

已知丹尼爾飯店想把 XX3 年度的餐廳營業淨收入，由 XX2 年的 29.09%（表10-2）提高到 XX2 年為基礎的 40%的額度，依照比例法的計算，XX2 年餐廳部門營業淨收入比率與 XX3 年所設定的部門淨利比率為 29.09：40，XX2 年餐廳營業淨收入額為$5,570,000，則 XX3 年的營業淨收入可以依照比率估算如下：

令 A 為 XX3 年的餐廳部門營業淨收入額

$$\frac{29.09}{40} = \frac{\$5,570,000}{A} \Rightarrow 29.09A = \$5,570,000 \times 40$$

$$A = \$7,658,989$$

所以得到 XX3 年的餐廳部門想達到的營業淨收入額度為$7,658,989，比率為餐廳部門損益表的 100%，後續 XX3 年其他各項目的反推估算，比率仍比照 XX2 年的為基礎。

相關數據的估算必須將各項已知參數列出，並將未知額度估算之，請參考表 10-3 及表 10-4。

➜ 表 10-3　西餐廳部門損益表

丹尼爾觀光酒店西餐廳部門損益表XX2 年 1 月 1 日至 XX2 年 12 月 31 日				
銷貨收入				百分比分析
餐點銷售		$5,000,000		89.77%
飲料銷售		600,000		10.77%
【減】折扣及讓價		30,000		0.54%
收入淨額			$5,570,000	100.00%
銷貨成本				
食材	$900,000			16.16%
飲料	200,000			3.59%
成本小計		$1,100,000		19.75%
費用支出				
人事費用				
薪資	$2,100,000			37.70%
伙食費	400,000			7.18%
保險費	200,000			3.59%
聚會及活動費	60,000			1.08%
人事費用小計		$2,760,000		49.55%
營業費用				
營業用備品	$100,000			1.80%
裝飾裝潢	20,000			0.36%
制服	20,000			0.36%
菜單	10,000			0.18%
表演者鐘點費	30,000			0.53%
清潔費	10,000			0.18%
洗衣費	10,000			0.18%
營業費用小計		$200,000		3.59%
費用支出合計				53.14%
成本及費用合計			$4,060,000	72.89%
部門淨利			$1,510,000	27.11%

依照表 10-4 所列百分比及營業數據，反推估算出丹尼爾餐廳部門 XX3 年的各項預算。

2. 反推估算未來年度的「銷貨收入」、「成本及費用總合」及「部門淨利」

依照表 10-4 當中 XX3 年的預估營業淨收入$7,658,989，以及 XX2 年數項重要預算指標百分比，如餐點銷售、飲料銷售、人事費用、銷貨成本、營業費用，以及成本及費用合計等項目，皆可以反推計算出目標額度，以作為各部門努力及管控的參考指標數據。

→ 表 10-4　未來年度西餐廳部門損益表預估

丹尼爾觀光酒店 西餐廳部門損益表 XX3 年度預估				
銷貨收入	XX2 年額度	XX2 年百分比	XX3 年估計額	XX3 年百分比設定
餐點銷售	$5,000,000	89.77%	$6,875,474	89.77%
飲料銷售	600,000	10.77%	$774,323	10.77%
【減】折扣及讓價	30,000	0.54%		
收入淨額	$5,570,000	100.00%	$7,658,989	100.00%
銷貨成本				
食材	$900,000	16.16%		
飲料	200,000	3.59%		
成本小計	$1,100,000	19.75%	$1,512,650	19.75%
費用支出				
人事費用				
薪資	$2,100,000	37.70%		
伙食費	400,000	7.18%		
保險費	200,000	3.59%		
聚會及活動費	60,000	1.08%		
人事費用小計	$2,760,000	49.55%	$3,795,029	49.55%
營業費用				
營業用備品	$100,000	1.80%		
裝飾裝潢	20,000	0.36%		
制服	20,000	0.36%		
菜單	10,000	0.18%		
表演者鐘點費	30,000	0.53%		
清潔費	10,000	0.18%		
洗衣費	10,000	0.18%		
營業費用小計	$200,000	3.59%		
費用支出合計		53.14%	$4,069,986	53.14%
成本及費用合計	$4,060,000	72.89%	$5,582,637	72.89%
部門淨利	$1,510,000	27.11%	$2,076,351	27.11%

丹尼爾飯店的餐廳部門擬於 XX3 年進行價格調整，而且想把該部門營業淨收入提升，並且已知內部設置共有 200 位顧客的座位，如果以 XX2 年支出費用及成本比例當作參數，試計算出餐廳的每一位顧客之基本消費額度，以期達到目標營業額。

在表 10-4 當中，因為 XX3 年的計算基礎母數營業淨收入已經擴大，同時也設想其他費用項目的等比例增加，在人事費用的構想方面，如果餐廳員工努力達成公司所設定的總體目標額度，可以將比 XX2 年多出來的預算列入獎金部分，亦或是業績推廣有成，餐廳營業工作量提升，可以將比 XX2 年多出的預算用來招募臨時員工；也就是說，在擴充整體餐廳的營業績效同時，各項費用也給予調整的空間。

3. 估算餐廳未來年度的「顧客最低消費額」

已知 XX3 年的營業淨收入設定為 $7,658,989，接續要計算出每一位顧客在 XX3 年的最低消費額度為多少時，餐廳部門的營業額才能如預期般順利達到預設值。

(1) 重要參數取得

① 已知丹尼爾飯店西餐廳部門所設置的顧客座位共有80個。

② 每星期營業七日，全年365天無休。

③ 依照 XX1年及 XX2年電腦系統的計算，每個座位的周轉率為一天2.5次。

(2) 計算出平均消費額

$$公式 = \frac{XX3年度的營業淨收入}{餐廳座位數 \times 每天坐位平均週轉率 \times 年度營業日數}$$

(3) 將所有參數值帶入公式

$$每位顧客平均一次的消費額度 = \frac{\$7,658,989}{80 \times 2.5 \times 365} = \$104.9$$

(4) 訂定餐廳的最低消費額度

在計算出餐廳的平均消費額度後，餐廳可以將此作為菜單上訂價的重要參考數據，為確保每一位顧客的消費都能在所計算出來的參數值$104.9，餐廳可以採用訂定最低消費額度的方式，例如規定前來消費的顧客一定要點餐超過$110，如果未照規定，餐廳的帳單上還是以最低消費額$110來計價請顧客付費。

(5) 菜單設計訂價

　　　或者直接將菜單上所有的消費項目金額以最低消費金額$110為基準起跳，視餐廳的菜單設計而定。

第三節　客房部門的訂價模式

　　已知丹尼爾觀光酒店的客房部門 XXX 年的營業收入淨額為$6,950,000，本節將進行 XXX 年客房部門最低消費金額的訂定計算。

1. 已知丹尼爾飯店客房部門的訂價規定及參數如下：

　(1) 會員價格為非會員的60%。

　(2) 高級套房為商務套房價格的1.5倍。

　(3) 高級套房房間共計15間，商務套房共計30間。

　(4) 高級套房的每間每週平均住房次數為1次。

　(5) 商務套房的每間每週平均住房次數為2次。

2. 計算出高級套房及商務套房的最低房價：

　(1) 設商務套房房價為 P，高級套房的房價為1.5P。

　(2) 商務套房一年銷售額為：

　　　（每週2次住房×一年52週）×房間數30×訂價 P＝3,120P

　(3) 高級套房一年的銷售額為：

　　　（每週1次住房×一年52週）×房間數15×訂價1.5P＝1,170P

　(4) 商務套房加高級套房的價格參數設定為：

　　　3,120P＋1,170P＝丹尼爾客房部門的年銷售額＝$6,950,000

　　　得到4,290P＝$6,950,000

　　　P＝$1,620

　　　商務套房最低房價為$1,620

　　　高級套房最低房價為$1,620×1.5＝$2,430

3. 訂價策略

　(1) 計算出以上的最低房價額度後，將當作飯店給予會員的最低優惠價格底限。

　(2) 因為已知會員價格為非會員的0.6，所以反推出會員價格的底限為：

　　　$1,620÷0.6＝$2700

表 10-5 客房部門損益表

丹尼爾觀光酒店 客房部門損益表 XXX 年 1 月 1 日至 XXX 年 12 月 31 日			
營業收入			百分比分析
客房銷售			
會員		$4,000,000	57.55%
非會員		3,000,000	43.16%
【減】客房折扣及讓價		50,000	0.71%
收入淨額		$6,950,000	100.00%
費用支出			
人事費用			
薪資	$1,800,000		25.89%
伙食費	300,000		4.32%
保險費	100,000		1.44%
聚會及活動費	50,000		0.72%
人事費用小計		$2,250,000	32.37%
營業費用			
營業備品	$200,000		2.88%
裝飾裝潢	20,000		0.288%
制服	20,000		0.288%
菜單	5,000		0.07%
營業費用小計		$245,000	3.52%
其他營業費用			
清潔用品	$5,000		0.07%
佣金	50,000		0.72%
文具印刷	20,000		0.288%
其他營業費用小計		$75,000	1.08%
費用合計		$2,570,000	36.97%
部門淨利		$4,380,000	<u>63.03%</u>

應用及計算題

1. 單一時點百分比分析法。請將下列財務報表計算其百分比率,並觀察各項數據的權重。

   (1) 休閒健身中心

<table>
<tr><td colspan="4">丹尼爾觀光酒店
休閒健身中心損益表
XXX 年 1 月 1 日至 XXX 年 12 月 31 日</td></tr>
<tr><td>營業收入</td><td></td><td></td><td>百分比</td></tr>
<tr><td>　會員</td><td></td><td>$1,000,000</td><td></td></tr>
<tr><td>　非會員</td><td></td><td>700,000</td><td></td></tr>
<tr><td>　【減】折扣及讓價</td><td></td><td>20,000</td><td></td></tr>
<tr><td>　收入淨額</td><td></td><td>$1,680,000</td><td></td></tr>
<tr><td>費用支出</td><td></td><td></td><td></td></tr>
<tr><td>　人事費用</td><td></td><td></td><td></td></tr>
<tr><td>　　薪資</td><td>$500,000</td><td></td><td></td></tr>
<tr><td>　　員工福利費用</td><td>50,000</td><td></td><td></td></tr>
<tr><td>　　人事費用小計</td><td></td><td>$550,000</td><td></td></tr>
<tr><td>　營業費用</td><td></td><td></td><td></td></tr>
<tr><td>　　健身指導教練鐘點費</td><td>$120,000</td><td></td><td></td></tr>
<tr><td>　　顧客備用品</td><td>100,000</td><td></td><td></td></tr>
<tr><td>　　營業費用小計</td><td></td><td>$220,000</td><td></td></tr>
<tr><td>費用合計</td><td></td><td>$770,000</td><td></td></tr>
<tr><td>部門淨利</td><td></td><td>$910,000</td><td></td></tr>
</table>

   ① 丹尼爾觀光酒店的休閒健身中心損益表中,其他數值的共同基準(成為計算的母數),也就是分母的位置是哪一個數據?而其本身的百分比率為多少?

   ② 例如現在計算損益表內費用合計總數為$_____,以基準母數的算法公式為:_____=_____%,其百分比率代表健身中心部門的費用總數占總營業淨額的情況,如果比率比往常情況偏高或偏低時,再針對細節部分做原因探討。

③ 損益表內部門淨利總數為$_____，以基準母數的算法為：_____
_____ = _____%，其百分比率代表健身中心部門的淨利總數占總
營業淨額的情況。

④ 如果將會員及非會員營業百分比相加可得到_____%，扣除折扣及讓
價百分比_____%，則為收入淨額100%。

(2) 酒吧或舞廳

丹尼爾觀光酒店 酒吧部門損益表 XXX 年 1 月 1 日至 XXX 年 12 月 31 日			
銷貨收入			百分比
點心銷售		$80,000	
飲料銷售		1,500,000	
【減】折扣及讓價		30,000	
收入淨額		$1,550,000	
銷貨成本			
點心	$30,000		
飲料	200,000		
銷貨成本小計		$230,000	
費用支出			
人事費用			
薪資	$350,000		
員工福利費用	30,000		
人事費用小計		$380,000	
營業費用			
DJ 鐘點費	$100,000		
音樂及娛樂節目	100,000		
營業用備品	20,000		
制服	10,000		
菜單	5,000		
清潔費	30,000		
洗衣費	10,000		
營業費用小計		$275,000	
成本及費用合計		$885,000	
部門淨利		<u>$665,000</u>	

① 丹尼爾觀光酒店的酒吧損益表中，其他數值的共同基準（成為計算的母數），也就是分母的位置是哪一個數據？而其本身的百分比率為多少？

② 例如現在計算損益表內成本及費用合計總數為$_____，以基準母數的算法公式為：_____＝_____％，其百分比率代表酒吧部門的費用總數占總營業淨額的情況，如果比率比往常情況偏高或偏低時，再針對細節部分做原因探討。

③ 損益表內部門淨利總數為$_____，以基準母數的算法為：_____＝_____％，其百分比率代表酒吧部門的淨利總數占總營業淨額的情況。

④ 如果將點心及飲料銷售百分比相加可得到_____％，若扣除折扣及讓價百分比_____％，則為收入淨額100％。

2. 兩個時點的百分比分析比較
    (1) 上市上櫃公司之公開報表－資產負債表

資產負債公開簡表－以公司組織型態為例　　　（單位：萬元）

項　目	XX1 年度	XX2 年度	XX2-XX1	變化率
資產				
流動資產	5,744	5,637		
放款	2,972	3,710		
長期投資	3,470	7,194		
固定資產	205	193		
無形資產		0		
其他資產	1,044	1,076		
資產合計	13,435	17,810		
負債及股東權益				
流動負債	756	685		
長期負債				
營業及負債準備	11,944	16,272		
其他負債	7	3		
股本	3,360	3,460		
保留盈餘及其他	(2,632)	(2,610)		
負債及股東權益合計	13,435	17,810		

(2) 上市上櫃公司之公開報表－損益表

單位：新台幣仟元（每股盈餘（虧損）除外）

項目／年度	XX2 年度	XX1 年度	XX2-XX1＝變化差距	變化率
營業收入	6,356,854	4,781,488		
營業毛利（損）	396,749	341,348		
營業損益	82,173	20,713		
營業外收入	348,765	665,316		
營業外支出	1,522,995	1,026,085		
繼續營業部門稅前損益	(1,092,057)	(340,056)		
繼續營業部門損益	(1,073,424)	(305,313)		
停業部門損益	0	0		
非常損益	0	0		
會計原則變動累積影響數	0	0		
本期損益	(1,073,424)	(305,313)		
每股盈餘（虧損）	(1.18)	(0.33)		

3. 已知喬爾斯餐廳 XX3 年的營業淨收入設定為$2,800,000，請根據以下參數估喬爾斯餐廳 XX4 年度的「顧客最低消費額」。

◎重要參數：

(1) 已知丹尼爾飯店西餐廳部門所設置的座位共有40個。

(2) 月休二日制，全年休24天。

(3) 依照 XX1年至 XX3年電腦系統的計算，每個座位的周轉率為一天3次。

① 計算每位顧客平均一次的消費額

$$= \frac{XX3年度的營業淨收入}{餐廳座位數 \times 每天座位平均週轉率 \times 年度營業日數}（元）$$

4. 已知特洛伊觀光飯店客房部門 XX3 年的收入淨額為$5,500,000，請計算 XX4 年客房部門最低消費金額的訂定。

◎飯店客房部門的訂價規定及參數如下：

(1) 會員價格為非會員的70%。

(2) 高級套房為商務套房價格的1.7倍。

(3) 高級套房房間共計10間，商務套房共計20間。

(4) 高級套房的每間每週平均住房次數為1次。

(5) 商務套房的每間每週平均住房次數為2次。

　① 計算出商套房的最低房價 P 及高級套房最低房價。

　② 計算出以上的最低房價額度後，請反推出會員價格的底限為何？

MEMO

 MEMO

MEMO

國家圖書館出版品預行編目資料

餐旅會計學實務 / 林珍如編著. － 第五版. －
新北市：新文京開發, 2018.02
　　面；　公分

ISBN　978-986-430-363-2（平裝）

1. 餐旅業　2. 管理會計

495.59　　　　　　　　　　　　107000368

餐旅會計學實務（第五版）　　　　　　（書號：H113e5）

編 著 者	林珍如
出 版 者	新文京開發出版股份有限公司
地　　址	新北市中和區中山路二段 362 號 9 樓
電　　話	(02) 2244-8188（代表號）
F A X	(02) 2244-8189
郵　　撥	1958730-2
初　　版	西元 2005 年 04 月 30 日
二　　版	西元 2006 年 04 月 30 日
三　　版	西元 2011 年 05 月 15 日
四　　版	西元 2013 年 08 月 15 日
五　　版	西元 2018 年 02 月 01 日

New Wun Ching Developmental Publishing Co., Ltd.

New Age · New Choice · The Best Selected Educational Publications—NEW WCDP

新文京開發出版股份有限公司

NEW WCDP

新世紀 · 新視野 · 新文京 — 精選教科書 · 考試用書 · 專業參考書